变频器原理及应用

编 委 会

主　编　蒋保涛　李汉成　江中华

副主编　盖超会　游加发　叶　茎　李晓英

主　审　何　琼

图书在版编目(CIP)数据

变频器原理及应用/蒋保涛主编. --长春:吉林大
学出版社,2016.2
ISBN 978-7-5677-5815-5

Ⅰ.①变… Ⅱ.①蒋… Ⅲ.①变频器-教材
Ⅳ.①TN773

中国版本图书馆 CIP 数据核字(2016)第 042809 号

书　名:变频器原理及应用
作　者:蒋保涛主编

责任编辑:刘守秀　　　　　　　　　　　　封面设计:朱本立

出版发行:吉林大学出版社出版　　　　电话:0431－89580028/29
网　　址:http://www.jlup.com.cn　　　E-mail:jlup@mail.jlu.edu.cn
地　　址:长春市明德路 501 号　　　　　邮编:130021

印　　刷:荆门市好丰印刷厂　　　　　　　　　　　　邮编:448200
787×1092mm　　　　1/16　　　印张:16.75　　　字数:288 千字

2016 年 2 月第 1 版　　　　　　　　2016 年 2 月第 1 次印刷
　　　　　　　　　　　　　　　　　　　　定价:39.80 元

内 容 简 介

本书由三个篇章组成。第一篇讲述变频器原理,由四个任务组成,主要内容包括变频器的种类、应用领域、内部主电路的原理、电动机机械特性、变频器带载能力及变频调速系统的加、减速及保护功能的实现。第二篇讲述变频器基本应用,由两个任务组成,主要内容包括电动机额定数据的内涵,变频器选择的方法、变频器常用外围设备的作用及选择的依据、变频器的模拟量、开关量输入端子以及输出控制端子的功能及常用的设计方法以及消弱干扰的方法。第三篇讲述变频器实际应用,由六个案例组成,主要内容包括中央空调冷却泵变频调速、排水泵变频调速、车间恒压供水变频调速、小区恒压供水变频调速、提升机变频调速、精密车床变频调速的实现。

本书特色是以工作任务驱动的项目教学。根据变频器技术相关工作岗位的知识、技能及素质要求,按照认知规律和学生特点设计教学项目。本书可作为高职院校自动化类、电气工程及机电一体化类及相关专业的教材,也可供从事机电技术和电气技术的人员参考。

前　　言

本书是依据教育部最新印发的《高等职业学校专业教学标准（试行）》中关于本课程的教学要求编写而成的。可作为高职高专院校自动化类、机电类及相关专业的教材，也可供从事机电技术和电气技术的人员参考。

变频器是应用变频技术与微电子技术，通过改变电机工作电源频率方式来控制交流电动机的电力控制设备。由于其具有低功耗、高效率和控制电路简单等显著优点，被广泛应用于多种电气设备的传动系统中。

一、教材编写特色

传统的学科体系下的教材是从教师"教"的角度编写酌，更多考虑了教师如何教，很少考虑学生如何学。本书以项目引领，任务驱动，以学生为主体，从学生自主学习的角度来编写。

作为使用对象的学生，首先要知道自己是学习的主体，要养成自主学习的习惯，学会与他人合作学习，表达自己，与人交流；在完成教学任务的过程中，一定要心中有数，要做到咨询、计划、决策、实施、检查、评价六不误，这样既提高了专业技能，同时也培养了责任心、敬业精神、效率意识、安全意识和团队合作等职业素养。

二、教学实施指南

教学模式的改革使教师从传统的"教"变为"导"，成为教学活动的引导者、组织者、促进者，坚持行动导向教学，采用教、学、做一体化教学模式。

师资要求：教师本身应具备良好的职业素养、职业道德及现代的职教理念，具备可持续发展能力，同时还要具备生产过程自动化技术专业综合知识，有较强的教学及项目开发能力。

教学载体：教学做一体化教室，变频器实训装置及相关模块装置。

教学内容：在项目任务中融合了维修电工（中级）职业资格标准的内容，同时涵盖维修电工高级工、技师职业标准（变频器技术）的有关知识和技能的考核要求。

教学评价：教学评价是任务实施过程中目标管理的关键环节，要求采取教师评价与学生评价相结合、过程评价与结果评价相结合、素养评价与专业技能评价相结合的多元化评价体系。

三、教材突出特点

(1)以学生为主体。本书选取的任务由浅入深、循序渐进。本书将每个任务分解成若干个小任务,让学生带着任务学习,在完成任务的过程中实现理论与实践知识的融合,学生学习成就感强,提高了学习积极性。

(2)校企合作,工学结合。本书主要以企业实际工作中遇到的技术应用实例为主线,将企业的实用技术融入本书中,着力培养学生的职业素养、职业技能和工作能力。

本书由蒋保涛、李汉成、江中华任主编,盖超会、游加发、叶茎、李晓英任副主编。其中蒋保涛编写了任务一、二、三、四、五,江中华编写了任务六,李汉成编写了任务七,盖超会、游加发、叶茎、湖北工业大学的李晓英在本教材编写过程中予以很大的帮助。全书由蒋保涛统稿,武汉软件工程职业学院何琼教授担任主审。

在本教材的编写过程中,参阅了大量文献资料,并得到武汉华中数控股份有限公司等合作企业的大力支持,在此对孙海亮部长等技术人员表示衷心的感谢! 由于编者水平有限,书中错误和不足在所难免,恳请读者和专家批评指正。

本教材是 2013 年武汉市高校教学研究项目课题《基于职业能力培养的变频器应用技术课程设计研究与实践》(项目编号:2013159)的研究成果。

编者

2015 年 11 月

目　录

第一篇　项目开篇——变频器原理

第三篇　项目实战——变频器应用提高

第一篇 项目开篇——变频器原理

【项目目标】

本项目由四个任务组成,主要内容包括变频器的种类、应用领域、内部主电路的原理、电动机机械特性、变频器带载能力及变频调速系统的加、减速及保护功能的实现。

知识目标	技能目标
了解变频器的发展、种类及应用领域; 熟悉内部主电路的原理、电动机机械特性; 掌握变频器带载能力及变频调速系统的加、减速及保护功能的实现。	能够根据主电路原理,测试变频器内部主电路端子连接的相关电路; 能够根据电动机机械特性,合理设置变频器低频时转矩提升量; 能够根据拖动系统惯性的大小及生产机械对加速时间的要求,合理设置变频器的加减速时间,并快速判断过载、过流的原因,合理设置转矩提升功能的预置量。

任务一 初识变频器

【任务目标】

认识变频器,了解变频器的发展及分类。
了解变频器的应用领域。

【任务描述】

一、任务内容

认识变频器,拆解变频器查看变频器型号。归纳变频器的种类与应用领域。

二、实施条件

1.校内教学做一体化教室,变频器实训装置,变频器,电工常用工具若干。
2.若干型号变频器。

三、安全提示

拆开变频器时请注意,一定不要带电操作。

【知识链接】

一、什么是变频器

变频器是将固定频率的交流电变换为频率连续可调的交流电的装置。变频器外形见图 1-1,1-2。

图 1-1 变频器的外形

图 1-2 三菱 FR-D700 系列变频器的外形

二、变频器的发展

变频器是随着微电子学、电力电子技术、计算机技术和自动控制理论的不断发展而发展起来的。

（一）电力电子器件是变频器发展的基础

变频器的主电路不论是交—直—交变频或交—交变频形式，都是采用电力电子器件作为开关器件。因此，电力电子器件是变频器发展的基础。

第一代电力电子器件以晶闸管（SCR）为代表。晶闸管是电流型控制开关器件，只能通过门极控制其导通而不能控制其关断，故又称半控器件。由晶闸管组成的变频器工作频率低，应用范围小。晶闸管的外形及符号如图 1-3 所示。

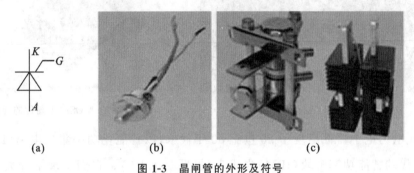

图 1-3　晶闸管的外形及符号

(a)晶闸管的符号；(b)螺栓式外形；(c)带有散热器平板式外形

第二代电力电子器件以电力晶体管（GTR）和门极可关断晶闸管（GTO）为代表（见图 1-4，图 1-5），在 20 世纪 60 年代发展起来。它是一种电流型自关断的电力电子器件，可方便实现变频、逆变和斩波，但其开关频率不高，只有 1～5 kHz。尽管已经出现了脉宽调制技术，但因载波频率和最小脉宽受限，难以得到较为理想的正弦脉宽调制波形，因而使电动机调速时产生刺耳的噪声，限制了变频器的推广应用。

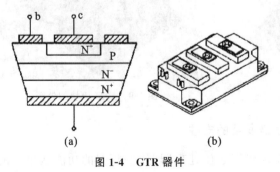

图 1-4　GTR 器件

(a)GTR 的结构示意图；(b)GTR 模块的外形

图 1-5　GTO 器件的外形

第三代电力电子器件以双极型绝缘栅晶体管(IGBT)和电力场效应管(MOSFET)为代表(见图 1-6,1-7),在 20 世纪 70 年代开始应用。它是一种电压(场控)型自关断的电力电子器件,具有在任意时刻用基极(栅极、门极)信号控制导通和关断的功能,开关频率可达 20 kHz 以上,其电压和电流参数均超过了 GTR,因此变频器中的 IGBT 基本取代了 GTR,低压变频器的容量在 380 V 级达到了 540 kVA,利用 IGBT 构成的高压(3 kV/6 kV)变频器最大容量可超过 7 000 kVA,为电气设备的高频化、小型化创造了条件。PWM 调制的逆变器谐波噪声大大降低,变频器功率大,应用广泛。

图 1-6 IGBT 器件的外形

图 1-7 MOSFET 器件的外形

第四代电力电子器件出现于 20 世纪 80 年代末,以智能化功率集成电路(PIC)和 20 世纪 90 年代的智能功率模块(IPM)为代表(见图 1-8,1-9)。它们实现了开关频率的高速化,低压导通电压的高性能化及功率集成电路的大规模化,具有过流、短路、过压、欠压和过热等多种保护功能,还可实现再生制动。简单的外部控制电路,使变频器的体积、重量和连线大为减少,而功能和可靠性大为提高。

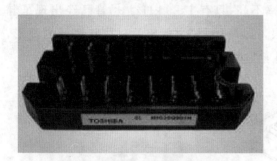
图 1-8 PIC 模块的外形

图 1-9 IPM 模块的外形

(二)计算机技术和控制理论是变频器发展的支柱

现在采用 16 位甚至 32 位微处理器取代了 8 位处理器,使变频器的功能从单一的变频调速功能发展为包含算术、逻辑运算及智能控制的综合功能;自动控制理论的发展使变频器在改善压频比控制性能的同时,推出了实现矢量控制、直接转矩控制、模糊控制和自适应控制等多种模式。现代变频器已经内置有参数辨识系统、PID调节器、PLC控制器和通讯单元等,根据需要可实现拖动不同负载、宽调速和伺服控制等多种应用。

(三)变频器的发展趋势

今天,电力电子的基片已从Si(硅)变换为SiC(碳化硅)进入到高电压大容量化、高频化、组件模块化、微小型化、智能化和低成本化多种适宜变频调速的新型电机的开发研制之中,IT技术的迅猛发展,以及控制理论的不断创新,这些与变频器相关的技术将影响其发展的趋势。

变频器技术的发展趋势是朝着网络智能化、专门化、一体化、操作简便、功能健全、安全可靠、环保低噪、低成本和小型化的方向发展。

三、变频器的分类

(一)按变频的原理分类

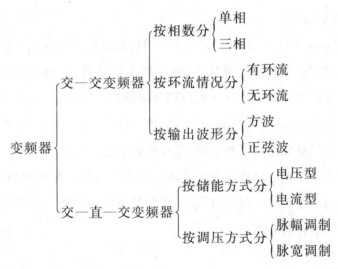

1.交—交变频器

交—交变频器只有一个变换环节,即把恒压恒频(CVCF)的交流电源转换为变压变频(VVVF)电源,称为直接变频器。变换效率高,可调频率范围窄,主要用于低速大容量的调速系统。

2.交—直—交变频器

交—直—交变频器又称为间接变频器,是先将工频交流电通过整流器变为直流电,再经逆变器将直流电变成频率和电压可调的交流电。

（二）按变频器的控制方式分类

1. 压频比控制变频器（U/f）

它的特点是对变频器输出的电压和频率同时进行控制。在额定频率以下，通过保持压频比（U/f）恒定使电动机获得所需转矩特性。这种方式的控制电路成本低，多用于精度要求不高的通用变频器。

2. 转差频率控制变频器（SF）

转差频率控制也称为 SF 控制，是在 U/f 控制基础上的一种改进方式。采用这种控制方式，变频器通过电动机、速度传感器构成速度反馈闭环调速系统。变频器的输出频率由电动机的实际转速与转差频率之和来设定，从而达到在调速控制的同时也使输出转矩得到控制。该方式是闭环控制，故与 U/f 控制相比，速度精度与转矩动特性较优。但是由于这种控制方式需要在电动机轴上安装速度传感器，并需依据电动机特性调节转差，故通用性较差。

3. 矢量控制（VC）

矢量控制（Vector Control）是 20 世纪 70 年代由德国人 Blaschke 首先提出来的对交流电动机一种新的控制思想和控制技术，也是异步电动机的一种理想调速方法。其基本思想是将异步电动机的定子电流分解为产生磁场的电流分量（励磁电流）和与其相垂直的产生转矩的电流分量（转矩电流），并分别加以控制。由于这种控制方式中必须同时控制异步电动机定子电流的幅值和相位，即控制定子电流矢量，故被称作矢量控制。

矢量控制方式使异步电动机的高性能成为可能。矢量控制变频器不仅在调速范围上可以与直流电动机相匹敌，而且可以直接控制异步电动机转矩的变换，所以已经在许多精密快速控制领域得到应用。

4. 直接转矩控制

直接转矩控制（Direct Torque Control）是把转矩直接作为控制量来控制。其优越性在于：控制转矩是控制定子磁链，在本质上并不需要转速信息；控制上对除定子以外的所有电动机参数变换，有良好的鲁棒性；所引入的定子磁链观测器能很容易估算出同步速度信息，因此能方便地实现无速度传感器化。

（三）按用途分类

1. 通用变频器

简易型通用变频器是一种以节能为主要目的而简化了一些系统功能的通用变频器。它主要应用于水泵、风扇、鼓风机等对于系统调速性能要求不高的场合，并具有体积小、价格低等方面的优势。

高性能通用变频器在设计过程中充分考虑了在变频器应用中可能出现的各种需要,并为满足这些需要在系统软件和硬件方面都做了相应的准备。在使用时,用户可以根据负载特性选择算法并对变频器的各种参数进行设定,也可以根据系统的需要选择厂家所提供的各种备用选件来满足系统的特殊需要。

2.专用变频器

(1)高性能专用变频器

随着控制理论、交流调速理论和电力电子技术的发展,异步电动机的矢量控制得到发展,由其与专用电动机构成的交流伺服系统的性能已经达到和超过了直流伺服系统。此外,由于异步电动机还具有环境适应性强、维护简单等许多直流伺服电动机所不具备的优点,因此在要求高速、高精度的控制中,这种高性能交流伺服变频器正在逐步代替直流伺服系统。

(2)高频变频器

在超精密机械加工中常要求高速电动机。为了满足其驱动需要,出现了采用 PAM 控制的高频变频器,其输出主频可达 3 kHz,驱动两极异步电动机时的最高转速为180 000 r/min。

(3)高压变频器

高压变频器一般是大容量的变频器,最高功率可做到 7 000 kW,电压等级为 3 kV、6 kV 和 10 kV。高压大容量变频器主要有两种结构形式:一种是低压变频器通过升降压变压器构成,称为"高—低—高"式变频器,亦称为间接式高压变频器。另一种采用大容量 IGBT 绝缘栅双极晶闸管或 IGCT 集成门极换流晶闸管串联方式,不经变压器直接将高压电源整流为直流,再逆变输出高压,称为"高—高"式变频器,亦称为直接式高压变频器。

四、变频器用在哪儿

(一)在节能方面的应用

风机、泵类负载采用变频调速后,节电率可以达到 20%～60%,这是因为风机、泵类负载的耗电功率基本与转速的三次方成比例。当用户需要的平均流量较小时,风机、泵类采用变频调速使其转速降低,节能效果非常可观。而传统的风机、泵类采用挡板和阀门进行流量调节,电动机转速基本不变,耗电功率变换不大。由于风机、水泵、压缩机在采用变频调速后,可以节省大量电能,所需投资在较短的时间内就可以收回,因此,在这一领域中应用最多。一些家用电器,如冰箱、空调采用变频调速后,节能也取得了很好的效果。如图 1-10,1-11 所示。

图 1-10　变频水泵的外形

图 1-11　变频电器

(二)在自动化系统中的应用

由于变频器内置有 32 位或 16 位的微处理器,具有多种算术逻辑运算和智能控制功能,输出频率精度高达 0.1％～0.01％,还设置有完善的检查、保护环节,因此在自动化系统中获得广泛的应用。例如化纤工业中的卷绕、拉伸、计量、导丝;玻璃工业中的平板玻璃退火炉、玻璃窑搅拌、拉边机、制瓶机;电弧炉自动加料、配料系统以及电梯的智能控制等。如图 1-12～1-14 所示。

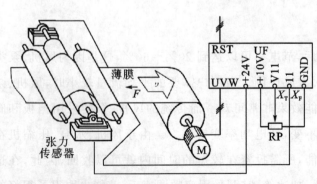

图 1-12　卷绕的恒张力闭环控制

图 1-13　教学用变频器智能电梯

图1-14　变频器在纺织工业中的应用

(三)在提高工业水平和产品质量方面的应用

变频器还可以广泛应用于传送、起重、挤压和机床等各种机械设备控制领域,它可以提高工艺水平和产品质量,减少设备的冲击和噪声,延长设备的使用寿命。采用变频调速控制后,使机械系统简化,操作和控制更加方便,有的甚至可以改变原有的规范,从而提高了整个设备的功能。例如,纺织和许多行业的定型机,机内温度是靠改变送入热风的多少来调节的。输送热风通常用的是循环风机,由于风机速度不变,送入热风的多少只有用风门来调节。如果风门调节失灵或调节不当就会造成定型失控,从而影响成品质量。在采用变频调速后,温度调节可以通过变频器自动调节风机的速度来实现,解决了产品质量问题;此外,变频器很方便地实现风机在低频低速下启动减少传送带和轴承的磨损,延长设备寿命,同时可以节能40%。

【任务实施】

步骤一　查阅资料了解变频器的发展及应用领域。

请上网搜索关键词"变频器",查看百度百科的解释,这里有较全面的变频器自学资料,供大家课后学习参考。

参考网站:百度百科。

步骤二　在安全用电条件下拆解某型号变频器。

步骤三　查阅拆解下的变频器型号、功能、应用。

【任务检查与评价】

整个任务完成之后,让我们来检查一下完成的效果吧。具体测评细则见表 1-1 所示。

表 1-1　任务完成情况的测评细则

一级指标	比例	二级指标	比例	得分
信息收集与 自主学习	40%	1.明确任务	5%	
		2.独立进行信息咨询收集	2%	
		3.制订合适的学习计划	3%	
		4.充分利用现有的学习资源	5%	
		5.使用不同的行动方式学习	15%	
		6.排除学习干扰,自我监督与控制	10%	
变频器认 知、拆解	50%	1.变频器的认识	25%	
		2.按步骤拆解变频器	25%	
职业素养与 职业规范	10%	1.设备操作规范性	2%	
		2.工具、仪器、仪表使用情况,操作规范性	3%	
		3.现场安全、文明情况	2%	
		4.团队分工协作情况	3%	
总计		100%		

【巩固与拓展】

一、巩固自测

1.变频器的定义是什么?

2.变频器中电力电子器件主要有哪些?各自有何特点?

3.变频器是如何进行分类的?

4.变频器主要应用在哪些领域?

5.按工作原理变频器分为哪些类型?按用途变频器分为哪些类型?按控制方式变频分为哪些类型?

6.对照变频器的分类,三菱 FR-F740 系列变频器分别属于哪一类?

二、拓展任务

1.查找资料,并分组讨论,变频器与单片机有什么区别?

2.查阅三菱 FR-F740 系列变频器数据手册(PDF 文档资料),全面了解其特性。

任务二　爱维修——变频器主电路

【任务目标】

了解变频器主电路结构。

了解逆变电路的结构,了解开关器件 IGBT 在逆变电路中的应用。

掌握变频器的输入、输出电路的测量方法及原理。

了解载波频率对变频器输出的影响。

了解变频器频率下降使得电机转速下降后,影响各环节功率减小的原因。

【任务描述】

一、任务内容

对变频器常见故障进行分析,深入了解变频器的主电路结构、输入、输出电路及相关电参数的相互影响。

二、实施条件

1. 校内教学做一体化教室,变频器实训装置,变频器,电工常用工具若干。
2. 某型号变频器。

三、安全提示

拆开变频器时请注意,一定不要带电操作。当变频器发生了故障,人们打开机箱时,虽然变频器已经断了电,但如果滤波电容器上的电荷没有放完,将很危险。变频器内部控制板上的指示灯,主要是在停电时,显示滤波电容器上的电荷是否释放完毕而设置的,所以要先观察内部控制板上的指示灯熄灭后才能进行操作。

【知识链接】

问题描述:仓库领出一台变频器,准备装到鼓风机上。上电一试,发现冒烟,立刻切断电源。打开后盖发现有一个电阻很烫。再次通电观察,电阻不冒烟了,但变频器因欠压跳闸。用万用表测量,电阻已经烧断。在分析电阻冒烟的原因之前,先了解常用低压变频器的交—直—交基本结构。

一、变频器主电路

低压电网的电压和频率固定,为 380 V、50 Hz。要想得到电压和频率均可调的电源必须通过两个基本过程。如图 2-1 所示。

(1)交—直变换过程。把电网不可调的三相(或单相)交流电整流成直流电。

(2)直—交变换过程。把直流电"逆变"成电压和频率都任意可调的三相交流电。

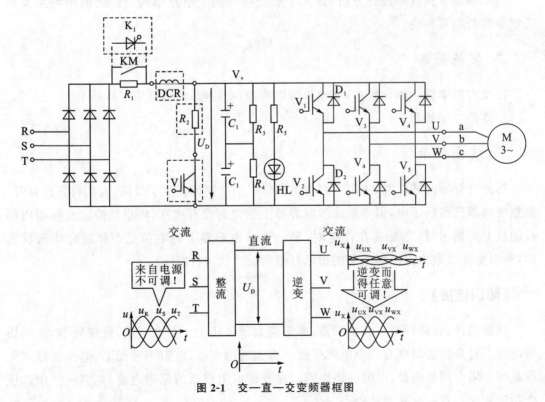

图 2-1 交—直—交变频器框图

交—直变换电路的作用就是整流和滤波。如图 2-2(a)所示,三个输入端子的符号是 R、S、T(也有变频器是 L1、L2、L3),而输出端子的符号则是 P(直流正端)和 N(直流负端)。

1. 整流桥的检测

在不打开变频器外壳的情况下,进行整流桥的检测。以检测二极管 VD1 为例,由图 2-2(a)知,VD1 在变频器的输入端子 R 与内部直流电路的 P 之间。并且 R 为二极管的正端,P 为二极管的负端用普通的万用表即可判断。正常情况下:当黑表笔(万用表内部电池的'+'端)接 R 端,红表笔(万用表内部电池的'-'端)接 P 端时,二极管处于导通状态,如图 2-2(b)所示;反之,黑表笔接 P 端,红表笔接 R 端,则二极管处于截止状态。

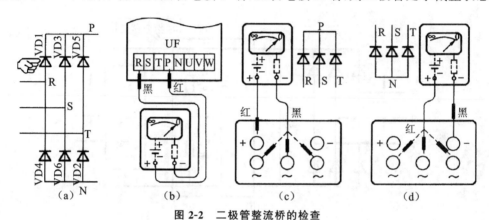

图 2-2　二极管整流桥的检查

(a)整流桥;(b)接线端子;(c)从正端测;(d)从负端测

测量整流模块时,将红表笔接变频器 P 端(或'+'端),黑表笔接任意一个输入端,若均导通,说明上部的三个二极管正常,如图 2-2(c)所示;将黑表笔接变频器 N 端(或'-'端),红表笔接任意一个输入端,若均导通,说明下部的三个二极管正常,如图 2-2(d)所示。

2. 变频器的滤波

比较低压整流滤波电路和变频器整流滤波电路,如图 2-3 所示。图(a)所示的 π 型滤波电路里串联电感 L 和电阻 R,产生的压降 ΔU,使电压 U_{D2} 比前面的电压 U_{D1} 略小。这在低压电路里没有关系,若觉得 U_{D2} 太小,可在设计变压器时适当提高副方电压即可。变频器前面没有变压器,不可能提高电压,并且不能有压降损失。变频器要求后面逆变输出的三相交流电,在 50 Hz 时的电压与电源电压相等,所以变频器只能用电容滤波。

目前,电解电容的最高耐压为 500 V,而 380 V 全波整流后的峰值电压是 537 V。按照国家规定,电源电压的允许上限误差是 +10%,即 418 V,全波整流后的峰值电压是 591 V。此外,变频器在运行过程中允许的最高直流电压可达 700~800 V,而在逆变的过程中,瞬间的直流电压甚至可达 1 000 V。所以滤波电路中,需用两组电容器串联。

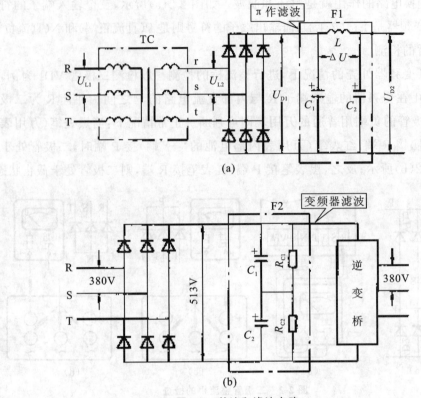

图 2-3　整流和滤波电路

(a)低压整流滤波电路；(b)变频器整流滤波电路

3.均压电阻

如图 2-4 所示,电容器 C_1 的充电回路由 C_1 和 R_{C2} 构成;C_2 的充电回路由 C_2 和 R_{C1} 构成。

R_{C1} 和 R_{C2} 的电阻值相等,$R_{C1} = R_{C2}$。

如果两个电容器组的电容量有差异,假设 $C_1 < C_2$ 则两个电容器组上的电压分配必不相等,$U_{C1} > U_{C2}$,而

两个电容器的充电电流分别是 $I_{R1} = \dfrac{U_{C1}}{R_{C1}}$,$I_{R2} = \dfrac{U_{C2}}{R_{C2}}$,很

明显 $I_{R1} > I_{R2}$。

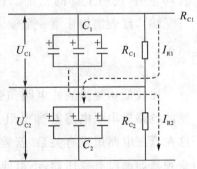

图 2-4　滤波电容的均压电路

这样,电容器 C_2 多充一些电,U_{C2} 得到提高。结果

U_{C1} 和 U_{C2} 趋于均衡,有 $U_{C1} \approx U_{C2}$。每个电容器上的平均电压按 300 V 计算,电阻按 30

kΩ 计算,电容的功率为:$P = \dfrac{U^2}{R} = \dfrac{300^2}{30\,000} = 3$ W。

所以均压电阻可用 30 kΩ,10 W 的电阻。

4.限流电阻

整流和滤波的基本过程,低压和高压是相同的,如图 2-5 所示。合上电源前,电容器上没有电荷,电压为 0 V,而电容器两端的电压不能突变。所以,在合闸瞬间,整流桥的两端(P 和 N 之间)相当于短路。因此,在合上电源时,出现两个问题:

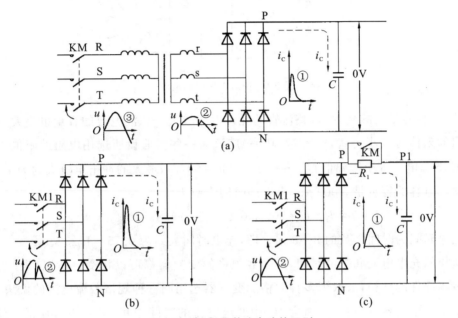

图 2-5　高、低压整流电路的区别

(a)低压整流电路;(b)高压整流电路;(c)限流电路

第一,会有很大的冲击电流,如图中曲线①,这有可能损坏整流管。

第二,进线处的电压将瞬间下降到 0 V,如图中的曲线②所示。

这两个特点,高、低压整流电路完全一样。低压整流电路通过变压器降压,由于变压器的绕组是一个大电感,对合闸时的冲击电流起到限制作用,如图 2-5(a)曲线①所示。而变频器的整流电路中,冲击电流很严重,容易损坏整流二极管,如图 2-5(b)曲线①所示。

在低压整流电路中,变压器的二次电压,会瞬间降到 0 V,如图 2-5(a)中曲线②所示。反映到变压器的一次侧,瞬间降压被缓冲,如图 2-5(a)中曲线③所示进线侧电压波形,其对同一网络中的其他设备不构成干扰。

变频器整流电路中没有变压器的缓冲,进线电压为电网电压。在合闸瞬间,电网电压降到 0 V,这影响同一网络中其他设备,通常称之为干扰。

所以,在整流桥和滤波电容之间,需接入限流电阻 R_L。接入限流电阻后,不仅减小了通电时的冲击电流,而且瞬间的电压降被限流电阻吸收,电源侧的电压波形不会受到影响。当电容器上的电压升到一定程度时,再把限流电阻短路。

一般情况下,短路器件(晶闸管或接触器)的大小随变频器的容量而变,但限流电阻的阻值和容量却差别不大。如图 2-6 所示。

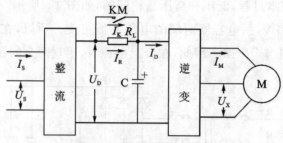

图 2-6　限流电路中的电流

严格说,容量大的变频器,整流管的允许电流较大。滤波电容的容量也要大一些,限流电阻的阻值可以小一些,而容量(功率)应该大一些。假设所选用电阻的阻值 $R_L = 50$ Ω,即使电源电压等于振幅值 $U_{LM} = 1.41 \times 380 = 537$ V,最大的冲击电流大约为 10 A 多。假设滤波电容的容量是 5 000 μF,充电的时间常数为

$$T = R \times C = 50 \times 5\ 000 = 250\ 000\ \mu s = 0.25\ s$$

充电时间为时间常数的 3～5 倍。即,充电时间大约为 0.75～1.25 s。

这样的充电电流和充电时间,大多数规格的变频器都可以接受。所以,生产厂家为了减少零部件的种类,采取了多种规格的变频器选用同一种规格限流电阻的做法。

至于电阻的容量(功率),因为 R_L 中通电电流的时间很短,只有 1 s,真正达到 10 A 的时间更短。所以,一般说来,容量只要不小于 20 W 就可满足系统需求。

分析旁路接触器 KM,假设电动机容量是 7.5 kW,15.4 A。配用变频器的容量是 13 kVA,18 A。

一般说来,直流回路的容量和变频器的容量应该相等,当电源电压是 380 V 时,直流电压的平均值是 513 V,则直流电流为 $I_D = \dfrac{P_D}{U_D} = \dfrac{13\ 000}{513} = 25$ A。

若是三个触点并起来使用,则选标称值为 10 A 的接触器可满足系统需求。若用晶闸管,还需用 30 A 的。

5. 限流电阻为什么会冒烟,并且烧断呢?

烧断限流电阻的原因可能有三种:

第一种,限流电阻容量较小。由于在限流电阻中的电流是按指数规律衰减的,且持续时间很短,如图 2-7 所示。所以,其容量可以选得小一些。为了降低元器件成本,有的变频器生产厂家在决定限流电阻的容量时,常常取较小值。但实际上,流经限流电阻的电流 I_R 和限流电阻的阻值 R_L 以及滤波电容器的电容量 C_F 有关。比较图(a)和图(b)知,R_L 大,则电流的初始值较小,但电流的持续时间长。比较图(b)和图(c)知,C_F 大,电流的持续时间将延长。所以,R_L 的容量大小也应该根据具体情况适当调整。但用户对

滤波电容器的充电过程并无严格的要求。故对 R_L 的阻值和容量也并无明确的规定。一般说来,如选 R_L 大于等于 50 Ω,P_R 大于等于 50 W 可满足系统需求。

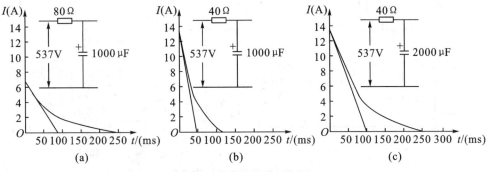

图 2-7　限流电阻的电流曲线

第二种,滤波电容器变质。变频器在仓库里存放时间长了,打开盖观察一下滤波电容器,看它是否鼓包,甚至是否有电解液漏出。电解电容器变质的特征,首先是漏电流增大。变频器长时间不用后突然加上高电压,电解电容器的漏电流将会很大。第一次接通电源时,变频器内部冒烟,可能是电解电容器严重漏电,甚至已经短路。而直流电压难以充电到 450 V 以上,短路器件不动作,限流电阻长时间接在电路里,电阻便会烧断。

长时间不用的电解电容器,通电时,应该先加约 50% 的额定电压,加压时间应在半小时以上,当漏电流降下去,便可正常使用。可先用万用表测量一下电容器是否短路。如未短路,外观上也没有异常,则如图 2-8 所示那样,通电半小时以后,电容器将恢复。

第三种,是旁路接触器 KM 或晶闸管没有动作,结果使限流电阻长时间接在电路里,以致烧断。

常规情况下,旁路器件在滤波电容器充电到一定程度(例如,电压已经超过 450 V)时动作。故可以在确认滤波电容器完好的情况下通电观察,当直流电压 U_D 上升到足够大时,旁路器件是否动作。

具体方法,在限流电阻两端并联一个电压表 PV1,同时在滤波电容两端也接一个电压表 PV2,再将两个串联的灯泡也接到滤波电容器的两端,作为负

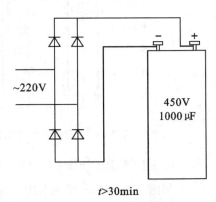

图 2-8　长期存放电容器的复原

载,如图 2-9 所示。通电后,如果 PV2 显示 U_D 已经足够大,但 PV1 的读数并不为 0 V,则说明旁路器件并未动作。

接两个灯泡的原因是为直流电路上接负载。若无负载,限流电阻内将没有电流,即使短路器件未动作,限流电阻上也测量不出电压。

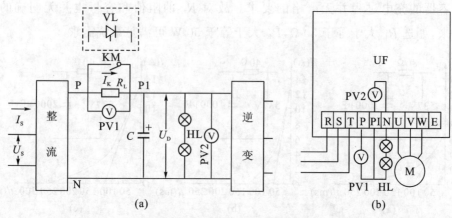

图 2-9 旁路器件的动作检查

(a)原理图;(b)外部接线图

滤波电容器两端并联一个小电容(如 0.33 μF)是因为电解电容具有一定的电感性质,相当于有一个小电感 L_0 串联在电路中,其等效电路如图 2-10 所示,它对于频率较低的三相全波整流后的脉波来说,因为感抗很小,不起作用。但对于一些频率较高的干扰电压,却能够"拒之门外",避免"过电压跳闸"的误动作。用来吸收高频干扰电压的小电容 C_P,称为高频吸收电容。

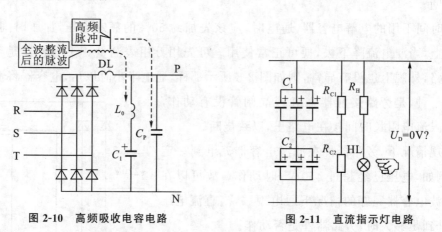

图 2-10 高频吸收电容电路   图 2-11 直流指示灯电路

6.主控板上的电源指示灯

如图 2-11 所示,变频器内部主控板上的指示灯,主要不是显示变频器是否通电,而是显示变频器断电后,滤波电容器上的电荷是否放完,它是为我们的人身安全而设置的。当变频器发生了故障,人们打开机箱,想要查找里面的零部件的问题时,虽然变频器已经断电,但如果滤波电容器上的电荷没有放完,将会产生危险。所以,操作人员一定要在指示灯完全熄灭后,才能用手去触摸里面的元器件。

本节要点

变频器因为输入侧直接接电网,所以其整流滤波电路有许多不同于低压电路的特点。

1. 它的滤波电路不允许有电压降,所以不能用 π 型滤波器。

2. 滤波电路由两组电容器串联而成,为了使两组电容器的电压分配均衡,必须在电容器旁并联均压电阻。

3. 在整流桥和滤波电容之间设置了限流电路,以限制刚接通电源时的冲击电流。

4. 变频器内部控制板上的指示灯,主要断电后显示滤波电容器上的电荷是否释放完毕,目的是保护人身安全。

二、逆变电路

1. IGBT 管的特点

IGBT 管也叫绝缘栅晶体管,它是晶体管和绝缘栅场效应管的组合。如图 2-12 所示,图(a)是晶体管,它的三个极分别是:集电极 C、发射极 E 和基极 B。它的特点是集电极电流 I_C 的大小取决于基极电流 I_B,故称为电流控制器件。

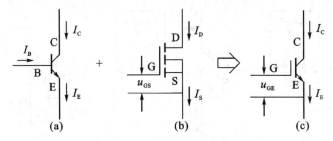

图 2-12　IGBT 管的构成

(a)晶体管;(b)场效应管;(c)IGBT

图(b)是绝缘栅场效应管(PMOS 管),它的三个极分别是漏极 D、源极 S 和栅极 G,源极和栅极之间绝缘。它的工作特点是漏极电流 I_D 的大小取决于栅极和源极之间的电压 u_{GS},故称电压控制器件。

图(c)所示的 IGBT 管,它的主体部分和晶体管相同,也是集电极 C 和发射极 E;控制部分是绝缘栅结构,通常称为控制极 G。集电极电流 I_C 的大小取决于控制极与发射极之间的电压 u_{GE}。所以,也是电压控制器件。

相比大功率晶体管 GTR,IGBT 管允许的开关频率比 GTR 高一个数量级。GTR 的最高开关频率只有 2 kHz,而 IGBT 可达 20 kHz。并且 IGBT 管的控制极功耗比 GTR 的基极功耗小。IGBT 管在逆变电路中主要作为开关使用。

如图 2-13 所示,IGBT 管和其他三极管一样,也有三种状态:截止、放大和饱和导通状态。图(a)是饱和导通状态,犹如开关处于闭合状态;图(b)是截止状态,犹如开关处于断开状态。

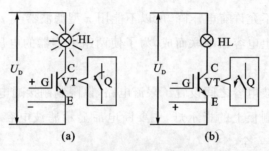

图 2-13 IGBT 管的工作状态

(a)饱和导通状态;(b)截止状态

当电池的"+"端接 G 极,"-"端接 E 极时,如图 2-14(a)所示,IGBT 管导通。当电池断开后,IGBT 管仍导通,如图(b)所示。因为 G、E 间绝缘,故电池拿掉时,G 极上的"+"电荷不能释放,所以,IGBT 管保持着导通状态。当在 G、E 间接入一个电阻后,G 极上的"+"电荷很快释放掉,IGBT 管快速进入截止状态,如图(c)所示。

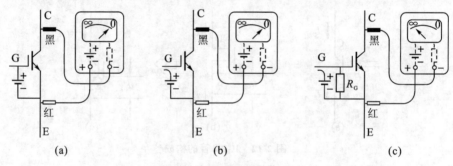

图 2-14 IGBT 管的粗侧

(a)GE 接电池;(b)拿掉电池;(c)接入电阻

2.逆变电路

如图 2-15 所示单相逆变桥,4 个 IGBT 管组成一个桥型电路,ZL 是负载,如图(a)所示。首先驱动 VT1、VT2 导通,VT3、VT4 截止。这时电流如虚线箭头所示:从电源正极 P(+)出发,经 VT1 流经负载 ZL 后,经 VT2 流向电源负极 N(-)。注意:当它流经负载时,是从 a 端流向 b 端的。我们把这种情况下的电压 u_{ab} 作为正方向,即 u_{ab} 为"+",幅值等于直流电压 U_D,其电压波形如图(b)中时间段 $0 \sim t_1$ 所示。

然后驱动 VT3、VT4 导通,VT1、VT2 截止。这时候的电流如实线箭头所示:从 P(+)出发,经 VT3 经负载 ZL 后,经 VT4 流向 N(-)。当它流经负载时,是从 b 端流向

a 端的。所以，u_{ab} 为"－"，幅值也等于直流电压 U_D，电压波形如图（b）中时间段 $t_1 \sim t_2$ 所示。

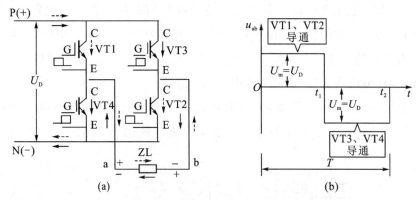

图 2-15　单相逆变桥

(a)VT1、VT2 导通；(b)VT3、VT4 导通

　　驱动 VT1、VT2 为一组，VT3、VT4 为另一组，并让它们不断交替导通和截止，则负载中为交流电流。

　　如图 2-16(a)所示，6 个 IGBT 管组成三相逆变桥。如图(b)所示，各相之间互差三分之一周期($T/3$)。按照规律，在第一个 $T/6$ 内，令 VT5、VT6、VT1 三管同时导通、第 2 个 $T/6$ 内，令 VT6、VT1、VT2 导通……，以此规律轮流导通和截止，实现三相交流逆变输出。在实际的逆变模块中，每个 IGBT 管旁边反并联一个二极管(也称续流二极管)。

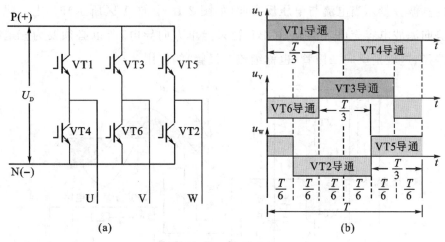

图 2-16　三相逆变桥

(a)电路结构；(b)各管的导通规律

3.续流二极管

在讲使用续流二极管原因前,先了解电工基础知识。如图 2-17 电阻、电感电路图,图(a)是一个 RL 电路,图(b)是电压与电流的瞬时值曲线。在 RL 电路内,电流是比电压滞后 φ 角。$0\sim t_1$ 时间段内,电压为"+",而电流为"-"[图(b)中的 A 区],说明电流和电压是反方向的。这时电流是自感电动势克服电源电压,磁场在做功。而在 $t_1\sim t_2$ 时间段内,电压和电流都为"+"[图(b)中的 B 区],说明电流和电压同向。这时电流是电源电压克服自感电动势,电源做功。RL 电流在工作过程中,存在着电源和磁场之间不断交换能量的过程。由于不是纯电感电路,所以 B 区比 A 区大一些,电源所做的功多一些。

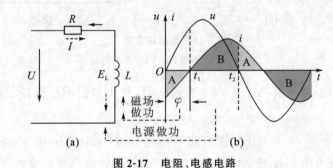

图 2-17 电阻、电感电路

(a)RL 电路;(b)电压电流曲线

电动机的定子绕组也是一个 RL 电路,电机在工作时要和电源交换能量,确切地说,是和直流电路里的滤波电容之间进行充、放电。变频器的输出电压里有一些谐波分量,只看它的基波分量。当电流与电压反方向(如图 2-18 中的 A 区所示)时,电动机绕组的反电动势向滤波电容充电。但是,IGBT 管只能单方向导电,所以必须要为充电电流提供一条路径,这就是反向二极管(也称续流二极管)的作用。

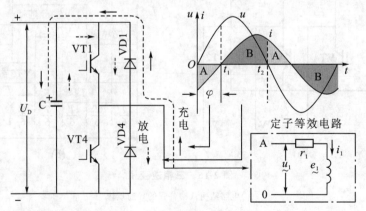

图 2-18 变频器的输出电路

逆变桥的反并联二极管实际上也构成一个整流桥,其粗测方法如图 2-19 所示。

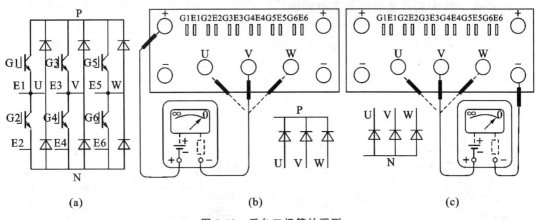

图 2-19　反向二极管的粗测

(a)逆变桥电路;(b)从"+"端测量;(c)从"一"端测量

本节要点

1.直流电逆变成交流电的基本方法,是使几个开关器件不断按照一定的规律交替导通。

2.目前在低压变频器中,普遍采用的是 IGBT 管,它的主体部分和晶体管相同,也有集电极和发射极,而它的控制极却和绝缘栅场效应管类似。

3.电动机定子的等效电路是电阻电感电路,它和直流电路之间存在着能量交换的过程。具体地说,要对滤波电容器进行充放电。为此,在每个 IGBT 管旁边都必须反并联二极管,为电动机绕组向滤波电容器充电提供通路。

三、双极型绝缘栅晶体管(IGBT)

1. IGBT 管的主要参数

IGBT 管的 C、E 间的额定电压和漏电流,有 U_{CEO} 和 U_{CEX},以及 I_{CEO} 和 I_{CEX} 的区别。

在变频器里,IGBT 管用作开关器件,具体说,是利用其饱和导通和截止这两种状态。为了使这两种状态能够比较可靠,在饱和导通时,应该尽量加大 G、E 间的驱动电压,而在截止时,通常在 G、E 间加入反向电压,使 IGBT 管可靠截止。这样,IGBT 就有两种截止状态:C、E 间不加反向电压和加入反向电压。如图 2-20(a)所示是 $U_{GE}=0$ V 时的情况,额定电压和漏电流分别是 U_{CEO} 和 I_{CEO};图(b)所示是 $U_{GE}=-5$ V 时的情况,额定电压和漏电流分别是 U_{CEX} 和 I_{CEX}。

一般情况下,IGBT 管在饱和导通时的管压降达 3.3 V,有的甚至更大,比低压开关的饱和压降(0.3 V)大 10 倍。

如图 2-21 所示,3DK4 是低压开关中比较大的一种,它的额定集电极电流是 800 mA,

饱和压降为 0.3 V；2MB1200N 是一种不算很大的 IGBT 管，其额定集电极电流是 200 A。两种管子在饱和导通时的等效电阻为：

$$3D4\ 开关管:R_{CES}=\frac{U_{CES}}{I_C}=\frac{0.3}{0.8}=0.375\ \Omega$$

$$2MB1200N:R_{CES}=\frac{U_{CES}}{I_C}=\frac{3.3}{200}=0.016\ 5\ \Omega$$

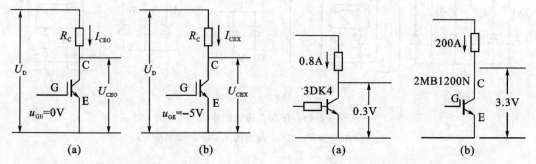

图 2-20 IGBT 的额定电压和电流

(a)UGE=0 V；(b)UGE=−5 V

图 2-21 晶体管和 IGBT 的饱和压降

(a)开关晶体管；(b)IGBT 管

可见，IGBT 管在饱和导通时的等效电阻很小。除这个参数外，开关速度也是重要的参数。具体说，就是开通时间 t_{ON} 和关断时间 t_{OFF}。2MB1200N 型 IGBT 管的数据是 $t_{ON}=1.2\ \mu s$，$t_{OFF}=1.5\ \mu s$。需要注意的是，环境温度升高，或者集电极电流增大，都会使开通时间和关断时间有所延长。

IGBT 管的功耗主要有三个部分：

第一部分称为通态损耗 P_S，粗略地讲，它等于集电极电流与饱和压降的乘积，即：

$$P_S=I_C U_{CES}$$

式中：P_S——通态损耗，单位 W；

I_C——集电极电流，单位 A。

第二部分，称为开关损耗，有开通损耗 P_{ON} 和关断损耗 P_{OFF} 之分，它们和集电极电流以及温度之间的关系如图 2-22 所示。

由图知：

(1)集电极电流越大，开关损耗越大；

(2)温度越高，开关损耗也越大。

第三部分，实际上不是 IGBT 管的功耗，但因为 IGBT 模块里总包含着反并联二极管，所以 IGBT 管的损耗包含反并联的续流二极管的功耗 P_D。P_D 的大小与通过续流二极管的平均电流 I_D 成正比。

2.IGBT 管驱动电路

对驱动电压的要求：

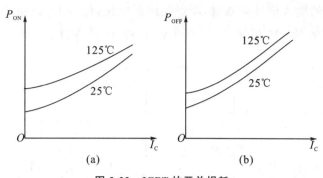

图 2-22　IGBT 的开关损耗

(a)开通损耗；(b)关断损耗

(1)正向电压。U_{GE} 的大小，直接影响着 IGBT 的饱和程度，具体反映在饱和压降 U_{CES} 上，U_{GE} 越大，U_{CES} 越小。一旦在负载侧发生短路，IGBT 承受短路电流的能力将变差。通常，选 $U_{GE}=15\times(1+10\%)$ V。

(2)反向电压。反向电压的作用，一是缩短关断时间；二是在 G、E 间出现干扰信号时，能保证 IGBT 处于截止状态。但太大也会产生副作用，如不利于下一次 IGBT 管的迅速导通等。通常，选 $U_{GE}=-10\sim-5$ V。

对控制极电阻的要求：在驱动模块和 IGBT 的控制极之间，需要接入控制电阻 R_G，如图 2-23(a)所示。而 R_G 的大小，将直接影响着 IGBT 的开通和关断时间，如图(b)所示。通常，选 $R_G=100\sim500\Omega$。

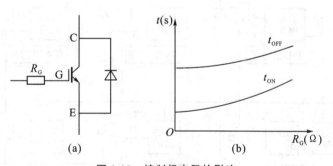

图 2-23　控制极电阻的影响

(a)控制极电阻；(b)R_{GE} 的影响

EXB 系列的驱动模块，如图 2-24 所示。工作电源施加于②号脚和⑨号脚之间；②号脚为 +20 V，⑨号脚为 0 V。在②号脚和⑨号脚之间，由 R_1 和稳压管 DW 构成稳压电路，稳压值为 +5 V，接到①号脚，并与 IGBT 的 E 极相接。

控制信号从 15、14 脚输入。当信号输入时，经放大后 A 点为高电位，使 VT1 导通，VT2 截止，②脚工作电压经 VT1 到③号脚，并输出到 IGBT 的 G 极，使 G 极电位为 +20 V。因为 E 极已经和①号脚的 +5 V 相接，所以，$U_{GE}=+15$ V，如图 1-24(a)所示。

当⑮、⑭脚间的输入信号为 0 时, A 点变成低电位, 使 VT1 截止, VT2 导通, ③号脚经 VT2 与工作电源的 0V 相接, G 极为 0V, E 极为 +5V, $U_{GE}=-5V$, 如图 2-24(b) 所示。

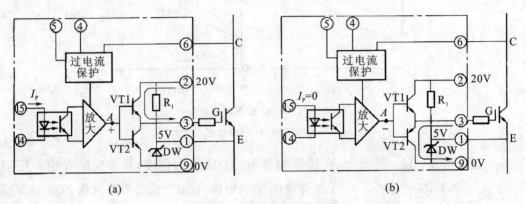

图 2-24   EXB 驱动模块框图

(a)有输入信号;(b)无输入信号

图 2-25 所示的三个驱动电路,都和直流电路的负极相接,所以它们可共用一个驱动电源。上面的三个驱动电路分别和 U 相、V 相和 W 相相接,若共电源将使输出的三相短路,所以上面的三个驱动电路只能单独供电,且相互之间必须可靠绝缘。

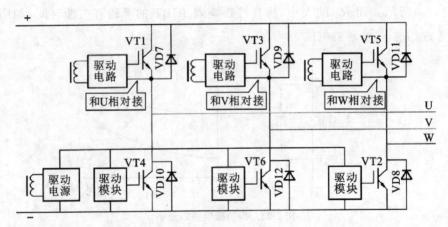

图 2-25   驱动电路的电源

用万用表粗测驱动电路,如图 2-26 所示。在不掌握确切数据情况下,只能采取对 6 个模块的输入侧和输出侧进行比较的办法来进行判断。

以 EXB 模块为例,对一块单独的驱动电路进行测试。如图 2-27 所示,用一个 20V 的稳压电源,接到②号脚和⑨号脚之间。在驱动电路的输入侧通入测试电流 I_H,测试电流的大小应在 4~10 mA 之间,测试电流由转换开关 SA 控制。在③号脚和①号脚之间,接入电压表,以测量其输入到 IGBT 的 G、E 之间的电压。当 SA 闭合时,测试电流 I_H 流入输入端,A 点应该是"＋"电位,VT1 导通,VT2 截止,电压表上应该是 15 V;当断开 SA 时,流入输入端的测试电流为 0 A,A 点应该是"－"电位,VT1 截止,VT2 导通,电压表上应该是 －5 V。

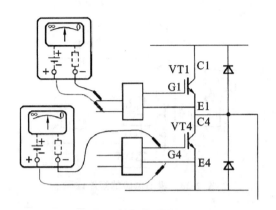

图 2-26   驱动电路的粗测

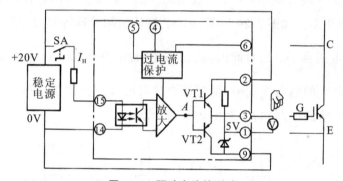

图 2-27   驱动电路的测试

3. IGBT 管的保护

(1)驱动模块中的过电流保护

驱动电路中"过流保护"主要是短路保护。一般过电流保护是通过实测电流的数值进行保护。

短路保护的基本思路,根据 IGBT 管的饱和压降的大小,来判断其集电极电流是否太大。

如图 2-28 所示,二极管 VD1 用于阻隔当 IGBT 截止时集电极的高电压。正常情况下,当 IGBT 导通时,S 点采样电压为

$$U_S = U_E + U_{CES} + V_{D1}$$

R 点是参考点,R 点的电压称为参考电压,或基准电压 U_R,略大于 IGBT 在额定电流下正常运行时的采样电压。正常情况下,有 $U_S < U_R$。当发生短路时,IGBT 的饱和管

压降 U_{CES} 迅速上升,采样电压 U_S 也随之上升,使 $U_S > U_R$。经运算放大器比较和放大,又经保护锁定电路后,将 A 点电位锁定为低电位,迫使 IGBT 迅速截止。

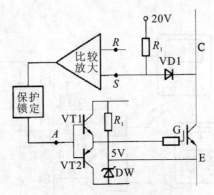

图 2-28　驱动电路的短路饱和

(2)缓冲电路

IGBT 管旁边为缓冲电路,也称吸收电路,主要是吸收 IGBT 管从饱和导通到截止过程中的电压变化率。如图 2-29 所示,IGBT 管从饱和导通[图(a)]到截止[图(b)]的过程中,C、E 间的电压在 $1\mu s$ 的时间内,从 3V 迅速地上升到 $530\,V$,电压变化率 $\dfrac{du}{dt}$ 很大,如图(c)所示。如此大的电压变化率,很容易通过集电极和控制极之间的结电容"窜入"控制极,导致 IGBT 管的误动作,甚至损坏 IGBT 管。

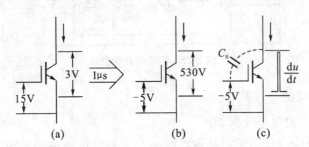

图 2-29　IGBT 管在截止过程中的电压变化率

(a)饱和导通状态;(b)截止状态;(c)电压变化率

那么,怎样来吸收如此大的电压变化率呢?我们首先考虑的是电容,如图 2-30(a)所示。由于电容器 C_1 两端的电压不能跃变,减缓了 C、E 间的电压上升率。电容器最终充入 $530\,V$ 的高电压。

但是,当 IGBT 管从截止变为饱和导通时,电容器上的高电压将通过 IGBT 管放电。瞬间的放电电流非常大,这很大的放电电流叠加到 IGBT 管的负载电流上,IGBT 管将烧坏。为了限制放电电流在允许范围内,在放电回路内串联限流电阻 R_1,如图 2-30(b)所示。

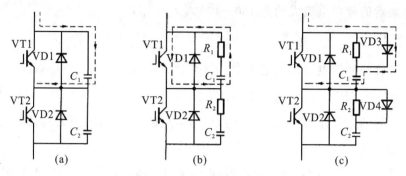

图 1-30　IGBT 管的缓冲电路

(a)接入吸收电容；(b)串联限流电阻；(c)并联二极管

然而,限流电阻限制放电电流的同时,也使电容器失去了吸收电压变化率的作用。为使电容器仍能发挥吸收电压变化率的作用,在 R_1 旁边,并联一个钳位二极管 VD3,如图 2-30(c)所示。VD3 在 IGBT 管截止过程中,使 C、E 间的电压基本与 C_1 上的电压相等;而在 IGBT 管转为饱和导通的过程中,又不影响 R_1 的限流作用。图 2-30(c)所示是比较完整的缓冲电路。在一些容量较小的变频器中,常常有所变化。

4. IGBT 管的并联

(1)IGBT 管并联的基本要求

①在饱和导通时,两管的集电极电流和饱和压降均应相等。

②两管的开关过程应均衡。

(2)具体措施

①应选择封装结构相同的 IGBT 管,最好同一批次的管子。

②应该共用一个驱动电路,其接线如图 2-31 所示。

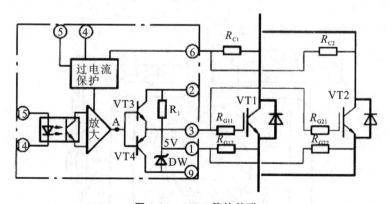

图 2-31　IGBT 管的并联

③安装和布线的布局力求对称。

④并联后的额定电流应适当降低,一般应降低 15%～20%。例如,两个 100A 的

IGBT 管并联后的额定电流大约为 160～170 A。

本节要点

1. IGBT 管的额定电压和漏电流中，下标带"CEO"(U_{CEO}、I_{CEO})是 G、E 间电压为 0 V 的数据；下标带"CEX"(U_{CEX}、I_{CEX})是 G、E 间接负电压(如 U_{GE}＝－5 V)时的数据。

2. IGBT 管的饱和压降 U_{CES} 看起来数值很大(如 3.3 V)，但因为其集电极电流很大，实际等效电阻很小。

3. 作为开关器件，IGBT 管的开通时间 t_{ON} 和关断时间 t_{OFF} 是两个十分重要的数据，和这两个数据有关的因素有：

(1)温度。温度越高，开通时间 t_{ON} 和关断时间 t_{OFF} 越长。

(2)集电极电流。I_C 越大，开通时间 t_{ON} 和关断时间 t_{OFF} 越长。

(3)控制极电阻。R_C 越大，开通时间 t_{ON} 和关断时间 t_{OFF} 越长。

4. IGBT 管在导通时的正向驱动电压的范围是 12～15 V；截止时的反向驱动电压的范围是－10～－5 V。

5. 驱动模块中的过电流保护，实际上主要是短路保护。保护的依据是 IGBT 管饱和压降的大小。短路时，U_{CES} 将上升较多。

6. 缓冲电路主要是为了吸收 IGBT 管从饱和导通到截止过程中，过大的电压变化率而设置的。

7. IGBT 管在并联时，须使两个管子的负荷分配及过渡过程都比较均衡。

四、变频器的输出电压

1. 变压的原理

异步电动机的能量关系如图 2-32 所示。

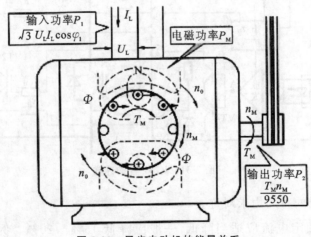

图 2-32 异步电动机的能量关系

如图 2-32 所示,电动机输入的三相电功率,计算公式是

$$P_1 = \sqrt{3}U_\mathrm{L}I_\mathrm{L}\cos\varphi_1 \tag{2-1}$$

式中:P_1——电动机的输入功率,单位 kW;

　　U_L——电源线电压,单位 V;

　　I_L——电动机定子侧的线电流,单位 A;

　　$\cos\varphi_1$——电动机定子侧的功率因数。

式(2-1)表明,电动机输入功率的大小和频率并无直接关系。另一方面,电动机输出的是机械功率,计算公式是

$$P_2 = \frac{T_\mathrm{M}n_\mathrm{M}}{9550} \tag{2-2}$$

式中:P_2——电动机的输出功率,单位 k_w;

　　T_M——电动机的电磁转矩,单位 N·m;

　　n_M——电动机的转速,r/min;

　　9550——单位换算的系数。

很明显,输出功率的大小与频率有关,频率下降,转速随之下降,当负载转矩不变时,输出功率必下降。

电动机从输入电能,到输出机械能,中间是怎样转换的呢?原来,转子绕组因为切割了旋转磁场的磁力线而产生感应电流,所产生的电流又和磁场相互作用而产生电磁转矩,使转子旋转。显然中间起能量的传递和转换作用的是磁场能,其功率称为电磁功率,用 P_M 表示。而电磁功率的具体体现为磁通的大小。

当频率下降后:一方面,电动机的转速随之下降,输出功率随之减小;另一方面,电动机的输入功率并无直接影响。结果必然是电磁功率增加。虽然磁通多了,涡流损失和磁滞损失会增加,但不到冒烟的程度。

磁通的大小将影响到励磁电流,电动机磁路里的磁通和励磁电流之间的关系,服从磁化曲线的规律,如图 2-33(a)所示。其特点是:在起始阶段,磁通大小和励磁电流呈线性关系,如曲线①的 OA 段。当铁芯里的磁通大到一定程度后,磁路饱和。励磁电流再增加,磁通增加变得缓慢,如曲线①的 AB 段。励磁电流如继续增加,磁通几乎不再增加,称作深度饱和,如曲线①B 点以后曲线。

当绕组中通入交变电流时,磁通和电流的波形如图 2-33(b)和图(c)所示。图(b)是磁化曲线处于线性段的情形,其特点是:要得到曲线②所示的磁通,只需要很小的励磁电流(如曲线③所示)。图(c)是磁路饱和后的情形,其特点是:磁通增加得不多,如曲线④所示,但所需的励磁电流却很大。并且励磁电流的波形发生了畸变,产生了尖峰电流,

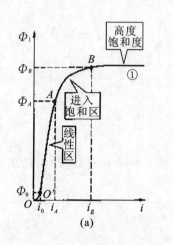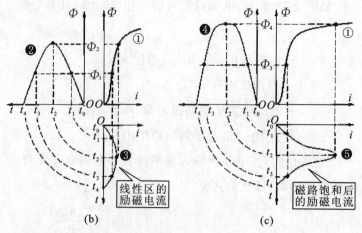

图 2-33 磁化曲线与励磁电流

(a)磁化曲线；(b)磁路未饱和；(c)磁路饱和时

如曲线⑤所示。

所以，电磁功率增加的结果，是磁路饱和，励磁电流大幅增加，并且发生畸变，以致绕组冒烟。归根结底，电流较大时，导致绕组发热。

所以，当频率下降时，要想电磁功率不增加，必须减小电动机的输入功率。而输入功率的主要因素是电压和电流。电流不能减小，原因是电流用来产生电磁转矩，电磁转矩变小会带不动负载。所以减小电磁功率的唯一方法，便是降低电压。

电动机里，直接反映磁通大小的，是定子绕组的反电动势 E_1，计算公示是：

$$E_1 = 4.44 k_E N_1 \quad f\Phi_1 = K_E f\Phi_1 \tag{2-3}$$

式中：E_1——定子绕组每相的反电动势，单位 V；

$\quad k_E$——绕组系数；

$\quad N_1$——定子每相绕组的匝数；

$\quad f$——电流的频率，单位 Hz；

$\quad \Phi_1$——定子每个磁极下的基波磁通，单位 Wb；

$\quad K_E$——常数。

反电动势和频率与磁通的乘积成正比。有

$$\Phi_1 = K_\Phi \frac{E_1}{f} \tag{2-4}$$

由式(2-4)可知：如果能够保持反电动势 E_1 与频率 f 之比不变，磁通大小也保持不变。

但是，反电动势是定子绕组切割自己产生的旋转磁场的结果，是自感电动势，无法人为地控制其大小。考虑到定子绕组的电动平衡方程式是：

$$\dot{U}_1 = -\dot{E}_1 + \Delta\dot{U}_1 \tag{2-5}$$

式中：U_1——施加于定子每相绕组的电源相电压，单位 V；

$\Delta \dot{U}_1$——定子每相绕组的阻抗压降，单位 V。

式(2-5)中，阻抗压降 $\Delta \dot{U}_1$ 在电压 U_1 中所占比例很小，如果把 $\Delta \dot{U}_1$ 忽略不计，则有 $U_1 \approx E_1$，代入式(2-4)得：

$$\Phi_1 \approx K_\Phi \frac{U_1}{f} \tag{2-6}$$

所以，改变频率的同时也要改变电压。但要注意，式(2-6)只是一种近似的替代方法，并不能真正保持磁通不变。

2.变压的方法

(1)如何实现变频的同时也变压

实现调频和调压的方法有很多种，一般按变频器的输出电压和频率的控制方法分为 PAM 和 PWM。

PAM(Pulse Amplitude Modulation)脉幅调制型变频，是一种通过改变电压源的电压和电流源的电流的幅值，进行输出控制的方式。由于其存在一些固有的缺陷，目前已很少应用。

PWM(Pulse Width Modulation)脉宽调制型变频，是靠改变脉冲宽度来控制输出电压，通过改变调制周期来控制其输出频率。以调制脉冲的极性可分为单极性调制和双极性调制。采样控制理论中有一个结论：冲量相等而形状不同的窄脉冲加在具有惯性环节上时，其效果基本相同。冲量指窄脉冲的面积，效果基本相同指环节的输出响应波形基本相同。根据这一理论，对逆变电路开关器件的通断进行控制，使输出端得到一系列幅值相等而宽度不等的脉冲，用这些脉冲来代替正弦波所需波形，可以得到相当接近正弦波的输出电压和电流，这种控制方式也称为正弦波脉宽调制 SPWM(Sinusoidal PWM)，如图 2-34(c)所示。

如图 2-34 所示，把变频器的输出电压分成许多个小脉冲，并假设每半个周期中小脉冲的个数一定。当这些小脉冲之间的间隔很小时，总的周期较小，而脉冲占空比则较大，半个周期中的平均电压也较大，如图 2-34(a)所示；反之当这些小脉冲之间的间隔较大时，总的周期增加，平均电压降低，如图 2-34(b)所示。占空比的定义是：

$$D = \frac{t_P}{t_C} \tag{2-7}$$

式中：D——脉冲的占空比；

t_P——脉冲的宽度，单位 s；

t_C——脉冲的周期，单位 s。

正弦脉宽调制波形的产生，是由正弦波和三角波调制得到。

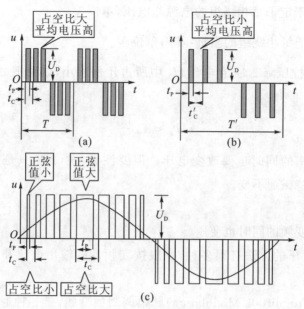

图 2-34 脉宽调制

(a)占空比较大;(b)占空比较小;(c)正弦脉宽调制

(2)单极性调制

如图 2-35 所示,SPWM 脉冲序列,是通过求取正弦波和三角波的交点得到,三角波称为载波,正弦波称为调制波。所谓"单极性",指在半个周期内,正弦波和三角波的极性不变。调节频率和电压时,三角波的频率和振幅基本不变,只改变正弦波的频率和振幅。

图 2-35(a)所示,为频率较高时的情形;图 2-35(b)所示,为频率较低时的情形。

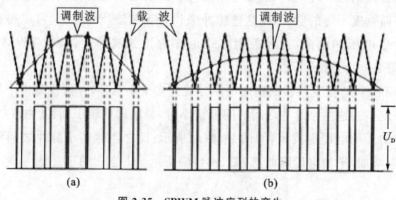

图 2-35 SPWM 脉冲序列的产生

(a)频率较高时;(b)频率较低时

现在变频器里基本不用单极性调制,实际多采用双极性调制方式,如图 2-36 所示。

(3)双极性调制

所谓双极性调制,是指正弦波和三角波均是双极性,如图 2-36(a)所示。双极性调制得到的相电压脉冲序列如图 2-36(b)所示,很难看出它的变化规律。但是当把它们合成线电压时,其脉冲序列和单极性调制的波形一样,如图 2-36(c)的所示。

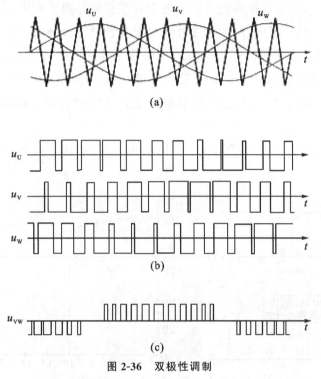

(a)

(b)

(c)

图 2-36　双极性调制

(a)载波与调制波;(b)相电压;(c)线电压

双极性调制的工作特点是,同一桥臂的上下两个逆变管交替导通,每相脉冲序列的正半周作为 VT1 管的驱动信号,则其负半周经反相后作为 VT2 管的驱动信号,如图 2-37 所示。

用示波器观察过不同频率时的电压波形,图 2-38 所示为半个周期的波形。图(a)所示,是 50 Hz 时的波形,电压有效值为 380 V;图(b)所示,是 25 Hz 时的波形,电压有效值是 182 V;图(c)所示,是 10 Hz 时的波形,电压有效值是 70 V。

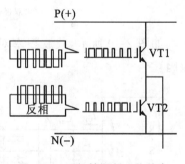

图 2-37　双极性调制工作特点

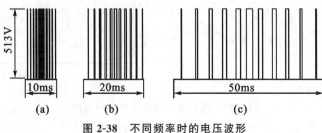

图 2-38　不同频率时的电压波形

(a)50 Hz;(b)25 Hz;(c)10 Hz

3.载波频率对输出电压和输出电流的影响

如图 2-39 所示,同一桥臂的上下两个逆变管在交替导通过程中,必须保证原来导通的逆变管(如 VT1)充分截止后,才允许另一个逆变管(VT2)导通。而 VT1 从饱和导通到完全截止之间,需要"关断时间"。因此,在两管交替导通时,需要有一个等待时间,通常称为"死区",即图 2-39(b)中的 Δt。死区时间内,逆变器不工作,载波频率较高时,一个周期里死区的个数必然多,则逆变器总的不工作的时间也多,变频的输出电压下降,如图 2-39(c)所示。

如图 2-39 所示,载波频率为 4 kHz 时,输出电压为 100%,到 10 kHz 时,电压只有 90%。

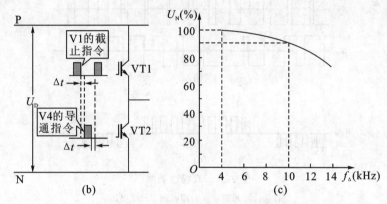

图 2-39 载波频率对输出电压的影响

(a)双极性控制信号;(b)死区;(c)输出电压与载波

如图 2-40 所示,载波频率对变频器允许输出电流也会产生影响,主要有以下两个原因:

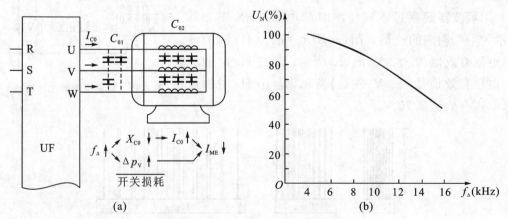

图 2-40 载波频率对输出电流的影响

(a)电路中的分布电容;(b)输出电流与载波频率

第一个原因,输电线路之间以及电动机内部的各相绕组之间,都存在着分布电容 C_0,如图(a)所示。载波频率越高,分布电容的容抗 X_{C0} 越小,通过分布电容的漏电电流 I_{C0} 就越大,逆变管的负担越重,逆变管提供给电动机的允许电流越小。

第二个原因,逆变管在开(饱和导通)、关(截止)的过程中有开关损失。载波频率增高,会增加开关损失,使逆变管的温升升高,逆变管的允许输出电流会减小。载波频率对输出电流的影响如图(b)所示。

4.输出电压的测量

如图 2-41 所示,控制柜的电压表通常都是电磁式仪表,如图(a)所示。被测电流流入线圈①后产生磁场,把铁片②吸入,与铁片同轴的指针③便随之偏转。

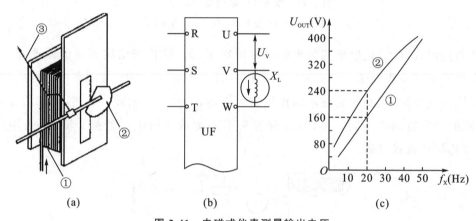

图 2-41　电磁式仪表测量输出电压

(a)电磁式仪表;(b)测量电路;(c)测量结果

当电磁式仪表作为电压表时,为了减小电流,线圈的匝数须增多,主电路主要为电感性。而感抗与频率成正比,有

$$X_L = 2\pi f_X L \tag{2-8}$$

式中:X_L——线圈的感抗,单位 Ω;

　　　f_X——变频器的输出频率,单位 Hz;

　　　L——线圈的电感量,单位 mH。

低频时,感抗小,电流大,指针的偏转角很大。图 2-41(c)中曲线②电磁式仪表的测量结果,它和基准的曲线①相比要大一些。

数字式仪表测量电压的原理如图 2-42 所示。其基本思路是,每隔一段时间发一个"采样脉冲",如图(b)中的脉冲序列所示。每次采样脉冲来到时,就进行一次测量,然后把一段时间内的测量结果进行处理,如取它们的平均值。采样脉冲序列的占空比相等,而变频器输出电压的占空比却是变化的,如脉冲序列①所示。于是,在采样脉冲进行采样时,经常会采空,每次采到的电压值都是变频器内的直流电压值,采样结果如脉冲序列③所示,其平均值偏大。测量结果如图(c)中的曲线③所示。

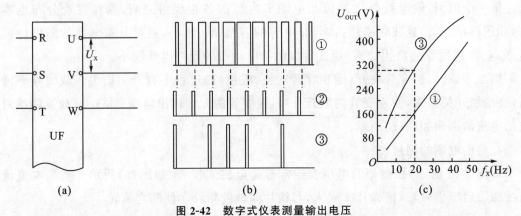

图 2-42　数字式仪表测量输出电压

(a)输出电压；(b)数字表测量特点；(c)测量结果

所谓整流式仪表，是磁电式仪表的一种特殊用法。就仪表结构和测量原理而言，并不独立。磁电式表头如图 2-43(a)所示，它由一对永久磁铁、磁钢、线圈和指针构成，当被测电流流经线圈时，线圈受到磁场的作用力而旋转，并使指针偏转。显然，电流的方向不同，线圈的受力方向也不同。所以，这种表头不能测量交流电。若测交流电，必须先整流，所以称作整流式仪表。

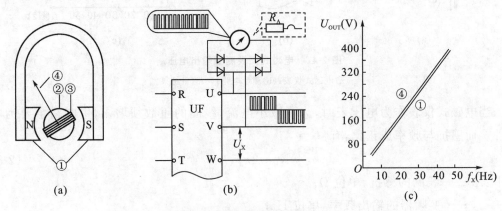

图 1-43　整流式仪表测量输出电压

(a)磁电式表头；(b)测量电路；(c)测量结果

①—磁铁；②—磁钢；③—线圈；④—指针

磁电式仪表的线圈十分轻巧，它的匝数不允许增加。当用来测量电压时，须串联阻值很大的附加电阻 R_A，如图(b)所示。其测量电路是纯电阻，与频率无关。其测量结果与标准接近，如图(c)中的曲线④所示。故变频器的输出电压一般使用整流式磁电仪表来测量。

若无法买到整流式仪表，可按照如图 2-44 所示方法制作。市场上买一块 $0\sim10$ V 的直流电压表，先测量一下表头的内阻 R_G。计算出在满刻度时的电流 $I_G = \dfrac{10}{R_G}$，接着计算在测量 380 V 电压时,通过同样的电流所需的电阻 $R_T=\dfrac{380}{I_G}$,然后计算应该串联附加电阻的阻值 $R_A=R_T-R_G$,如果所需电阻值与标称值不符,可以用一个阻值略小的电阻串联电位器 R_P 来解决,如图 2-44(a)所示。

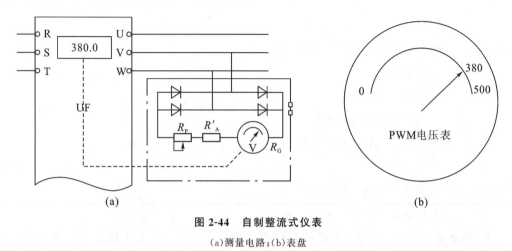

图 2-44　自制整流式仪表

(a)测量电路;(b)表盘

本节要点

1.电动机里的磁通,太小了会影响带负载的能力,太大了又会使磁路饱和,导致励磁电流畸变,产生很大的尖峰电流。磁通大小应尽量保持不变。

2.磁通的大小与反电动势和频率之比成正比。因此,保持磁通不变的基本途径,就是在改变频率的同时,也改变反电动势。但反电动势无法人为地进行控制,所以,用改变电压来近似地代替改变反电动势,使磁通近似地保持不变。

3.变频器里普遍采用脉宽调制的方法来实现调压调速。根据采样理论的结论,变频器的输出电压是按正弦规律改变占空比的系列脉冲,在电动机定子线圈的输出响应与正弦交流电的输出响应相同。系列脉冲的频率称为载波频率,或者称为开关频率。

4.载波频率对变频器输出侧的影响:

(1)对输出电压的影响。逆变桥每个桥臂的上下两个开关器件总是处于交替导通的状态。在交替导通的过程中,需设置"死区",以保证两个开关器件不可能同时导通。载波频率高,则交替的次数多,死区的个数多,死区的总时间长,变频器的输出电压将有所下降。

(2)对输出电流的影响。载波频率高,一方面,会使通过线路间及各相绕组间分布电容的漏电流增加;另一方面,IGBT 的开关损耗也会增加,IGBT 管容易发热。所以,变频器的允许输出电流将减小。

5.在测量变频器的输出电压时,须采用整流式仪表。采用电磁式仪表时,读数偏大。采用数字式仪表时,误差更大。

五、变频器的输出电流

电动机通过电磁转矩拖动负载,电磁转矩的大小和转子的电流以及磁通有关,公式为:

$$T_{\mathrm{M}} = k_{\mathrm{M}} \Phi_1 I_2 \cos \varphi_2 \qquad (2\text{-}9)$$

式中:T_{M}——电动机的电磁转矩,单位 N·m;

k_{M}——转矩系数;

I_2——转子电流,单位 A;

$\cos \varphi_2$——输出侧的功率因数。

电动机拖动负载时转矩平衡方程为:

$$T_{\mathrm{M}} = T_{\mathrm{L}} + T_0 \qquad (2\text{-}10)$$

式中:T_{L}——负载的阻转矩,单位 N·m;

T_0——损耗转矩,单位 N·m。

从式(2-9)和式(2-10)看,电磁转矩用来克服负载转矩,其大小取决于负载转矩。而电磁转矩的大小又和电流与磁通的乘积成正比,若磁通不变,电磁转矩与电流成正比。

定子电流和转子电流的关系:转子电流是感应电流,根据楞次定律,它必将阻碍磁路内磁通的变化,从而具有消弱磁通的作用,如图 2-45 所示。

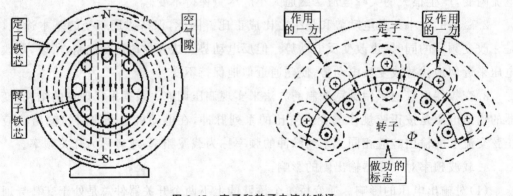

图 2-45　定子和转子电流的磁通

(a)电动机的磁路;(b)磁场传递能量的过程

当负载加重后,转速将下降,转差增大,转子电流增大,使克服负载阻转矩的电磁转矩增大,最终负载转矩达到新的平衡。在转子电流增大的同时,其去磁效应也增大,磁通减小,定子绕组的自感电动势也减小,于是定子电流也增大。所以,变频器输出电流的大小只和负载的轻重有关。负载加重,相应的电磁转矩增大,电流必然增大;反之,负载减轻,相应的电磁转矩减小,电流必然减小。

负载转速发生变化,有些负载的阻转矩也会变化。如图 2-46 所示。图(a)所示的带式输送机,它的阻转矩不随转速变化,如曲线①所示,为恒转矩负载。这种负载,频率改变时,电流不变;图(b)所示的风机的阻转矩与转速的二次方成正比,如曲线②所示,称为二次方律负载;图(c)所示的卷绕机械,它在卷绕过程中,要求被卷物的张力和线速度保持不变,因此,运行功率恒定,称为恒功率负载。

显然,在二次方律负载和恒功率负载中,频率改变时,电流随之发生变化。归根到底,电流的大小只取决于负载转矩的大小。

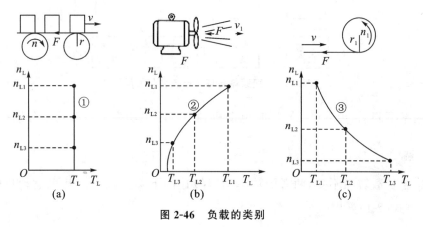

图 2-46 负载的类别

(a)恒转矩负载;(b)二次方律负载;(c)恒功率负载

六、变频器的输入电流

1.输入电流和频率的关系

如图 2-47 所示,变频器在低频运行时,输出侧的电压随频率而下降,根据能量守恒的原则,即使输出侧的电流不变,输入侧的电流也会随频率的下降而减小。

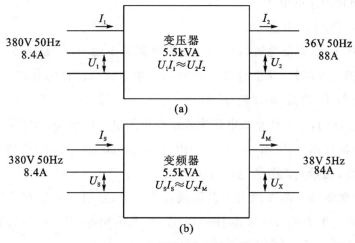

图 2-47 变频器与变压器的类比

(a)变压器;(b)变频器

如图 2-48 所示,变频调速系统有许多环节,根据能量守恒的原理,频率下降时,各环节的功率均下降,但每个环节中,功率减小的原因不同。

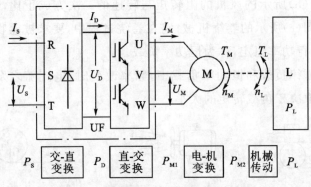

图 2-48　变频器各环节电流变化的原因

(1)频率下降后,由式(2-2)可知,电动机轴上的输出功率和负载功率分别是

$$P_{M2}=\frac{T_M n_M}{9550}\qquad P_L=\frac{T_L n_L}{9550}$$

显然,若负载转矩不变,两者的功率均因转速的下降而减小。其次电动机输入的电功率可以由式(2-1)算出

$$P_{M1}=\sqrt{3}U_M I_M\cos\varphi_1$$

式中,若负载转矩不变,电流 I_M 不变。但频率下降后,电压也下降,因此,电动机的输入功率是因为电压的下降而减小。

(2)直流电路的功率公式为

$$P_D=U_D I_D \qquad\qquad (2-11)$$

式中:P_D——直流回路的功率,kW;

U_D——直流回路的电压,V;

I_D——直流回路的电流,A。

当直流电压不变,直流电流将减小。直流电流减小的原因,如图 2-49 所示。图(a)是占空比较大的脉冲序列,其总的周期 T_1 较短,频率较高;图(b)是占空比较小的脉冲序列,其总的周期 T_2 较长,频率较低。

在 $t_1\sim t_2$ 区间内,电流从直流电源流入电动机的定子绕组,因为定子绕组是感性的,所以,电流按指数规律上升;而 $t_2\sim t_3$ 区间内,由于绕组电感的作用,电流处于续流状态,其大小几乎不变,实际上是磁场能在做功。

比较图(a)和图(b),两者的电流振幅值近乎相等,它们的电流有效值也近乎相等。比较直流回路输出的电荷(It)总量,图(a)和图(b)几乎相等,但图(b)的周期较长,所以,从直流回路流出的电流平均值较小。

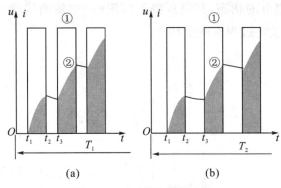

图 2-49　脉冲调制后的电流

(a)频率较高；(b)频率较低

（3）变频器的输入侧电功率的计算公示是

$$P_S = \sqrt{3} U_S I_S \lambda$$

式中：P_S——变频器的输入功率（电源功率），kW；

　　　U_S——电源线电压，V；

　　　I_S——变频器的输入电流，A；

　　　λ——全功率因数。

因为电源电压不变，所以功率减小时，输入电流必然减小。

综上所述，其变化规律如表 2-1 所示。

表 2-1

功率名称	计算公式	频率下降时的特点	功率减小的原因
负载功率 P_L	$T_L n_L / 9550$	T_L 不变，n_L 下降	n_L 下降
电动机输出功率 P_{M2}	$T_M n_M / 9550$	T_M 不变，n_M 下降	n_M 下降
电动机输入功率 P_{M1}	$\sqrt{3} U_M I_M \cos\varphi_1$	I_M 不变，U_M 下降	U_M 下降
直流回路功率 P_D	$U_D I_D$	U_D 不变，I_D 减小	I_D 减小
变频器输入功率 P_S	$\sqrt{3} U_S I_S \lambda$	U_S 不变，I_S 减小	I_S 减小

2.输入电流不平衡问题

问题描述：某控制柜变频器三相进线的电流不平衡，而且没有规律，有时候 A 相的电流大，有时候又变成 B 相大，有时候 C 相大。

问题解析：如图 2-50 所示，当三相整流桥的负载为电阻时的情形。图(a)所示是电源的三相交变电压的波形，经三相全波整流以后，其电压波形如图(b)中的曲线①所示，共有 6 个脉波。经过电容器滤波时，在每个脉波的上升沿，电压在向电阻 R 提供电流的同时，也向电容器充电；而在下降沿，则主要是电容器向电阻放电的过程。总之，滤波电容器处于不断地充、放电的状态,其电压波形如图(b)中的曲线所示。需要特别注意的是,这 6 个脉波的充、放电过程有两个特点:

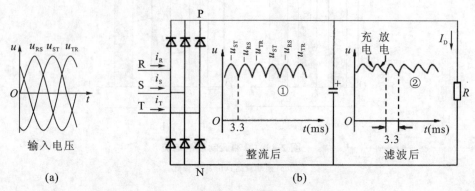

图 2-50 普通的三相整流和滤波电路

(a)三相电压波形;(b)整流和滤波后的电压波形

第一个特点是有序。即前一个脉冲充、放电完毕,后一个接着来,好像排着队一样。

第二个特点是均等。因为电阻不变,所以 6 个脉波的放电电流相等。

在这种情况下,三相的进线电流平衡。

而在变频器里,情况有变化,如图 2-51 所示。

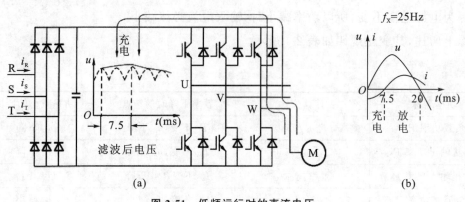

图 2-51 低频运行时的直流电压

(a)滤波后的电压波形;(b)输出电压与电流波形

电动机的定子绕组对滤波电容充、放电。假设变频器的输出频率为 25 Hz,输出电流的波形如图(b)所示,电流比电压滞后 7.5 ms(相当于 0.375 π)。电阻负载时的有序和均等这两个特点是否继续存在?

先看"有序性"。如图 2-51(b)所示,在 7.5 ms 时间内,电动机绕组一直向滤波电容器充电,而 7.5 ms 覆盖了电源整流后的 2 个多一点的脉波,这两个被覆盖的脉波处于不能充电的状态。因此,6 个脉波向电容器充电的有序性被破坏。

再看"均等性"。在此后的 12.5 ms 内,直流电路又一直在向电动机绕组放电,但放电电流并不像电阻电路那样均衡,而是正弦波,也就是说,每个脉波的放电电流不相等。所以,6个脉波向电动机绕组的放电电流不均等。

结果,如图 2-50 所示的 6 个脉波"有序而均等"地对滤波电容器进行充、放电的状态被破坏。所以,三相进线电流变得不平衡。并且,难以找出规律来。即,如果在 25 Hz 时,A 相电流最大,而在 20 Hz 时,又可能另一相的电流最大。

3.输入电流中的无功分量

问题描述:厂里有一台 150 kW 的大功率电动机,在配变频器时,专门在配电盘上安装了一个功率因数表,表上显示功率因数等于"1"。可是,电力公司的人用功率因数表一测,功率因数只有 0.7。高次谐波电流跟功率因数有什么关系?

问题解析:如图 2-52 所示,在运行过程中,产生电流的情况。如图(a)所示,电源电压按照正弦规律变化,如曲线①。但因为其输出侧存在着直流电压 U_D,如曲线②。显然,当电源电压小于直流电压时,电路内不可能有电流。只有在电源电压大于直流电压的时间段,电路内才出现电流。所以,输入电流的波形如图(a)中的曲线③所示,为非正弦波。其频谱分析的结果如图(c)所示,其中 5 次谐波和 7 次谐波所占的比例很高。其他如 11 次、13 次和 17 次谐波也有一定的份额。

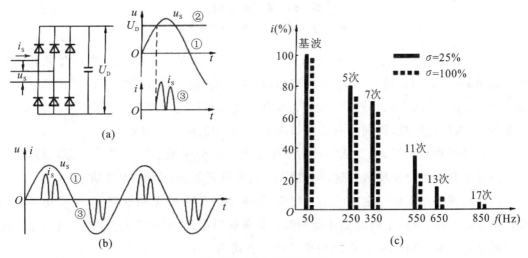

图 2-52 输入电流的波形

(a)输入电流的特点;(b)输入电流的波形;(c)频谱分析

功率因数的基本定义是平均功率和视在功率之比,即

$$\lambda = \frac{P}{S} \tag{2-12}$$

式中:P——平均功率,kW;

　　S——视在功率,kVA。

平均功率也称作有功功率,在电感、电阻电路中,电流要比电压滞后 φ 角。在图 2-53

（a）中，曲线①是电压曲线，曲线②是电流曲线。电路的瞬时功率取决于电压和电流瞬时值的乘积，即

$$p = ui \tag{2-13}$$

式中：p——功率的瞬时值，kW；

　　　u——电压的瞬时值，V；

　　　i——电流的瞬时值，A。

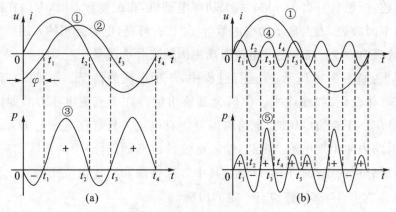

图 2-53　关于无功电流

(a)滞后电流的功率；(b)5 次谐波电流的功率

在 $0 \sim t_1$ 区间内，电流和电压的方向相反，这时电流是线圈的自感电动势克服电源电压的结果，是磁场在做功，对于电源来说，做了负功，所以功率是"$-$"的。在 $t_1 \sim t_2$ 区间内，电流和电压的方向相同，电流是电源电压克服自感电动势的结果，电源在做功，故功率为"$+$"，以此类推，得到瞬时功率如图 2-53(a)中的曲线③所示。

在计算平均功率时，需要从"$+$"功率中拿出一部分来抵偿"$-$"功率。即，电源功率有一部分来和磁场交换能量。这部分功率并没有真正做功，称作"无功功率"。

因为电源变压器的额定电流是一定的，用来交换能量的无功电流大，则有功电流的允许值就必然小，影响了电源变压器向其他负载提供电流（或功率）的能力。这就是以前所说的功率因数，叫作 $\cos\varphi$，有功功率的计算公式是

$$P = \sqrt{3}\,UI\cos\varphi = S\cos\varphi \tag{2-14}$$

所以，在只考虑滞后电流的情况下，有 $\cos\varphi = \dfrac{P}{S}$ 符合上面所说的功率因数的定义。

但是，不仅滞后电流才产生无功功率。以 5 次谐波电流为例，如图 2-53(b)中的曲线④所示。5 次谐波电流的瞬时功率计算公式是

$$p_5 = ui_5 \tag{2-15}$$

式中：p_5——5 次谐波功率的瞬时值，kW；

　　　i_5——5 次谐波电流的瞬时值，A。

5次谐波电流的瞬时功率的功率曲线如图2-53中的曲线⑤所示。在$0 \sim t_1$区间内，电流和电压的方向相同，功率为"＋"，但这时的电压值较小，故功率曲线的幅值不大；在$t_1 \sim t_2$区间内，电流和电压的方向相反，功率为"－"，这时的电压值较大，功率曲线的幅值也较大；在$t_2 \sim t_3$区间内，电流和电压的方向相同，功率为"＋"，这时的电压值最大，故功率曲线的幅值也最大；$t_3 \sim t_4$区间和$t_4 \sim t_5$区间的情况同$t_1 \sim t_2$区间和$0 \sim t_1$区间相同。可以看出，在半个周期内，"＋"功率的总和与"－"功率的总和是相等的，平均功率为0。即，5次谐波电流也是无功电流。同样可以证明，所有高次谐波电流都是无功电流。这些高次谐波电流所起的作用，和滞后电流完全相同，即它占用了电源变压器输出电流的一部分，影响了电源向其他负载提供电流的能力。所以，影响平均功率的总功率因数由两部分组成，即

$$\lambda = \frac{P}{S} = \nu \cos\varphi \tag{2-16}$$

式中：ν——畸变因子；

　　$\cos\varphi$——位移因子。

功率因数表只能测量$\cos\varphi$，电力公司测出的才是正确的。

（1）如图2-54所示，增加电容补偿器，并不能降低功率因数。补偿电容是用电容电路的超前电流来补偿电感电路的滞后电流，如图2-54（b）的矢量图所示。而变频器的进线侧的功率因数低，并不是滞后电流造成的，是由于高次谐波电流造成的，所以，用补偿电容不起作用。非但不起作用，它可能和某一频率的高次谐波电流发生谐振，使电容器两端的电压升高，耐压值较差的电容器有可能被击穿。故变频器中，若要提升电源电压输出的功率因数需用电抗器。

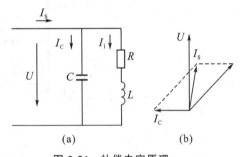

图 2-54　补偿电容原理

（a）补偿电容的电路；（b）矢量图

交流电抗器是串联在三相输入侧，直流电抗器接在整流桥和滤波电容器之间，如图2-55所示。

就提高功率因数的效果而言，直流电抗器要好一些，可以提高到0.9。交流电抗器只能把功率因数提高到0.85左右。这有以下两方面的原因：

①由于在进线电路中必然要产生阻抗压降，而变频器又不允许输入电压降得太多，按一般规定，变频器的输入电压不得低于额定电压的95％～98％。所以，交流电抗器的感抗受到限制，提高功率因数的效果也受到限制。

②由于电抗器的接入，使输入电流中出现了滞后电流，位移因子变小。交流电抗器还有其他功能，如减缓外部冲击电压的影响、提高抗干扰能力等。也可用"12脉波整流"

改善功率因数如图 2-56 所示。

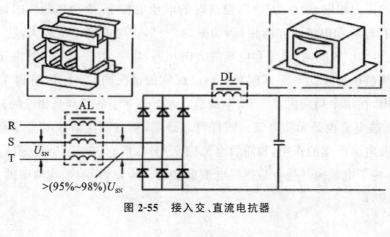

图 2-55　接入交、直流电抗器

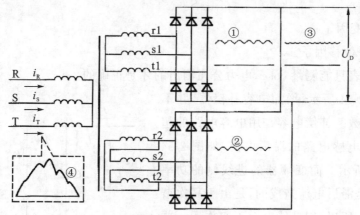

图 2-56　12 脉波整流

在变频器的进线侧增加一个具有两个二次绕组的变压器。这两个二次绕组中，一个接成 Y 形，另一个接成 △ 形，两者对应的线电压的相位互差 π/6(30°)。两个二次绕组的输出端分别经全波整流后再并联。Y 形接法的二次绕组经全波整流后的波形如图中曲线①，△ 形接法的二次绕组经全波整流后的波形如图中曲线②，两者并联后的电压波形如曲线③所示。它不仅使直流电压的波形得到了很大的改善，而且使变压器原方电流的波形接近于正弦波，从而把功率因数提高到 0.95 以上。这种技术在高、中压变频器中普遍得到应用，所以高、中压变频器的功率因数较高。但在低压变频器中只有少数品牌的变频器使用了这种技术。

（2）不能在变频器的输出侧并联电容器来提高电动机的功率因数。

电阻、电感电路的功率因数之所以低，是因为电感中的磁场和电源交换能量。而在变频器里，因为有直流电路的阻隔，电动机的磁场只和滤波电容交换能量与电源无关，如图 2-57(a)所示。

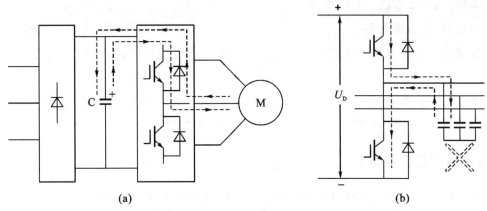

图 2-57 变频器输出侧接电容器

(a)电动机与电源的能量交换；(b)电容器的充放电

其次，变频器的输出侧如果接电容器，在逆变管交替导通的工程中，势必增加电容器的充、放电电流，给逆变管增加负担，减小了变频器允许的输出电流。

本节要点

1.变频器的输出电流，也就是电动机的输入电流，其大小只取决于负载的轻重，和频率无关。

2.频率下降时，变频器各环节的功率同时减小，但减小的原因各不相同。

(1)电动机轴上的功率：因转速的下降而减小。

(2)变频器的输出功率：因电压下降而减小。

(3)直流电路的功率：因电流的减小而减小。

(4)变频器的输入功率：因电流的减小而减小。

3.由于电动机绕组要对滤波电容器充放电，而变频器的输出频率与输入频率常不相等，输入侧与输出侧对滤波电容器充放电的规律不一致，破坏了输入电压对滤波电容器有序而均等地充放电的条件。所以，三相输入电流不平衡。

4.变频器的输入电流中含有大量的高次谐波成分，所有的高次谐波电流都是无功电流，所以变频器输入侧的功率因数较低。提高功率因数的基本方法是通过串联电抗器来消弱高次谐波电流。

5.变频器的输出侧不能接电容器，非但毫无作用，并且会增加逆变管的负担，减小变频器的输出能力。

【任务实施】

步骤一 查阅资料了解变频器维修中常见的问题。

请上网搜索关键词"变频器维修"，查看百度百科的解释，这里有较全面的变频器维修自学资料,供大家课后学习参考。

参考网站:百度百科。

步骤二　在安全用电条件下,测试某型号变频器带载时的输入、输出电路的电压、电流。

步骤三　在带载情况下测试某型号变频器,在额定频率逐渐下调过程中,测试输入、输出以及中间直流电路的电压、电流的变换规律。

【任务检查与评价】

整个任务完成之后,让我们来检查一下完成的效果吧。具体测评细则如表 2-2 所示。

表 2-2　任务完成情况的测评细则

一级指标	比例	二级指标	比例	得分
信息收集与 自主学习	30%	1.明确任务	5%	
		3.制订合适的学习计划	5%	
		5.使用不同的行动方式学习	10%	
		6.排除学习干扰,自我监督与控制	10%	
变频器输入输 出电路的测试	60%	1.变频器输入电路的测试	20%	
		2.变频器输出电路的测试	20%	
		3.变频器中间电路的测试	20%	
职业素养与 职业规范	10%	1.设备操作规范性	2%	
		2.工具、仪器、仪表使用情况,操作规范性	3%	
		3.现场安全、文明情况	2%	
		4.团队分工协作情况	3%	
总计		100%		

【巩固与拓展】

一、巩固自测

1.变频器主电路主要由那几部分组成?

2.如何检测变频器旁路接触器 KM 或晶闸管是否可靠?

3.如何单独测试开关器件 IGBT 的驱动模块?

4.开关器件 IGBT 的过流保护及缓冲保护的原理是什么?

5.变频器输出电压为何要使用整流式电磁仪表测量？

6.载波频率升高对变频器输出电压有何影响？

7.变频器频率下降使得负载电机转速下降后，影响各环节功率减小的原因是什么？

8.什么原因导致变频器输入的三相电流不平衡？

二、拓展任务

1.查找资料，三菱 FR-F740 系列变频器常见故障有哪些？

2.根据本章内容，结合常见故障，总结各类故障解决方法。

任务三 会操作——变频器简单操作方法及带载能力

【任务目标】

了解变频器的简单操作方法。

了解如何提升变频器带载能力。

【任务描述】

一、任务内容

对某种型号的变频器进行简单的操作,并尝试在不同负载情况下设置变频器的相关参数,使变频器顺利运行。

二、实施条件

1.校内教学做一体化教室,变频器实训装置,变频器,若干电工常用工具。

2.若干型号变频器。

三、安全提示

拆开变频器时请注意,一定不要带电操作。

【知识链接】

一、变频器的简单操作

1.正转控制电路

以三菱 FR-F740 系列变频器为例,将变频器的正转接线端"STF"与公共端"SD"之间用一个短路片连接。这时,若为外部操作模式(复位或初始化时为 PU 内部模式),变频器接通电源,电机开始运行,如图 3-1 所示。

图 3-1 所示电路,虽然可以使变频调速系统开始运行,但一般不推荐这种方式直接控制电机的启动和停止,这是因为:

(1)准确性和可靠性难以保证。控制电路的电源在尚未充电至正常电压之前,其工作状况可能出现紊乱。在频繁操作的情况下,其准确性和可靠性难以得到保证。

(2)电动机自由制动。通过接触器 KM 来切断电源后,变频器停止工作,电动机将处于自由制动状态,不能按预置的减速时间来停机。

(3)对电网干扰。变频器在刚接通电源的瞬间,充电电流很大,会构成对电网的干扰。因此,应将变频器接通电源的次数降低到最小程度。

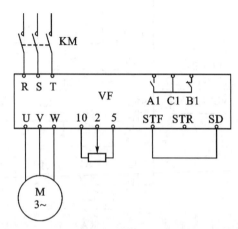

图 3-1　三菱 FR-F740 系列变频器正转运行电路

图 3-2 所示为变频器在外部操作模式下,由继电器控制的正转运行电路。

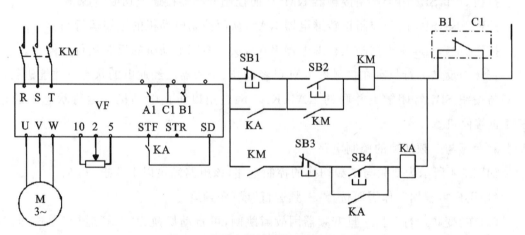

图 3-2　由继电器控制的正转运行电路

在图 3-2 中,"B1"和"C1"是变频器异常输出端子。当变频器正常工作时,B1 和 C1 之间的触点闭合,保证变频器接通;当变频器工作出现故障时,B1 和 C1 之间的触点断开,使变频器断电,同时 A1 与 C1 之间触点闭合,可用以输出报警信号。

按下 SB2,KM 接触器吸合,主电路上电。按下 SB4 选择正向旋转,电动机开始正向转动。这样在 KM 未吸合前,继电器 KA 是不能接通的。而当 KA 接通时,会使 SB1 失去作用,此时按下 SB1,电机也不会停止运行。只有先按下电动机停止按钮 SB3,KA 失电且在按下 SB1 后 KM 才会断电。这样便保证只有在电动机先停机的情况下,才使变频器切断电源。

2. 正、反转控制电路

继电器控制的正、反转电路如图 3-3 所示。

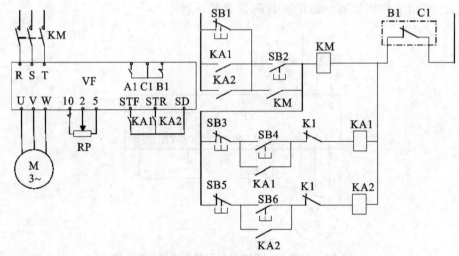

图 3-3　继电器控制的正、反转电路

按钮 SB1,SB2 用于控制接触器 KM,从而控制变频器接通或切断电源。

按钮 SB3,SB4 用于控制正转继电器 KA1,从而控制电动机的正转运行与停止。

按钮 SB5,SB6 用于控制正转继电器 KA2,从而控制电动机的反转运行与停止。

正转与反转运行只有在接触器 KM 已经动作、变频器已经通电的状态下才能进行。

与按钮 SB1 常闭触点并联的 KA1、KA2 触点用以防止电动机在运行状态下通过 KM 直接停机。

3. 变频与工频切换的控制电路

如图 3-4 所示为变频与工频切换的控制电路,该电路满足以下要求:

(1)用户可根据工作需要选择"工频运行"或"变频运行"。

(2)在"变频运行"时,一旦变频器因故障跳闸,可自动切换为"工频运行"方式,同时进行声光报警。

图 3-4(a)所示为主电路,接触器 KM1 用于将电源接至变频器的输入端;接触器 KM2 用于将变频器的输出端接至电动机;接触器 KM3 用于将工频电源直接接至电动机;热继电器 FR 用于工频运行时的过载保护。

对控制电路的要求是:接触器 KM2 和 KM3 绝对不允许同时接通,相互间必须有可靠的互锁,最好选用具有机械互锁的接触器。

图 3-4(b)所示为控制电路,运行方式由三位开关 SA 进行选择。当 SA 合至"工频

运行"方式时,按下启动按钮 SB2,中间继电器 KA1 动作并自锁,进而使 KM3 动作,电动机进入"工频运行"状态。按下停止按钮 SB1,中间继电器 KA1 和接触器 KM3 均断电,电动机停止运行。

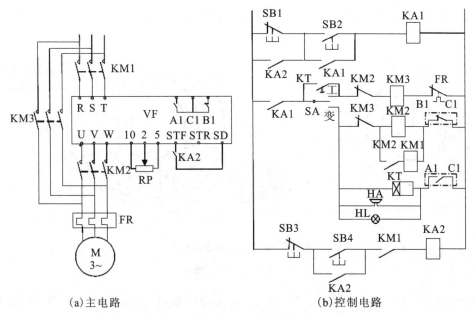

(a)主电路　　　　　　　　(b)控制电路

图 3-4　变频与工频切换电路

当 SA 合至"变频运行"方式时,按下启动按钮 SB2,中间继电器 KA1 动作并自锁,进而使接触器 KM2 动作,将电动机接至变频器输出端。接触器 KM2 动作后,接触器 KM1 也动作,将工频电源接到变频器的输入端,并允许电动机启动。

按下启动按钮 SB4,中间继电器 KA2 动作,电动机开始升速,进入"变频运行"状态。中间继电器 KA2 动作后,停止按钮 SB1 将失去作用,以防止直接通过切断变频器电源使电动机停机。

在变频运行过程中,如果变频器因故障而跳闸,则"B1-C1"断开,接触器 KM2 和 KM1 均断电,变频器和电源之间,以及电动机和变频器之间,都被切断。

与此同时,"A1-C1"闭合,一方面,由蜂鸣器 HA 和指示灯 HL 进行声光报警。同时,时间继电器 KT 延时后闭合,使接触器 KM3 动作,电动机进入"工频运行"状态。操作人员发现后,应将选择开关 SA 旋转至"工频运行"位。这时声光报警停止,并使时间继电器 KT 断电。

二、变频调速系统的带负载能力

若想清楚地了解电动机变频后的带负载能力,需要清楚电动机工作原理。

（一）异步电动机的旋转原理与机械特性

1.旋转磁场

异步电动机分定子和转子两个部分,定子的铁芯里放置的是三相绕组,各相绕组的中心线之间互差 $2\pi/3$ 电角度(120°),如图 3-5(a)所示。

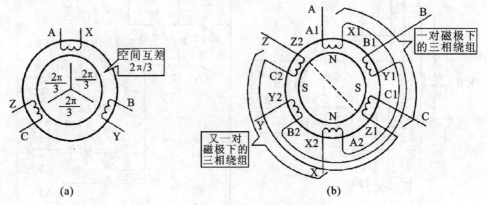

图 3-5　定子三相绕组的分布

(a)一对磁极;(b)二对磁极

电角度是一对磁极下对应的空间角度,定义为电角度的 2π 弧度(360°)。图(a)中,只有一组三相绕组,所产生的磁场只有一对磁极,电角度和空间角度一致。但在图(b)中,有两组三相绕组,每一组三相绕组产生一对磁极,所以每一对磁极对应的空间角度只有 π 弧度(180°),则绕圆周一周,空间角度是 2π 弧度(360°),而电角度却是 4π 弧度(720°)。

产生旋转磁场的两个实验:

一是把电动机拆开,把转子抽出放在一边。用一台三相调压器降低电压后接到定子绕组的输入端,微微增加电压,使定子电流约等于电动机的额定电流。找来一根带轴的磁针,放进电动机的空腔内,结果,磁针飞快地转了起来。如图 3-6 所示。

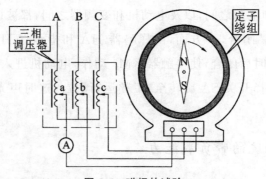

图 3-6　磁场的试验

二是找一根较粗的铜线,剪成若干根等长的铜丝,找两片薄铜片,剪成直径相等的圆板,仿照书上的"笼形转子"的模样,焊成了一个"笼子",把这个笼子放入电动机的空腔内,定子绕组通电后"笼子"飞快地旋转起来,如图 3-7 所示。

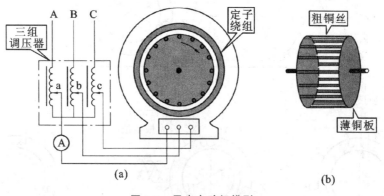

图 3-7　异步电动机模型

实验结果表明:按一定的顺序轮流地向三相定子绕组内通入电流,电动机空腔内产生旋转磁场,如图 3-8 所示。当绕组内①通入电流时,所产生的磁通如图(a)所示;当线圈②内通入电流时,所产生的磁通如图(b)所示,与图(a)相比,磁通的方向旋转了 $2\pi/3$ 弧度($120°$);当线圈③内通入电流时,所产生的磁通如图(c)所示,与图(b)相比,磁通的方向又旋转了 $2\pi/3$ 弧度($120°$)。如果依此顺序不断轮流下去,则所产生的磁通将是旋转的,构成了旋转磁场。当然,它是跳跃式地旋转。

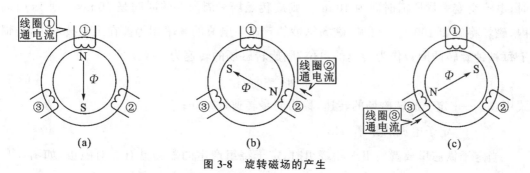

图 3-8　旋转磁场的产生

三相交变电流具有轮流达到振幅的特点,将会使旋转磁场连续转动,如图 3-9(a)所示。当 A 相电流为振幅值时,合成磁场的轴线与 A 相电流的磁场重合,如图 3-9(b)所示;当 B 相电流为振幅值时,合成磁场的轴线旋转了 $2\pi/3$ 弧度($120°$),与 B 相电流的磁场重合,如图 3-9(c)所示;当 C 相电流为振幅值时,合成磁场的轴线又旋转了 $2\pi/3$ 弧度($120°$),与 C 相电流的磁场重合,如图 3-9(d)所示。

可见,三相交变电流交变一个周期,合成磁场在空间正好旋转 2π 弧度($360°$),电流不断交变,合成磁场就在空间不停地旋转,形成旋转磁场。由于三相交变电流逐渐变化,所以旋转磁场并不是跳跃地旋转。而是大小不变的连续旋转的磁场。

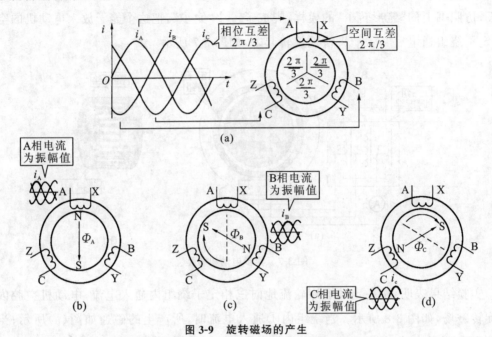

图 3-9 旋转磁场的产生

(a)三相电流通入三相绕组;(b)A 相电流达振幅值;(c)B 相电流达振幅值;(d)C 相电流达振幅值

当电流频率为 50 Hz 时,电流交变一周所需时间为 20 ms。即旋转磁场一周需要的时间是 20 ms。在 1s 时间内,磁场将旋转 50 转,如图 3-10(a)所示;当电流频率为 100 Hz 时,电流交变一周所需时间为 10 ms。则旋转磁场一周需要的时间是 10 ms。则 1s 时间内,磁场将旋转 100 转。可见,磁场每秒的转速与电流的频率相等。在工程技术中,习惯上每秒钟旋转的圈数作为转速的单位,则旋转磁场的转速为

$$n_{01} = 60 f_1 \tag{3-1}$$

式中:n_{01}——定子旋转磁场的转速,称为同步转速,r/min;

f_1——定子电流的频率,Hz。

当定子铁芯里放置两组三相绕组时,定子绕组产生的磁场具有 2 对磁极,如图 3-11 (a)所示。这时,一对磁极下对应的空间角度只有 π 弧度(180°)。

当 A 相电流为振幅时,合成的磁场的轴线与 A 相电流的磁场重合,如图 3-11(b)所示;当 B 相电流为振幅时,合成的磁场的轴线只旋转空间角度的 $2\pi/6$ 弧度(60°),与 B 相电流的磁场重合,如图 3-11(c)所示;当 C 相电流为振幅时,合成的磁场的轴线又旋转空间角度的 $2\pi/6$ 弧度(60°),与 C 相电流的磁场重合,如图 3-11(d)所示。

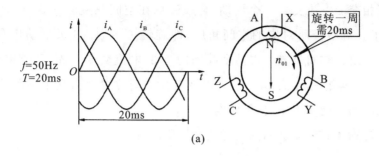

(a)

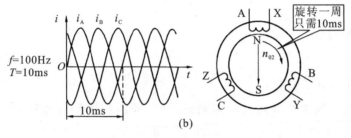

(b)

图 3-10　旋转磁场与频率的关系

(a)频率为 50 Hz 时;(b)频率为 100 Hz 时

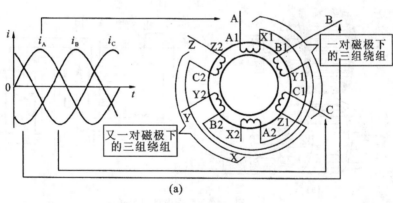

(a)

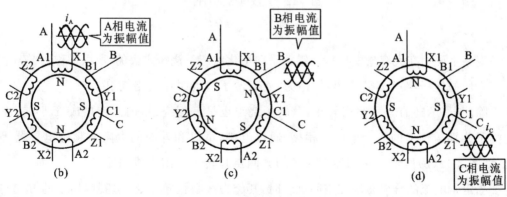

(b)　　　　　　　　　(c)　　　　　　　　　(d)

图 3-11　4 极电动机的旋转磁场

(a)4 极电动机的绕组;(b)A 相电流达振幅值;(c)B 相电流达振幅值;(d)C 相电流达振幅值

可见,三相交变电流交变一个周期,合成磁场在空间只旋转 π 弧度($180°$),或者说,磁场只旋转了一对磁极所对应的空间角度,即旋转了半周。6 极电动机有三组三相绕组,每组三相绕组在空间位置上占整个圆周的 1/3,电流交变一周,合成磁场只旋转 1/3 周;8 极电动机有四组三相绕组,每组三相绕组在空间位置上占整个圆周的 1/4,电流交变一周,合成磁场只旋转 1/4 周,依此类推。

所以,旋转磁场的转速是和磁极对数成反比的,即

$$n_{01} = \frac{60 f_1}{p} \tag{3-2}$$

式中:p——磁极对数。

2. 转子旋转

常见的转子有如下几种:

一种是在转子的铁芯里插入许多铜条,铜条的两端由端环相连,如果去掉铁芯,单看绕组的话,像一个笼子,如图 3-12(a)的上半部分所示。

另一种是在转子的铁芯里插入许多铝条,如图 3-12(a)的下半部分所示。

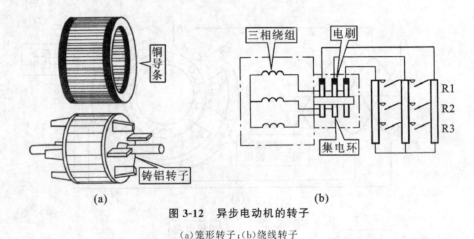

图 3-12 异步电动机的转子

(a)笼形转子;(b)绕线转子

铜条主要用在大容量电动机。铝条是在熔化状态下浇铸进去的,所以常称为"铸铝"。它们的转子绕组都呈笼形,故称为"笼形转子",也叫作短路绕组。

除此以外,还有一种绕组转子,其转子绕组也是三相绕组,内部连接成 Y 形,三个出线端子分别与轴上的三个集电环相接,通过电刷,可以和外部的电阻或频敏电抗器等相接,如图 3-12(b)所示。它和笼形转子的共同点是转子绕组自成回路。

当定子电流的合成磁场在空间旋转时,其磁力线将被转子绕组切割,切割的方向与磁场旋转的方向相反。转子导体因切割磁力线而产生感应电动势,感应电动势的方向由右手定子来判定,如图 3-13(a)所示。因为转子绕组是自成回路的,故绕组中有感应电流。

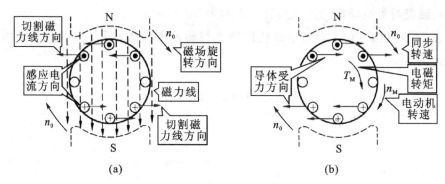

图 3-13　异步电动机的旋转原理

(a)转子绕组的感应电流；(b)转子的电磁转矩

当转子绕组中产生感应电流后，该电流又处在定子磁场的作用下，载流导体要受到磁场力的作用，其方向由左手定则判定，如图 3-13(b)所示。导体受到的作用力形成电磁转矩，并使转子旋转。

根据式(2-9)所述，电磁转矩是转子电流和磁通相互作用的结果，即

$$T_{\mathrm{M}} = k_{\mathrm{T}} I_2' \Phi_1 \cos\varphi_2 \tag{3-3}$$

式中：T_{M}——电动机的电磁转矩，N·m；

k_{T}——转矩系数；

I_2'转子电流（折算值），A；

Φ_1—气隙磁通，Wb；

$\cos\varphi_2$——转子侧的功率因数。

需要注意，转子绕组产生感应电动势和感应电流的前提条件是转子绕组必须具有切割磁力线的运动。转子和旋转磁场之间，必须保持一定的相对运动。所以，转子的转速永远小于同步转速。转子转速与同步转速之差称为转差，即

$$\Delta n = n_0 - n_{\mathrm{M}} \tag{3-4}$$

式中：Δn——转差，r/min；

n_{M}——电动机转速，即转子转速，r/min。

转差与同步转速之比，称为转差率，

即

$$s = \frac{\Delta n}{n_0} = \frac{n_0 - n_{\mathrm{M}}}{n_0} \tag{3-5}$$

式中：s——转差率。

转差与同步转速之间的关系式

$$\Delta n = s n_0 \tag{3-6}$$

由式(3-4)和式(3-6)可以推导出转子的转速为

$$n_{\mathrm{M}} = n_0 - \Delta n = n_0 - s n_0 = n_0(1-s) \tag{3-7}$$

不同磁极对数电动机的转速与转差率如表 3-1 所示。

由表 3-1 可以看出,小容量电动机的转差与转差率较大,而大容量电动机的转差与转差率较小。

表 3-1 不同磁极对数电动机的转速、转差与转差率

p	$2p$	n_0	n_M	Δn	s	备注(kW)
			2900	100	0.033	5.5~7.5
1	2	3000	2930	70	0.023	11~18.5
			2970	30	0.01	45~160
			1460	40	0.027	11~15
2	4	1500	1470	30	0.02	18.5~30
			1480	20	0.013	37~315
			960	40	0.04	3~5.5
3	6	1000	970	30	0.03	7.5~30
			980	20	0.02	37~250
			720	30	0.04	4~7.5
4	8	750	730	20	0.027	11~30
			740	10	0.013	37~200

3. 异步电动机的机械特性

在电力拖动系统中,描绘电动机带负载能力的是机械特性曲线。所谓"带得动",指电动机产生的电磁转矩能够克服负载的阻转矩以一定的转速稳定运行。并且,当负载轻重发生变化时,转速也会变化。机械特性的函数关系式 $n = f(T)$。

图 3-14 所示为电动机的机械特性曲线。有三个点特别重要:

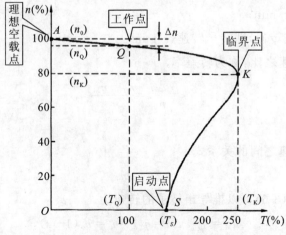

图 3-14 异步电动机的自然机械特性

第一点是理想空载点,图中的 A 点。所谓理想空载,是假设电动机轴上无阻转矩(即 $T_L + T_0 = 0$)。在这种情况下,转子不需要切割磁力线,所以转速等于同步转速。

第二点是临界点,图中拐点 K。临界点产生的转矩 T_K,称为临界转矩,也称最大转矩。临界转矩和额定转矩之比是电动机的过载能力,通常为 2.5 倍左右($T_K \approx 2.5T_{MN}$)。与临界点对应的转速,叫临界转速 n_K,临界转速一般为同步转速的 80% 左右。

第三点是启动点,是在转速为 0,刚接通电源时的工作点 S。这时的转矩称为启动转矩 T_S,启动转矩一般约为额定转矩的 1.5 倍。($T_S \approx 1.5T_{MN}$)。

掌握这三点,就基本掌握了机械特性的大体形状。图中的 Q 点是工作点,图上所画是额定工作点,是转矩等于额定转矩,转速等于额定转速时的工作点。

图 3-14 中所示的机械特性是在没有人为地改变任何参数时,得到的机械特性,称为自然机械特性。由电动机的自然机械特性主要可以看出以下两点:

(1)从电动机的角度看

机械特性上取两点 Q_1 和 Q_2 来进行比较,如图 3-15 所示。

Q_1 点的转速较高,为 n_1,而转差 Δn_1 则较小,转子绕组切割旋转磁场所产生的感应电动势和电流也较小。所以,电磁转矩 T_{M1} 较小。

Q_2 点的转速较低,为 n_2,而转差 Δn_2 则较小,转子绕组切割旋转磁场所产生的感应电动势和电流也较大。所以,电磁转矩 T_{M2} 较大。

从电动机的角度看,转速下降,则电动机产生的电磁转矩增大,即 $n \downarrow \rightarrow T_M \uparrow$。

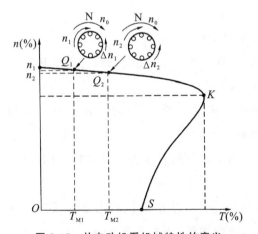

图 3-15　从电动机看机械特性的意义

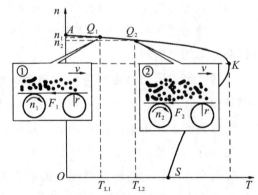

图 3-16　从负载看机械特性的意义

(2)从负载的角度看

如图 3-16 所示,当负载较轻、阻转矩为 T_{L1} 时,用于克服 T_{L1} 所需的电磁转矩较小,拖动系统的工作点为 Q_1 点,转速较高为 n_1。

当负载的阻转矩增大为 T_{L2} 时,有:$T_{L1} \uparrow \rightarrow T_{M1} < T_{L2} \rightarrow n \downarrow \rightarrow T_M \uparrow$。当转速下降到 n_2 时,T_M 增大为 $T_{M2} = T_{L2}$,达到新平衡。所以,从负载的角度看,当负载的阻转矩增大

时,拖动系统的转速将下降,有 $T_L \uparrow \rightarrow n_L \downarrow$。

机械特性的硬和软,主要是说明当负载变化时,电动机转速的变化程度。图 3-17(a)中机械特性是曲线①,当负载转矩从 T_{L1} 增大到 T_{L2} 时,转速下降了 Δn_1;图(b)中的机械特性是曲线②,当负载转矩从 T_{L1} 增大到 T_{L2} 时,转速下降了 Δn_2。因为 $\Delta n_2 > \Delta n_1$,所以我们说,曲线①是较硬的机械特性,而曲线②是较软的机械特性。

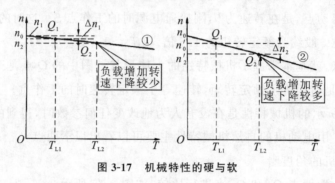

图 3-17 机械特性的硬与软

本节要点

1.电动机定子的三相绕组是三组在空间位置上互差 $2\pi/3$ 电角度的线圈(电角度:一对磁极下对应的空间角度)。

2.当把在时间上也互差 $2\pi/3$ 电角度的三相交变电流分别通入三相绕组后的合成磁场是旋转磁场,其转速称为同步转速。同步转速与频率成正比,而与磁极对数成反比。

3.三相交流异步电动机的转子结构主要有两种:

一种是笼形转子,转子绕组由铜条或铝条构成,称为短路绕组。

另一种是绕线转子,转子绕组是连接成 Y 形的三相绕组,其端部通过集电环和电刷可以和外部的电阻相接。

4.转子绕组因切割旋转磁场的磁力线而产生感应电动势和电流,转子电流又和旋转磁场相互作用而产生电磁力和电磁转矩,使转子旋转。

5.因为转子产生电磁转矩的前提是切割磁力线,所以,转子的转速必低于同步转速,两者之差称为转差。

6.电动机的转速与转矩之间的关系称为机械特性。从电动机的角度看,转速下降,则转差增大,电磁转矩增大。从负载的角度看,负载加重,转速下降。

7.负载转矩增大后,转速下降较小者,称为硬机械特性;转速下降较多者,称为软机械特性。

(二)异步电动机的低频带载能力

问题描述:这几天,厂里从外地新买了一台变频器,卖方的售后服务人员将变频器接通电源,略调整了几个数据,输出侧接上电动机,在机器空转的情况下,进行了几次启动、停止和调节频率的操作后,就回去了。但当机器带上负载后,电动机竟转不起来,时间稍长,变频器就因"过载"而跳闸了。

问题解析:这是一台恒压频比控制的变频器,我们来深入了解一下相关理论。

恒压频比控制的原因,在进行电动机调速时,希望保持电动机中每极磁通量为额定值,并保持不变。若磁通太弱则没有充分利用电动机的铁芯,是一种浪费;若磁通过分增强,又会使铁芯饱和,过大的励磁电流使绕组过热,从而损坏电动机。

使电动机的磁通保持不变的条件是

$$\frac{E_{1X}}{f_X}=\text{const} \tag{3-8}$$

式中:f_X——运行频率,Hz;

E_{1X}——频率为 f_X 时,定子一相绕组的自感电动势,V。

由于 E_{1X} 自感电动势难以测量,更难以直接控制,故实际上只能做到

$$\frac{U_{1X}}{f_X}=\text{const}(k_u=k_f) \tag{3-9}$$

式中:U_{1X}——频率为 f_X 时定子侧电压(即变频器输出电压),V。

$k_u=k_f$ 可以用 U/f 曲线来表示,如图 3-18(a)中的曲线①所示。这根表示电压与频率成正比的 U/f 曲线称为基本 U/f 曲线。它表明:变频器输出的最大电压为 380V,等于电源电压。而与最大输出电压对应的频率,称为基本频率,用 f_{BA} 表示。

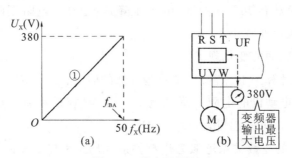

图 3-18　基本压频比

(a)基本 U/f 线;(b)U 和 f 的对应关系

在大多数情况下,基本频率应该等于电动机的额定频率,基本 U/f 线是满足式(3-9)的曲线,它并没有真正地满足式(3-8)的条件。

根据电磁转矩的公式:

$$T_M=k_M\Phi_1 I'_2\cos\varphi_2 \tag{2-9}$$

电磁转矩变频是和磁通有关的因素。电流是不允许超过额定电流的,即 $I'_2 \leqslant I'_{2N}$。于是,带负载能力的大小,主要取决于磁通。在异步电动机定子绕组的电路里,U_{1X} 和 E_{1X} 之间的差别,主要是定子绕组电阻的电压降,有

$$\dot{U}_{1X}=-\dot{E}_{1X}+\dot{I}_1 r_1 \tag{3-10}$$

式中:$\dot{U}_{1X}$——定子侧的相电压,V;

$\dot{E}_{1X}$——定子一相绕组的自感电动势,V;

$\dot{I}_1$——定子的相电流,A;

r_1——定子一相绕组的电阻,Ω。

所以,磁通的大小由式(1-4)演变成

$$\Phi_1 = K_\Phi \frac{E_{1X}}{f_X} = \frac{|\dot{U}_{1X} - \dot{I}_1 r_1|}{f_X} = \frac{|\dot{U}_{1X} - \Delta\dot{U}|}{f_X} \tag{3-11}$$

比较式(3-8)、(3-9)和式(3-11)知道,当我们用式(2-9)来代替(2-8)时,实际上并没有真正满足保持磁通不变的条件,中间相差的是电动机内阻压降。公式为

$$\Delta\dot{U}_1 = \dot{I}_1 r_1 \tag{3-12}$$

式中:I_1——电动机的定子电流,A;

r_1——定子绕组的电阻,Ω。

可见,电阻压降不随频率而改变。式(3-11)表明,当电动机以频率 f_X 运行时,磁通的大小和以下因素有关:

(1)变频器的输出电压 U_{1X}(电动机的电源电压)。U_{1X}越大,磁通也越大。

(2)电动机的负载轻重。负载越重,则电流越大,磁通将减小。

(3)电阻压降在电源电压中占有的比例。因为当频率下降时,变频器的输出电压要跟着下降,但如果负载转矩不变的话,电阻压降是不变的,电阻压降在电源电压中的比例将增大,也会导致磁通减小。

1.低频运行时磁通的变化规律

让我们粗略地计算一下。首先,做一些近似的假设:

(1)资料表明,电动机的电阻压降约为 30～40V,容量小者,电阻压降较小;容量大者,电阻压降也较大。方便起见,假设为 30V。

(2)把式(3-10)的复数关系近似为代数关系,即 $E_{1X} \approx U_{1X} - \Delta U_1$。

在 $k_u = k_f$ 的条件下,当频率下降时,磁通的变化情形,如图 3-19 所示。

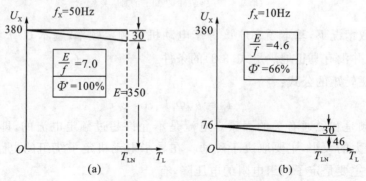

图 3-19 低频时的反电动势和磁通

(a)运行频率为 50 Hz;(b)运行频率为 100 Hz

图(a)所示是额定状态时的情形。运行频率为50 Hz,对应的电压为380 V,如上述,电阻压降为30 V,则反电动势等于350 V,反电动势与频率之比等于7.0,这时的磁通是额定磁通,其相对值为100%。

图(b)所示是运行频率为10 Hz时的情形。在$k_u = k_f$的前提下,对应的电压为76 V,而电阻压降仍为30 V,则反电动势等于46 V,反电动势与频率之比等于4.6,磁通的相对值只有66%。

可以看出,低频运行时,磁通减小。所以,在$k_u = k_f$的前提下,电动机的机械特性曲线簇如图3-20所示。由图可知,当频率下降时,理想空载点下移,但机械特性的"硬度"基本不变,而电动机的临界转矩将减小,其带负载能力下降。若设备要求重载启动的话,将难以启动。

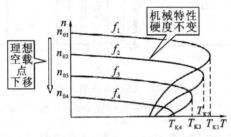

图 3-20　$k_U = k_f$ 时的机械特性

2.转矩提升

若在低频运行时也能得到额定磁通,只有加大变频器的输出电压如图3-21(a)所示,在10 Hz时要想得到额定磁通,反电动势应有70 V,加上电阻压降,变频器的输出电压要有100 V。也就是说,应该在原来的76V基础上再补24 V。使实际的U/f线如图(b)中的曲线②所示。这种通过适当补偿电压来增加磁通,从而增强电动机在低频时的带负载能力的方法,称为电压补偿,也叫转矩补偿,但在变频器说明书里,普遍称作转矩提升。

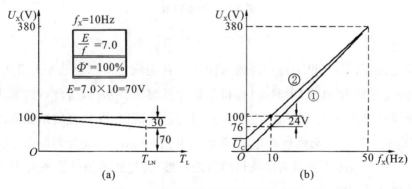

图 3-21　低频时得到额定磁通的途径

(a)得到额定磁通的途径;(b)电压补偿

很明显,运行频率不同时,电压的补偿量不一样。那么,怎样表述曲线②呢？在变频器里,通常把 0 Hz 时的起点电压 U_C 定义为电压的补偿量。如图 3-22 所示,以单极性调制来说明提高电压的原理:

调节电压时,载波不变。但调制波的振幅值必须按所需电压改变。图(a)所示是转矩提升前后的 U/f 线;图(b)所示是转矩提升前的电压波形,脉冲序列的"占空比"较小;图(c)所示是转矩提升后的电压波形,脉冲序列的"占空比"较大。

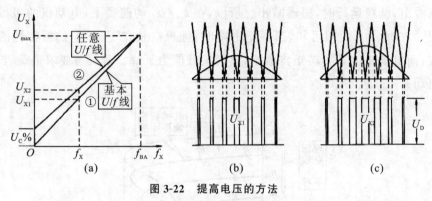

图 3-22 提高电压的方法

(a)U/f 线;(b)提升前电压波形;(c)提升后电压的波形

若补偿得当,可以使低频时的临界转矩和额定频率时一样大,如图 3-23 所示。

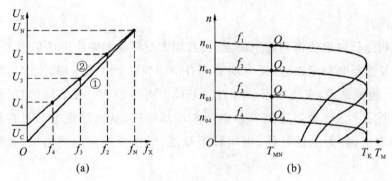

图 3-23 补偿得当

3.过分提升转矩

问题描述:这几天,厂里为离心浇铸机配了一台变频器。售后服务人员听相关工程师介绍说,当运行到 40 Hz 以上时,浇铸机的罐内要灌入铁水,以备浇铸。灌入铁水后,电动机处于满负荷状态,个别时候,还能短时间过载。所以,在预置转矩提升时,把提升量预置为 15%。结果,电动机启动时,当频率上升到 10 Hz 时,变频器跳闸,显示的原因是"过电流"。售后服务人员以为电动机的转矩不够,又把转矩提升量增大为 25%,结果频率上升不到 6 Hz 就跳闸了。

问题解决方法:把转矩提升量降到 0。

问题解析过程：

必要的参数：电动机的额定数据，以及加铁水前后的运行电流。

电动机的额定数据：90 kW、164.3 A、1 480 r/min。在运行过程中，加铁水前的运行电流约为 50 A；加铁水后的运行电流约为 160 A，个别时候能达到 170 A。

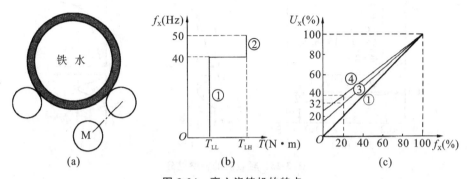

图 3-24　离心浇铸机的特点

(a)浇铸机示意图；(b)机械特性；(c)U/f 线

如图 3-24 所示，这台浇铸机的阻转矩如图(b)所示，线段①是 40 Hz 以下时的特性，电动机的负荷率约为 30%；线段②是 40 Hz 以上时的特性，负荷率约为 97%。电动机在启动过程中处于轻载状态。

比较 U/f 线，图(c)中的曲线①是补偿量为 0 时的 U/f 线，曲线③是补偿量为 15% 时的 U/f 线，曲线④是补偿量为 25% 时的 U/f 线。由图知，当电压补偿量为 15% 时，10 Hz（20% f_N）时的电压为额定电压的 32%（121.6 V），估算，磁通约为额定磁通的 120%，电动机的磁路处于饱和状态，励磁电流中因出现较大的尖峰电流而使变频器跳闸。当把补偿量上升到 25% 时，10 Hz（20% f_N）时的电压为额定电压的 40%（152 V），估算，磁通约为额定磁通的 160%，电动机的磁路处于高度饱和状态，励磁电流中出现很大的尖峰电流而使变频器跳闸。

因浇铸机要到 40 Hz 以上才灌入铁水，而 40 Hz 以上时，U/f 线一般是可以不必补偿的。故将转矩提升量预置为 0，使 10 Hz（20% f_N）时，变频器的输出电压为额定电压的 20%（76 V），就可以顺利启动。

过电流跳闸的原因，如图 3-25 所示。

工作频率为 10 Hz，在满负载时，如果要得到额定磁通电压需补偿 30 V，电动机定子侧的电源电压应该为 100 V。可是，如果负荷率只有 50% 呢？负荷率的含义是：

$$\xi = \frac{T_L}{T_{MN}} \approx \frac{I_M}{I_{MN}} \tag{3-13}$$

式中：ξ——电动机的负荷率；

T_L——负载的阻转矩，N·m；

T_{MN}——电动机的额定转矩,N·m;

I_M——电动机的运行电流,A;

I_{MN}——电动机的额定电流,A。

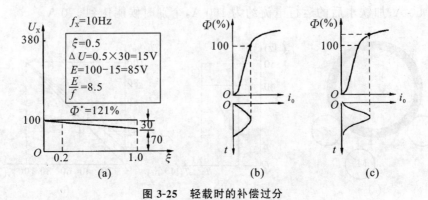

图 3-25　轻载时的补偿过分

(a)低频轻载时的磁通;(b)正常时的励磁电流;(c)磁路饱和时的励磁电流

当 $\xi = 50\%$ 时,电动机的定子电流和电阻压降也近似地等于额定状态时的 50%。这时候的电阻压降为

$$\Delta U_{LX} = 50\% \Delta U_N = 50\% \times 30 = 15(V)$$

而这时的电源电压是 $100V$,则反电动势为

$$E_{LX} = U_X - \Delta U_{LX} = 100 - 15 = 85(V)$$

反电动势与频率之比为

$$\frac{E_{LX}}{f_x} = \frac{85}{10} = 8.5$$

则磁通的相对值为

$$\Phi^* = \frac{8.5}{7} = 121\%$$

一般来说,Φ^* 超过 110%,磁路就开始饱和,超过 120% 已经过饱和。可见,磁路已经处于严重饱和状态,其励磁电流如图 3-25(c)所示,导致变频器过电流跳闸。

本节要点

1. 在 $k_U = k_f$ 的前提下,频率下降时,由于电压也成正比地下降,满负荷时的电阻压降在电压中占的比例增大,反电动势的比例减小,导致电动机的磁通和电磁转矩减小,带负载能力下降。

2. 为了使电动机在低频运行时,也能够得到额定磁通,变频器应在 $k_U = k_f$ 的基础上适当补充电压,称为转矩提升。

3. 如果在低频运行时已经补偿了足够的电压,而负载又变轻,则由于电阻压降随负载的减轻而减小,又会使反电动势的比例增大,导致电动机的磁通增加,磁路饱和,励磁电流产生尖峰电流,甚至使变频器因过电流而跳闸。

4.因为可以进行电压的补充,所以在低频运行时,某一频率对应的电压并不唯一。描绘变频器的输出电压和频率之间关系的曲线,称为 U/f 线。$k_U = k_f$ 时的 U/f 线称为基本 U/f 线;与变频器最大输出电压对应的频率,称为基本频率。

(三)关于 U/f 线的讨论

1.预置转矩提升的方法

若要确定转矩提升量必须先要测定负荷率,方法是在工频运行时,测定电动机的最大运行电流,便可得出机器的最大负荷率,即

$$\xi_{max} = \frac{T_{Lmax}}{T_{MN}} \approx \frac{I_{lmax}}{I_{MN}}$$

式中:ξ_{max}——负载运行中的最大负荷率;

T_{Lmax}——负载运行中的最大转矩,N·m;

I_{lmax}——负载运行中的最大电流,A。

确定转矩提升量,转矩提升量的上限值应该为 10%,也就是 38 V。一般来说,这也就是当负荷率 $\xi_{max} = 100\%$ 时应选的提升量。当 $\xi_{max} < 100\%$ 时,提升量也大致可以按比例减小。

不少变频器实际允许的转矩提升量的上限值可达 15%、20%、30% 等,但这并不等于说,在满负荷时应选这么大。例如,三菱变频器的说明书上写着:"设定过大将导致电动机过热,基本原则是最大值约为 10%",但它的设定范围却是 $0 \sim 30\%$。预置的方法需按不同 U/f 线进行。

各种变频器的 U/f 线通常有两类。第一类称为"负载类型与提升量分别预置型"。这是比较普遍的一类,进行功能预置时,需分成两步:

第一步:首先要根据负载的特点选择 U/f 线的类型。图 3-26(a)中,曲线①是恒转矩负载的 U/f 线;曲线②是一次方律负载的 U/f 线;曲线③是二次方律负载的 U/f 线。

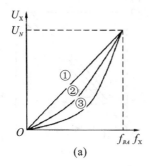 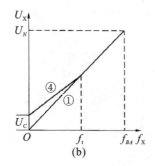 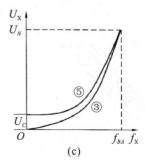

（a）　　　　　　　　（b）　　　　　　　　（c）

图 3-26　分段补偿型

(a)两段补偿型;(b)多段补偿型;(c)预置举例

第二步：根据负载需要的低频特性，决定转矩提升量，如图 3-26(b)和图(c)所示。

第二类，是分段补偿型。U/f 线的形状由若干段折线构成，比较随意。图 3-27 中，图(a)是两段补偿型，图(b)是多段补偿型。

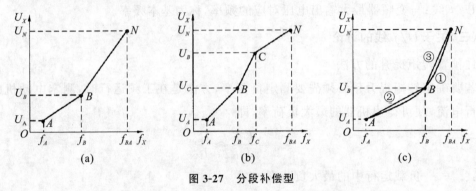

图 3-27　分段补偿型

(a)两段补偿型；(b)多段补偿型；(c)预置举例

预置时，用户首先根据负载的需要，确定 U/f 线的大致形状，如图 3-27(c)中曲线①所示，然后画出它的等效折线，如曲线②和③所示。最后，算出折线上各拐点的坐标，然后按拐点的坐标预置对应的频率和电压即可。

2. 自动转矩提升的优缺点

许多变频器具有自动转矩提升功能，但对于某些负载，在某些频率段可能出现振荡现象，有时候运行不稳定，这是大家不喜欢用的原因。不过，自动转矩提升可以提高电动机的启动转矩。所以，对于一些需要重载启动的负载，可采用自动转矩提升。

自动 U/f 线均平行，如图 3-28 所示。手动提升时，只要预置提升量 U_C，在不同频率时需要补偿的电压即已确定，在图 3-29(a)中，只要预置 $U_C = 10\%U_x$（即 38 V），则变频器很快就算好在不同频率时的补偿量，如 10 Hz 时的补偿电压为 24 V，25 Hz 时的补偿电压为 15 V。

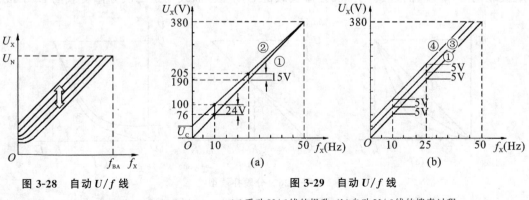

图 3-28　自动 U/f 线

图 3-29　自动 U/f 线

(a)手动 U/f 线的提升；(b)自动 U/f 线的搜索过程

在自动转矩提升时，变频器在运行期间，始终处于自动搜索的状态。当发现转矩不足时,增加一个 ΔU(如 5 V),如仍不足,则再增加一个 ΔU,如图 3-29(b)所示。因为不论频率多大,每次搜索的电压增量均相同,所以形成平行线。正因为变频器始终处于自动搜索的状态,所以容易引起振荡。

3. 基本频率的调整

问题一描述:一台进口设备中的三相 220 V 的变频器损坏。该设备自行配备三相变压器为变频器提供电源。可是,厂家买不到三相 220 V 的变频器。

问题解决方法:购买一台三相 380 V 的变频器,通过提高基本频率的方法来解决。

采取的措施:如图 3-30 所示,首先,在 U/f 坐标系内作出实际需要的 U/f 线 OA,A 点对应于 50 Hz,220 V。延长 OA 至 380 V 对应的点,如图中的 B 点。按比例算出与 B 点对应的频率 $\dfrac{f_{BA}}{380}=\dfrac{50}{220}$,得基本频率 $f_{BA}=86$ Hz。把基本频率预置为 86 Hz,则当工作频率为 50 Hz 时,对应的电压便是 220 V。

问题二描述:如一台特殊电动机,它的额定数据是 270 V、70 Hz。若用一台三相 380 V 的变频器来驱动,则需采取的措施如图 3-31 所示。

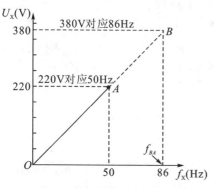

图 3-30　基本频率灵活处理之一　　　　　图 3-31　基本频率灵活处理之二

在 U/f 坐标系内找到与(70 Hz,270 V)对应的点 C。则 C 点便是该电动机的额定工作点,直线 OC 是它的基本 U/f 线。将 OC 延长至与 380 V 对应的点 D。按比例算出与 D 点对应的频率,有 $\dfrac{f_{BA}}{380}=\dfrac{70}{270}$,得 $f_{BA}=98$ Hz。即 98 Hz 对应于 380 V,而当工作频率为 70 Hz 时,对应的电压为 270 V。

问题三描述:厂里有一台电动机的额定数据是:420 V,60 Hz。售后服务人员把变频器的基本频率预置为 60 Hz,电动机力量不够,在 50 Hz 运行时,电流在额定电流上下波动。如何正确设置变频器的基本频率呢?

问题解决方法:

满足电动机额定数据的基本 U/f 线,如图 3-32 中的曲线①所示。它的 U/f 比是 $\dfrac{U_N}{f_N}=\dfrac{420}{60}=7$。当电源电压为 380V,基本频率为 60Hz 时,其 U/f 比是 $\dfrac{U'}{f'}=\dfrac{380}{60}=6.3$,只

有额定状态的 90%。磁通偏低,这就是电流偏大的原因。

如果在电源电压为 380V 时,基本频率预置为 50Hz,U/f 比是 $\dfrac{U''}{f''}=\dfrac{380}{50}=7.6$,是电动机额定状态的 108%。

要使压频比与电动机额定状态相同,也等于"7"。则在 380 V 时对应的基本频率应该是 $f_{BA}=\dfrac{380}{7}=54(\text{Hz})$。基本频率预置为 54 Hz,可满足设计的额定状态。

问题四描述:某一工厂,因为在郊区,网络电压偏低,通常只有 350 V 左右。电力部门说,在国家允许的范围内不给解决。但电动机带负载时有点吃力,电流也普遍偏大。现拟用变频器解决此问题。

问题解决方法:

在 350 V 的情况下,要使电动机得到额定磁通,预置基本频率:

$$f'_{BA}=f_{BA}\frac{U'_s}{U_{SN}}=50\times\frac{350}{380}=46(\text{Hz})$$

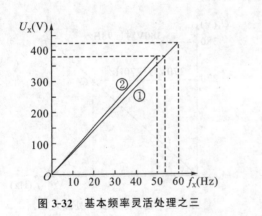

图 3-32　基本频率灵活处理之三

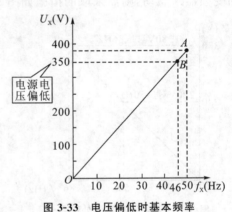

图 3-33　电压偏低时基本频率

把 380 V 变频器基本频率预置为 46 Hz,电动机的磁通就可以达到额定磁通。

但需要注意三点:

第一,当把基本频率预置为 46 Hz 后,在 46 Hz 以下运行时,电动机的有效转矩将有所提高,但如果运行在 50 Hz 时,电动机的工作情况不会改善。

第二,电动机满载时的电压降仍按 30 V 算,对于小容量电动机来说,大体上准确。但对于大容量电动机来说,满载时的电压降应按 40 V 算才更准确些。

第三,要注意各台电动机的负荷率。事实上,许多机器由于设计时留的裕量较大,50 Hz 并不真正运行在额定状态下。从节能的观点看,当电动机的负荷率较低时,只要电动机的工作电流不超过额定电流,降压运行有利于节能。

问题五描述:有一台机器,电动机数据:$P_{MN}=280\text{ kW}$,$I_{MN}=506\text{ A}$,配用 315 kW 的变频器。在 40 Hz 的频率下长时间运行,电动机发热严重。用钳形电表测量,电流竟达到 540 A。通过转矩提升功能预置到了上限值，电流仍在 530 A 以上。如何降低工作电流呢？

问题解决方法：

通过加大磁通量来减小电流，具体方法：

如图 3-34 所示，变频器在频率较高，接近额定频率时，靠转矩提升功能是难以加大 U/f 线的，如图（a）中的曲线②所示。

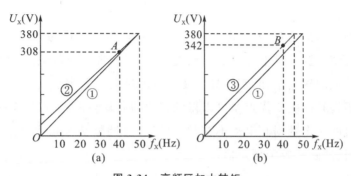

图 3-34　高频区加大转矩

（a）加大转矩提升；（b）减小基本频率

如果在转矩提升的基础上把基本频率略为减小一点，使 U/f 线如图（b）中的曲线③所示，则可以使 40 Hz 时的电压增加到 340 V 左右，则电动机的磁通量可以比额定磁通量增大约 10%。

实验结果：把基本频率降低到 46 Hz 时，电动机的工作电流减小到 305～310 A 了。又降到 45 Hz 时，电流基本上降到了额定电流以内了。可是，基本频率再往下降，电流不再下降，反而上升。

基本频率降低到一定程度后，电流不降反升的原因是由于基本频率减小得太多，将导致电动机磁路的饱和。按国家规定，允许上限电压值为 $110\%U_N$，则磁通的允许上限值大体上也定为 $110\%\Phi_N$。如图图 3-35 所示，图中的 Φ_1 是允许的上限值，磁化曲线刚开始进入饱和段，励磁电流波形的畸变还不明显。如果磁通再增加，励磁电流会明显畸变。

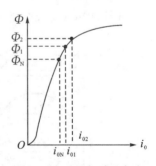

图 3-35　磁通与励磁电流

所以，如果必须通过减小基本频率来加大电动机的电磁转矩时，基本频率的下限值应不低于 45 Hz 为宜。这就是为什么把基本频率降到 45 Hz 以下时，电流不降反升的原因。

在 U/f 控制方式下的预置问题总结如下：

（1）在接近额定频率的高频段运行时，由于基本频率的大小可以预置，而基本频率对应的电压常常等于额定电压，从而调整了基本频率，实际上调节了磁通的大小。

（2）在低频段运行时，可以通过预置转矩提升功能来改变磁通的大小。

磁通的大小又决定了电动机产生的电磁转矩。电动机的电磁转矩总是和负载转矩相平衡,忽略损耗转矩,有 $T_M \approx T_L$,于是,有 $T_M = K_T I'_2 \Phi_1 \cos\varphi \approx T_L$,所以 $I'_2 \approx K_1 \dfrac{T_L}{\Phi_1 \cos\varphi}$,在负载转矩不变的情况下,磁通的大小又将影响到电流的大小。

本节要点

1. 满负荷时,转矩提升量的上限值是额定电压的 10%。实际预置时,应根据负荷率作初步设定的依据。

2. 不同变频器给出的 U/f 曲线不尽相同,其中以折线形最为灵活。

3. 正确预置转矩提升量十分重要。预置太小,可能带不动负载;预置太大,又可能在轻载时引起电动机的磁路饱和,甚至导致变频器因过电流而跳闸。

4. 自动转矩提升的主要优点是可以得到较大的启动转矩,缺点是有时会发生振荡。

5. 在电动机的额定数据和电源不符时,可以通过调整基本频率,使电动机在基本频率下运行,电动机的磁通等于额定值。

6. 在接近额定频率的较高频率下运行时,适当降低基本频率,可以加大电动机的磁通,增大电动机的电磁转矩。

7. 当电源电压偏低,运行电流偏大时,可以通过适当降低基本频率,使电动机能够在额定磁通下运行。

(四)机械特性的改善

1. 矢量控制的基本思想

问题描述:变频调速的性能是否能与直流调速一样好?

首先要清楚直流电动机的调速性能优势是什么。

如图 3-36 所示,直流电动机的主要特点是:

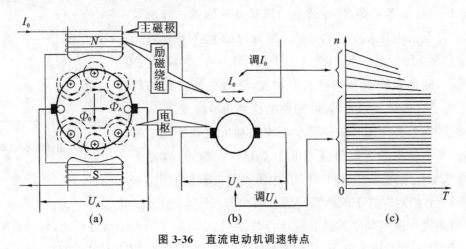

图 3-36 直流电动机调速特点

(1)磁路特点。如图 3-36(a)所示,它有两个互相垂直的磁场:一个主磁场,其磁通 Φ_0 由主磁极产生;另一个电枢磁场,其磁通 Φ_A 由电枢电流产生。

(2)电路特点。如图(b)所示,其主磁极的励磁电路和电枢电路互相独立。当调节电枢电压时,励磁电流不变;当调节励磁电流时,电枢电压不变。

直流电动机的主要调速方法是调节电枢电压,经过电流反馈和转速反馈两个闭环后,其机械特性如图(c)的下部所示,具有十分理想的调速特性,但它只能用于额定转速以下的调速。在额定转速以上时,只能用调节励磁电流的方法来调速。由于电流反馈和转速反馈不能作用到励磁回路,所以其机械特性较软,如图(c)上部所示。

变频调速中的矢量控制方式就是仿照直流电动机的特点,当变频器得到给定信号后,首先把给定信号分解为两个互相垂直的磁场信号:励磁分量 Φ_M 和转矩分量 Φ_T,与之对应的控制电流的信号分别为 i_M^* 和 i_T^*。在额定频率下,当接到转速反馈信号需要调整时,励磁分量 Φ_M 保持不变,只调整转矩分量 Φ_T,以模拟直流电动机在额定转速下的调速特点。而在额定频率以上,当接到转速反馈信号需要调整时,转矩分量 Φ_T 保持不变,只调整励磁分量 Φ_M,以模拟直流电动机在额定转速以上的调速特点,如图 3-37(a)所示。

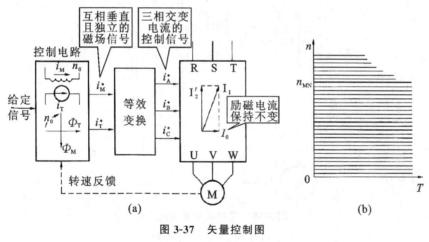

图 3-37　矢量控制图

(a)矢量控制图;(b)矢量控制后的机械特性

然后把这两个静止的磁场信号,经过一系列的等效变换,变换成等效的三相电流的控制信号 i_A^*、i_B^* 和 i_C^*,使异步电动机在额定频率以下调速时,每项电流中的励磁电流 I_0 保持不变,只调整转矩电流 I_2',而在额定频率以上调速时,每相电流中的转矩电流 I_2' 保持不变,只调整励磁电流 I_0,从而得到直流电动机类似的机械特性,如图 3-37(b)所示。

由于异步电动机的励磁回路和转矩回路事实上并未分开,所以,矢量控制时,在额定转速以上的机械特性,要比直流电动机好。

2.电动机参数的自动测量

矢量控制方式中根据电动机本身的参数进行等效变换,具体参数主要有以下两类:

（1）铭牌数据。电动机铭牌上标明的额定数据,如图 3-38(a)所示。变频器需要的数据主要有:额定容量、额定电压、额定电流、额定转速、额定效率等。

（2）等效电路数据。如图 3-38(b)所示,主要有:定子绕组的电阻和漏磁电抗,转子等效电路的电阻和漏磁电抗,以及空载电流等。

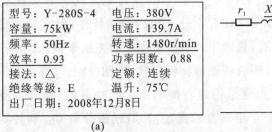
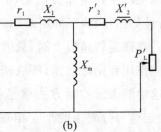

图 3-38　矢量控制所需参数

在电机学里,异步电动机通过空载试验和堵转试验,就可作园图,把所有数据计算出来。如图 3-39 所示。

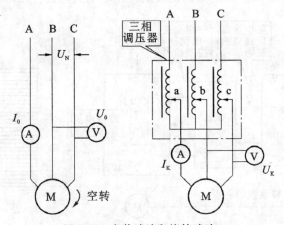

图 3-39　空载试验和堵转试验

(a)空载试验;(b)堵转试验

（1）空载试验。对电动机加额定电压,让电动机空转,测量出空载电压 U_0 和空载电流 I_0,如图(a)所示。

（2）堵转试验(也叫短路试验)。把电动机的转子抱住,定子绕组上施加(15%～25%)U_N 的低电压。测量短路电压 U_K 和短路电流 I_K,如图(b)所示。

根据这几个数据,可以把所有参数都计算出来。

在变频器里:

（1）变频器的输出电压是可以通过改变脉冲的占空比来任意调节,所以在不需要调压器的情况下,也可以进行堵转试验。

（2）通过"园图"进行的全部计算,变频器中的计算机都可以迅速完成。

变频器通过一定的操作程序来进行测量,操作的步骤,各种变频器的说明书上都进行了具体的指导。步骤如下:

(1)使电动机脱离负载(实在不能脱离时,须参照说明书的有关规定);

(2)输入电动机的额定数据;

(3)使变频器处于"键盘操作"方式;

(4)使自测定功能预置为"自动"方式;

(5)按下"运行(RUN)"键,电动机将按照预置升速时间升至一定的转速(约为额定转速的一半),然后又按照预置的降速时间逐渐降速并停止,当显示屏上显示"自测定结束"时,自测定过程即告完成,全程约需 1.0~1.5 min。

当电动机无法与负载脱开时,可以选择"静止自动测量"。只做堵转试验,不做空载试验。空载电流可以根据电动机的容量和磁极数进行估计。例如,一台 7.5 kW、4 极电动机的空载电流约为额定电流的 30%。当然,其准确度要差一些。

所以,各变频器的说明书里都要事先选择"旋转自动测量"或"静止自动测量"。

3.矢量控制的转速反馈

矢量控制的转速反馈,普遍采用旋转编码器。如图 3-40 所示,编码器套在电动机轴上,把编码器的各端子和变频器相接。编码器通常有两相:A 相和 B 相,其接线端子分别是 A 和 A(或 A+和 A—),B 和 B(或 B+和 B—)。有的变频器有专门和编码器相接的端子,可以直接相接,如图(a)所示。也有的变频器上没有专门和编码器相接的端子,必须通过专用的附件进行连接,如图(b)所示。

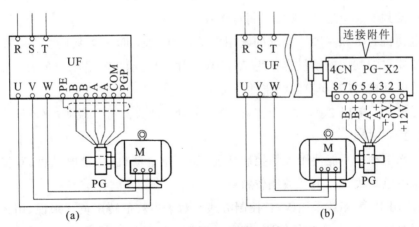

图 3-40　旋转编码器的连接

只有变频电动机才可以直接套编码器,普通电动机要加附件,如图 3-41 所示。对于轴套型编码器,要在电动机输出轴的另一侧,把外罩扩大,在轴上附加一个过渡轴,再把编码器套在过渡轴上,编码器的不动部分固定在外罩上,如图(a)所示。但这种方法对过渡轴和电动机轴之间的同心度要求较高,加工难度较大。实际工作中可采用轴型编码器,则需附加一个过渡轴套,如图(b)所示。过渡轴套和电动机轴之间的规格相吻合即可。

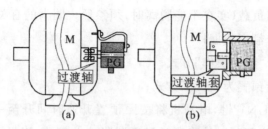

图 3-41　通过过渡附件安装编码器

(a)通过过渡轴;(b)通过过渡轴套

有反馈矢量控制指具有外部转速反馈的矢量控制;而无反馈矢量控制,是指没有外部转速反馈的矢量控制。实际上都需要转速反馈,反馈矢量控制有编码器反馈,所以反馈速度快,动态响应能力比较强。无反馈矢量控制的转速反馈信号,是通过变频器的输出电压和电流来计算,由于计算需要时间,所以反应较慢,动态响应能力差。无反馈矢量控制在很低频率下运行时,有时不够稳定。

4.矢量控制的应用范围

变频器在进行等效变换的计算时,除上面说的各种参数外,还常常要加入一些特定的系数,这些系数与电动机的容量和磁极对数有关。通常,变频器是以容量相当的 4 极电动机为基本模型,来决定这些系数。因此,矢量控制的应用有限制。主要限制有:

(1)矢量控制只能用于一台变频器控制一台电动机的情况。当一台变频器控制多台电动机时,变频器无所适从,矢量控制将无效。

(2)电动机容量和变频器要求的配用电动机容量之间,最多只能相差一个档次。例如,变频器要求的配用电动机容量为 7.5 kW,则配用电动机的最小容量为 5.5 kW,对于 3.7 kW 的电动机,等效变换的结果便不准确。

(3)磁极数一般以 2、4、6 极为宜,极数较多时必须查阅有关说明书(不同变频器对极数的限制也不一样)。

(4)特殊电动机不能使用矢量控制功能,如力矩电动机、深槽电动机、双鼠笼电动机等,因为这些电动机的相关系数比较特殊。

实际应用中,大多数采用 V/F 控制方式。对于多数恒转矩负载来说,用无反馈矢量控制是最佳选择。而在下列情况下,则以采用有反馈矢量控制为好:

(1)要求有较大调速范围者,例如,兼有铣、磨功能的龙门刨床;

(2)对动态响应能力有较高要求者,例如,某些精密机床;

(3)对运行安全有较高要求者,例如起重机械等。

5.直接转矩控制

直接转矩控制的基本思想是把给定信号分解成一个转矩信号和一个磁通信号,如图 3-42 所示。当实际转速高于给定值时,就关断 IGBT 管,使电动机因失去转矩而减速;而当实际转速低于给定值时,它又使 IGBT 管导通,电动机因得到转矩而加速。显然,这种做法不可能得到一个稳定状态,因此,它以很高的频率处于不断的切换过程中,在自动控制技术中,把它称为砰-砰(band-band)控制。

直接转矩控制不需要 SPWM 调制,不需要进行繁杂的 SPWM 运算,以及矢量控制所必需的等效变换计算。所以,它反应快,动态响应能力强。但同时出现一些新的问题,主要有:

(1)因为电动机始终处于交替地通电和断电状态,所以,其电磁转矩不可避免地会产生轻微的脉动。根据分析,当频率等于 28 Hz 时,脉动最小,频率较高和较低时,脉动较大。但频率较高时,因为电动机的运行速度快,其机械特性可以把转矩的脉动掩盖过去。而在低频运行时,这个缺点比较明显。实际产品中,已采取补救措施。但还不能说,它是比矢量控制更加优越的控制方式。

(2)与 SPWM 相比,其脉冲频率稍低,故噪声稍大。

(3)所需电动机参数少,只需要知道定子一相绕组的电阻即可。因此,自动测量比较简单,一般情况下,在初次启动电动机时,已经能够进行识别。

(4)因为脉冲频率稍低,故电流冲击稍大,变频器和电动机之间需接入输出电抗器。

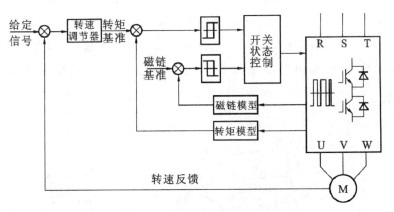

图 3-42　直接转矩控制框图

本节要点

1.矢量控制是仿照直流电动机的特点,使异步电动机的变频调速系统具有和直流电动机类似的机械特性曲线簇。

2.有反馈矢量控制是指外部有转速反馈(旋转编码器)的矢量控制,它具有机械特性很硬、动态响应能力强、调速范围广等优点。

3. 无反馈矢量控制是指没有外部转速反馈的矢量控制,实际上内部有转速反馈,不过,其转速是通过输出电压和电流等运行数据推算出来的。推算需要时间,且精度也逊于编码器的实测结果。所以,其机械特性和动态响应能力都比有反馈矢量控制差一些。此外,频率很低时,运行也不够稳定。

4. 因为矢量控制需要根据电动机的参数进行等效变换,故使用前必须进行电动机参数的自动测量。同时,凡无法准确测定电动机参数的场合,矢量控制均不适用。

5. 直接转矩控制实际上是利用电子技术的快速性对电动机进行时通时断的控制方式。它比矢量控制简捷而快速,故动态响应能力好。

(六)电动机的有效转矩曲线

问题描述:某工程师为一台带式输送机进行变频改造,机械工程师们在慢速调试时,电动机发烫厉害。用钳形电流表一量,电流并没有超过额定电流。

问题解决方法:在调试阶段,用一台风扇对着电动机吹,调试结束后,撤走风扇。

相关理论:

先讨论一下有效转矩的问题。所谓有效转矩,是指在非额定状态下,允许长时间运行的最大转矩。在变频调速的情况下,是在非额定频率时,允许长时间运行的最大转矩。在额定频率时的有效转矩即为额定转矩。低频运行的情况下,有效转矩是怎样的呢?

1. 额定频率以下的有效转矩线

如图 3-43 所示,根据前面讲的 $k_U = k_f$ 时的机械特性,如图(a)所示。图中,曲线①是额定频率时的机械特性,工作点是 Q_N,额定转矩是 T_{MN}。曲线②、③、④是频率较低时的有效工作点,对应的转矩是有效转矩。把这些有效工作点连起来,再去掉机械特性曲线,得到一条有效转矩线,如图 3-43(b)中的曲线⑤所示。从有效转矩线看,在 $k_U = k_f$ 的条件下,低频运行时,电动机的有效转矩减小。

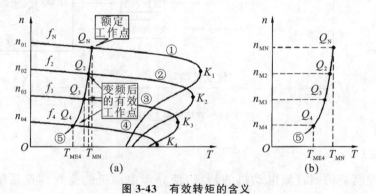

图 3-43 有效转矩的含义

(a)有效转矩的含义;(b)有效转矩线

如图 3-44 所示,补偿得当时,在低频运行时的临界转矩也能和额定频率时的临界转矩相等,如图(a)所示,其有效转矩线为如图(b)所示的恒转矩线。

所谓"允许长时间运行",指经过长时间运行后,电动机的温升不超过额定温升。温升的大小除了和发热的因素有关外,还和散热的因素有关。所以,在低频时,既要分析发热因素的变化规律,还要分析散热因素的变化规律。使电动机产生热量的是其各种损耗。电动机的各种损耗和频率(或转速)之间的关系:

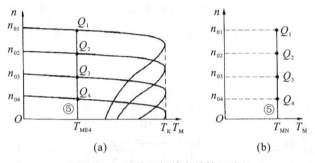

图 3-44　补偿正好的有效转矩线

(a)机械特性;(b)有效转矩线

(1)机械损耗 p_{me}:主要是磨擦损失和通风损失。显然,转速越低,机械损耗越小,如图 3-45(a)中的曲线①所示。

(2)铁损 p_{Fe}:指涡流损耗和磁滞损耗。频率越低,铁损越小,如图 3-45(a)中的曲线②所示。

(3)铜损 p_{Cu}:指绕组电阻消耗的功率。它取决于负载的轻重,和频率无关,如图 3-45(a)中的曲线③所示。

综合起来,使电动机产生热量的损耗功率和频率(或转速)之间的关系如图 3-45(a)中的曲线④所示。它说明在低频运行时,电动机的损耗将有所减小,但减小得不多。

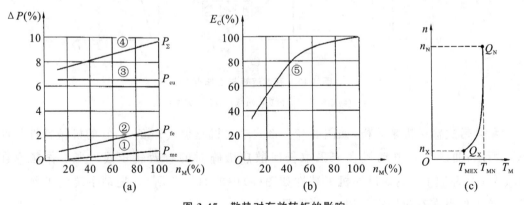

图 3-45　散热对有效转矩的影响

低频运行时,普通电机是靠它内部的小风扇来散热,频率下降后,转子的转速下降,同时,风扇的转速一起下降,从而使散热变差。如图 3-45(b)所示就是散热系数的曲线。

在低频运行时,风扇的转速减小很多。所以,如果不改善散热状况的话,低频运行时,电动机的有效转矩线要减小,如图 3-45(c)所示。问题中变频器调试时工作在 10 Hz 或 5 Hz。工作正常以后,最低工作频率是 30 Hz 左右。在调试阶段,只要用一台风扇对着电动机吹,如图 3-46(a)所示。调试结束后,撤走风扇即可。因为正常运行时,频率并不低,就没有必要加风扇了。当然最好是采用变频专业电动机。这种电动机专门安装了一台散热风扇,直接接到 380 V 电源上,如图 3-46(b)所示,而所得到的有效转矩线是如图 3-46(c)所示的恒转矩线。

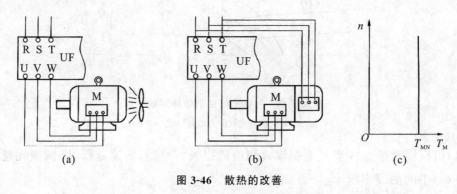

图 3-46　散热的改善

工作点只能在特性曲线上找,而有效转矩线是许多特性曲线上有效工作点的集合,它本身不是特性曲线,只是表示有效工作范围的曲线。如图 3-47 所示的几个图。

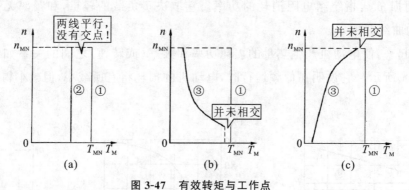

图 3-47　有效转矩与工作点

(a)恒转矩负载;(b)恒功率负载;(c)二次方率负载

结合带式输送机来分析,如图 3-48。带式输送机是恒转矩负载,它的机械特性如曲线①所示;曲线②是电动机在未采取任何散热措施时的有效转矩线。当工作频率在 30 Hz 以上为 f_1 时,电动机的机械特性如图(a)中的曲线③所示,拖动系统的工作点为 Q_1。该工作点在有效转矩线以内,说明是允许长时间运行的。

如果把工作频率降到 10 Hz 以下,例如,为 f_2 时,电动机的机械特性如图(b)中的曲线④所示,拖动系统的工作点为 Q_2。该工作点在有效转矩线以外,说明在该频率下长时间运行时,电动机会发热。

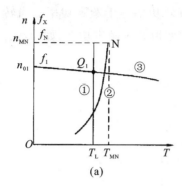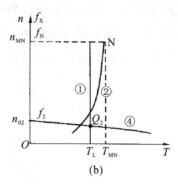

图 3-48 有效转矩的意义

(a)工作频率较高时;(b)工作频率较低时

2.额定频率以上的有效转矩线

问题描述:为了提高生产率,厂里决定,把一条连续生产的传输带的传输速度从 2 m 提高到 2.4 m。这就要求把电动机的工作频率升高到 60 Hz。结果,电动机很快就冒烟了。电动机数据:75 kW、139.7 A、1 480 r/min;实测电流 130 A,负荷率 $\xi = 0.93$。

问题分析:在额定频率以上,电动机的有效转矩发生变化。

当工作频率超过额定频率时,拖动系统要受到两方面的制约:

第一个方面是变频器输出侧的制约。变频器逆变后的最大电压不可能超过电源电压。所以,当频率超过额定频率时,变频的同时也变压的条件不再成立。即,频率增加,电压却不增加,如图 3-49(a)所示。于是,U/f 比减小,电动机的磁通量减小。所以,其临界转矩和有效转矩也都随之减小,如图 3-49(b)所示。

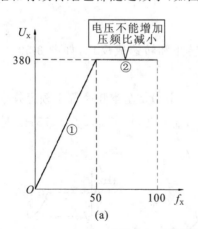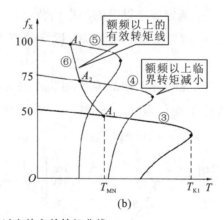

图 3-49 额定频率以上的有效转矩曲线

(a)额定频率以上的压频比;(b)额定频率以上的机械特性

第二个方面是电动机输出功率的制约。电动机轴上的输出功率不允许超过其额定功率。如图 3-50 所示,电动机的有效功率曲线如图(a)所示。所谓有效功率,是指电动机允许长时间运行的最大输出功率。在额定转速以下运行时,有效功率随转速的下降而减小,如曲线①所示。在额定转速运行时,有效功率等于额定功率。当转速超过额定转速时,电动机的输出功率不可能增加,有效功率恒等于额定功率,如曲线②所示。在额定频率以上时,电动机具有恒功率的特点,即

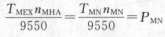

$$\frac{T_{MEX} n_{MHA}}{9550} = \frac{T_{MN} n_{MN}}{9550} = P_{MN}$$

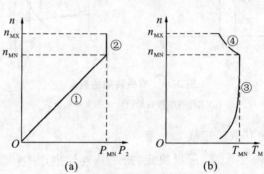

图 3-50　额定频率以上有效转矩的分析

(a)电动机的功率曲线;(b)有效转矩线

有

$$T_{MEX} = T_{MN} \frac{n_{MN}}{9550} \approx \frac{T_{MN}}{k_{fH}}$$

式中:T_{MEX}——电动机在频率 f_X 时的有效转矩,N·m;

　　　T_{MN}——电动机的额定转矩,N·m;

　　　n_{MN}——电动机的额定转速,r/min;

　　　n_{MHX}——额定转速以上的转速,r/min;

　　　k_{fH}——额定频率以上的频率调节比。

可见,电动机在额定频率以上运行时,有效转矩和转速成反比,如图 3-50(b)中的曲线④所示。

有效转矩和基本频率的关系,如图 3-51 所示。图(a)是基本频率等于额定频率(50 Hz)时的有效转矩线。当 $f_X \leqslant 50\,Hz$ 时,有效转矩 $T_{ME} = 100\% T_{MN}$;$f_X = 75\,Hz$ 时,$T_{ME} = 66\% T_{MN}$;$f_X = 100\,Hz$ 时,$T_{ME} = 50\% T_{MN}$。

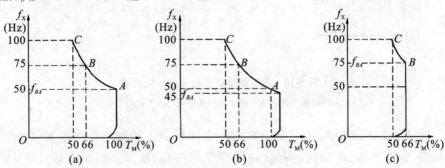

图 3-51　有效转矩和基本频率曲线

图(b)是基本频率小于额定频率时的有效转矩线。例如，$f_{BA}=45$ Hz，则 $f_X \leqslant 45$ Hz 时，有效转矩加大，$T_{ME}=110\% \, T_{MN}$；但当 $f_X=50$ Hz 时，有效转矩仍等于额定转矩，$T_{ME}=100\% \, T_{MN}$；$f_X=75$ Hz 时，$T_{ME}=66\% \, T_{MN}$；$f_X=100$ Hz 时，$T_{ME}=50\% \, T_{MN}$。仅仅在所预置的基本频率以下范围内，有效转矩有所增大，但在额定频率以上并不增加。

图(c)是基本频率大于额定频率时的有效转矩线。例如，$f_{BA}=75$ Hz，则当 $f_X \leqslant 75$ Hz 时，$T_{ME}=66\% \, T_{MN}$；$f_X=100$ Hz 时，$T_{ME}=50\% \, T_{MN}$。

由此可以归纳出：

(1)基本频率以上的有效转矩线都符合恒功率的规律。

(2)不论基本频率如何设定，额定频率以上的有效转矩是唯一的(指 $f_X > f_{BA}$ 的部分)。

当把工作频率上升到 60 Hz 时的有效转矩为：

$$T_{MEX}=\frac{9550 P_{MN}}{n_{MX}}=\frac{9550 \times 75}{1780}=402(\text{N} \cdot \text{m})=0.83 T_{MN} < T_L$$

有效转矩只有额定转矩的 83%，小于实际负荷，所以电动机冒烟。

本节要点

1.在非额定状态下允许长时间运行的最大转矩，称为有效转矩。

2.在额定频率以下运行时：

(1)就产生有效转矩的能力而言，如果电压补偿得合适，或者采用矢量控制方式，都可以得到恒转矩的有效转矩线。

(2)由于低速运行时，电动机的散热条件变差，故有效转矩变小。如果能够改善散热条件，有效转矩将具有恒转矩的特点。

3.在额定频率以上运行时，由于变频器逆变后的电压不可能超过额定电压，使压频比减小，有效转矩也要减小。又因电动机的输出功率不能超过额定功率，故有效转矩线只能是恒功率的。

4.有效转矩线是说明有效工作范围的曲线，不是特性曲线。所以，拖动系统的工作点并不在有效转矩线上。

(七)生产机械的机械特性及变频调速要点

1.恒转矩负载

当电动机拖动生产机械旋转时，生产机械总会产生阻碍旋转的阻转矩。如图 3-52 (a)所示的带式输煤机，阻碍传输带运动的是传输带与滚轮之间的摩擦力，而作用半径就是滚轮的半径。所以，传输带的阻转矩是

$$T_L=Fr \tag{3-14}$$

式中：T_L——负载转矩，N·m；

    F——传输带与滚轮的摩擦力，N；

    r——滚轮的半径，m。

机械特性是指转矩和转速之间的关系，在式（3-52）中，摩擦力 F 和转速的快慢没有关系，滚轮的半径 r 为常数。所以，负载的阻转矩不随转速而改变，故称为恒转矩机械特性，具有恒转矩机械特性的负载就称为恒转矩负载。

这里必须强调的是，所谓恒转矩指的是负载转矩不随转速而改变，但并不等于负载转矩的大小永远不变。例如，如果传输带上的煤多一点，负载转矩当然会大一些，但那不是转速变化的结果。

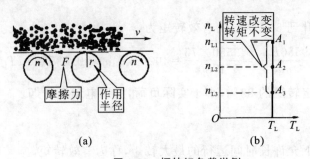

图 3-52　恒转矩负载举例

(a)带式输煤机；(b)负载机械特性

恒转矩负载实施变频调速时应注意两个问题，如图 3-53 所示。

第一是低频运行的问题。既然是恒转矩负载，它在低频运行时的阻转矩和高速运行时相同。而在没有相应措施的情况下，电动机在低频运行时有效转矩会减小。

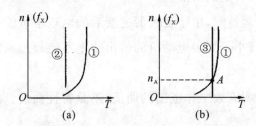

图 3-53　负载机械特性与电动机有效转矩

(a)负载机械特性在电动机有效转矩线内；(b)负载机械特性与有效转矩线相交

所以，负载的机械特性如果在电动机的有效转矩线以内，如图(a)所示，则没有问题。但如果负载的机械特性和电动机的有效转矩线相交了，如图(b)所示，有一个交点 A。当转速低于 n_A 时，电动机的温升可能过高。

第二是调速范围的问题。当负载的机械特性在电动机的有效转矩线以内，如图 3-

54(a)所示,调速范围可以较宽。而负载的机械特性和电动机的有效转矩线相交,如图3-53(b)那样,下面交于 A 点,上面又交于 B 点。变频调速系统的最高转速是 n_B ,最低转速是 n_A ,调速范围是 $\alpha = \dfrac{n_B}{n_A}$ 。

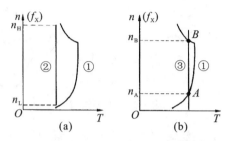

图 3-54 变频拖动系统的调速范围

(a)负载机械特性在电动机有效转矩线内;(b)负载机械特性与有效转矩线相交

显然,其调速范围受到了限制。所以,如果生产机械所要求的调速范围较宽,就一定要审核其调速范围。

2.恒功率负载

恒功率负载的典型代表是卷绕机械。它有以下几个特点。

(1)卷绕机械的工作特点。如图3-55所示,卷绕机械在卷绕过程中,有两个基本要求:首先是要求被卷物的张力 F_T 恒定,否则将影响被卷物的材质;其次,为了使张力恒定,被卷物在卷绕过程中的线速度 v 必须恒定。根据力学的原理,被卷物在卷绕过程中消耗的功率一定,即

$$P_L = F_T v = C \tag{3-15}$$

式中:P_L——卷绕功率,kW;

$\quad\quad F_T$——被卷物的张力,N;

$\quad\quad v$——被卷物的线速度,m/s。

所以,卷绕机械是恒功率负载。

(2)卷绕机械的机械特性。卷绕机械在运行过程中的阻力就是被卷物的张力 F_T ,作用半径是被卷物的卷绕半径 r ,故阻转矩的大小是

$$T_L = F_T r \tag{3-16}$$

式中:T_L——负载转矩,N·m;

$\quad\quad F_T$——被卷物的摩擦力,N;

$\quad\quad r$——卷绕半径,m。

卷绕开始时,卷绕半径很小,故阻转矩也很小,但为了保证线速度恒定,转速却很高,如图3-56(a)中的 A_1 点所示;

随着被卷物的卷绕半径越来越大,阻转矩也随之增大,而转速却在下降,如图3-56

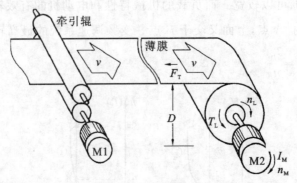

图 3-55　卷绕机械

（b）中的 A_2 点所示；

卷绕结束时，卷绕半径最大，阻转矩也最大，而转速却下降到最小，如图 3-56（c）中的 A_3 点所示。所以，卷绕机械的机械特性如图 3-56（c）中的曲线①所示。

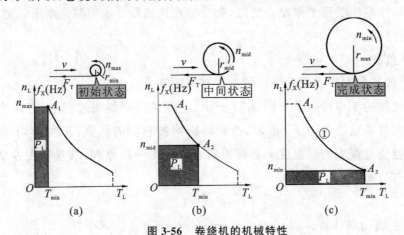

图 3-56　卷绕机的机械特性

（a）起卷时；（b）中间状态；（c）卷绕结束时

（3）卷绕机械变频的主要问题。卷绕机械所需要的功率：

刚开始卷绕时，阻转矩很小，但转速却很高，负载功率是 $P_{L1} = \dfrac{T_{Lmin} n_{max}}{9550}$

卷绕快结束时，阻转矩很大，但转速却很低，负载功率是 $P_{L2} = \dfrac{T_{Lmax} n_{min}}{9550}$

因为恒功率负载，所以，$P_{L1} = P_{L2} = P_L$。电动机的额定转速应该能够达到负载的最高转速，而电动机的额定转矩应该不小于负载的最大转矩。电动机的容量应该是

$$P_{MN} \geqslant \frac{T_{Lmax} n_{max}}{9550} = P_L \frac{n_{max}}{n_{min}}$$

所以，电动机的容量要比负载的功率大许多倍。这就是卷绕机实现变频调速时的主要矛盾，如图 3-57 所示。

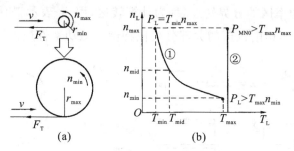

图 3-57　卷绕机械实现变频的主要问题

(a)卷绕过程；(b)电动机容量

(4)减小电动机容量的途径。考虑到电动机在额定频率以上运行时,其有效转矩线也具有恒功率的特点。如图 3-58 所示,用恒功率特点拖动恒功率负载。

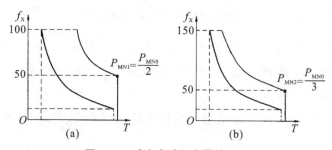

图 3-58　减小电动机容量的途径

(a)最高频率为 100 Hz；(b)最高频率为 150 Hz

如果把电动机的最高工作频率提高到 100 Hz,则电动机的额定转速只需与负载最高转速的二分之一对应即可,电动机的功率将减小一半,如图 3-58(a)所示。若把电动机的最高工作频率提高到 150 Hz,电动机的额定转速只需为负载最高转速的三分之一即可,电动机的额定功率减小到原来的三分之一,如图 3-58(b)所示。

电动机运行不允许长时间连续地在高频率下运行,但是卷绕辊在开始时的转速很高,卷绕半径增大得很快,电动机的工作频率很快降下来。电动机在 150 Hz 时的滞留时间极短。基于这个特点,工作频率高一点是允许的,有关资料表明,卷绕机械的最高工作频率可以达到 180 Hz。

3.金属切削机床的机械特性

金属切削机床,它在切削时的阻力是切削力,作用半径是工件的半径,如图 3-59(a)的右上角所示。就阻转矩的构成而言,它属于恒转矩负载。但是,在高速切削时,要受到刀具强度和机床床身抗振强度的影响,切削转矩不允许太大,只能进行恒功率切削。因此,金属切削机床的机械特性分两个部分:

(1)在低转速段,根据切削转矩的构成特点,是恒转矩特性;

(2)在高转速段,因为受到刀具和机床强度的制约,是恒功率特性。

恒转矩区和恒功率区的分界转速,称为计算转速,用 n_D 表示,如图 3-59(b) 所示。通常,n_D 较低,所以,金属切削机床的大部分机械特性是恒功率性质。

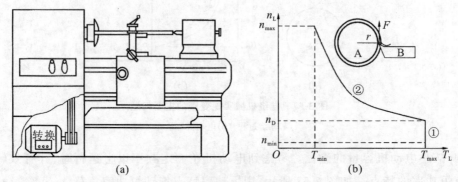

(a)

(b)

图 3-59 车床及其机械特性

(a)车床的外形;(b)车床的机械特性

必须注意,金属切削机床的恒功率特性并不是自然形成的,而是被限制的结果。

金属切削机床的工作特点是:一定要在停机的状态下进行调速。

4.二次方律负载及特点

风机和水泵被称为二次方律负载。根据流体力学的原理,它们的阻转矩和转速的平方成正比,有

$$T_L = T_0 + K_T n^2 \tag{3-17}$$

式中:T_0——损耗转矩,N·m;

K_T——转矩系数。

其机械特性曲线如图 3-60(a) 的曲线①所示。在低速运行时,阻转矩很小,例如,当转速为额定转速的 50% 时,负载转矩 T_{LX} 将不到额定转矩的 30%。所以,在实施变频调速时,在低频运行的情况下,很容易出现"大马拉小车"的现象。

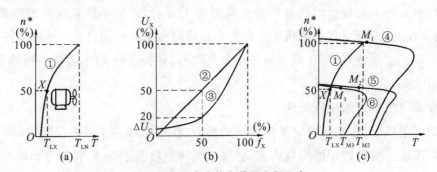

(a)

(b)

(c)

图 3-60 二次方律负载及变频要点

(a)二次方律机械特性;(b)U/f 线;(c)机械特性

例如,变频器在出厂时的 U/f 线大多处于 $k_U = k_f$ 的状态,如图 3-60(b) 中的曲线②所示,当工作频率为额定频率的 50%(25 Hz)时,电压为额定电压的 50%。这时,电动机

的机械特性曲线如图 3-60(c)中的曲线⑤所示(曲线④是额定频率时的机械特性),电动机的有效转矩不小于额定转矩的 80%,以 $80\%T_{MN}$ 去拖动 $30\%T_{LN}$。

如果选择低励磁 U/f 线,如图 3-60(b)中的曲线③所示,则电压将降到约为额定电压的 20%,电动机的机械特性曲线如图 3-60(c)中的曲线⑥所示,电动机的有效转矩将小于额定转矩的 40%,大马拉小车的现象可以得到缓解。

以上三种是比较典型的负载类型,其他类型的负载实施变频调速时可以近似地套用上述三种。例如,一次方律负载,可以大体上按照二次方律负载的特点去套用。

本节要点

1.恒转矩负载的典型例子是带式输送机,其基本特点是在调节转速的过程中,负载的阻转矩不变。在实施变频调速时,需注意低速时电动机的有效转矩是否大于负载转矩,以及调速范围是否满足要求等。

2.恒功率负载的典型代表是卷绕机械,其特点是,开始卷绕时,转速最大而阻转矩最小;在结束卷绕时,则转速最小而阻转矩最大。实施变频调速时,最主要的问题,是如何使电动机的容量尽可能接近负载所需的功率。为此,应尽量提高最高频率,使电动机的恒功率区发挥作用。

3.金属切削机床的机械特性分成两段:低速段是恒转矩特性;高速段因受刀具和机床强度的限制,只能恒功率切削。调速时,只能停机调速。

4.风机和水泵属于二次方律负载,实施变频调速时,最主要的问题是在低频运行时,克服大马拉小车的现象。为此,应该选择低励磁 U/f 线。

(八)拖动系统的传动机构

问题描述:有一台机器的齿轮箱里的齿轮坏了。工程师用变频调速来代替齿轮降速,买了一台变频器来配用。没想到,机器竟纹丝不动。把电动机和机器脱开,却又转得很好。

问题解决方法:在接入变频器时,保留原来的齿轮箱。如果确实不要齿轮箱,需加大电动机的容量。

相关理论解析:

1.齿轮箱的作用

根据电动机的相关数据,推算负载侧的数据。

电动机数据:7.5 kW、1 440 r/min、15.4 A;实测电流 12.3 A。

电动机的额定转矩为

$$T_{MN} = \frac{9550 P_{MN}}{n_{MN}} = \frac{9550 \times 7.5}{1440} = 50(\text{N} \cdot \text{m})$$

负荷率为

$$\xi \approx \frac{I_{MX}}{I_{MN}} = \frac{12.3}{15.4} = 0.8$$

今齿轮箱的传动比为 $\lambda = 5$。故负载转速为

$$n_L = \frac{n_{MN}}{\lambda} = \frac{1440}{5} = 288(\text{r/min})$$

根据能量守恒原理,有

$$\frac{T_M n_M}{9550} = \frac{T_L n_L}{9550}$$

则,负载轴上得到的转矩为

$$T_{L0} = T_M \frac{n_M}{n_L} = T_M \lambda = 50 \times 5 = 250(\text{N} \cdot \text{m})$$

负载的实际转矩为

$$T_L = \xi T_{L0} = 0.8 \times 250 = 200(\text{N} \cdot \text{m})$$

负载需要的功率是

$$P_L = \frac{T_L n_L}{9550} = \frac{200 \times 288}{9550} = 6(\text{kW})$$

把计算结果用图标示出来,如图 3-61 所示。齿轮箱放大了转矩,所以拿掉齿轮箱后,电动机带不动负载。

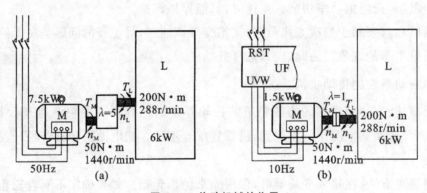

图 3-61 传动机械的作用

(a)有齿轮箱;(b)无齿轮箱

这里面实际存在着两个问题:

第一个是转矩方面的问题,一个减速机构,在把转速下降的同时,放大了转矩。通过有效转矩线观察,如图 3-62 所示。观察的位置是在负轴上的情形,如图(a)所示。假设负载是恒转矩类型,它的机械特性如图(b)中的曲线①所示。则:

当传动比 $\lambda = 1$ 时,齿轮箱输出轴上的转矩等于电动机转矩,其有效转矩线如曲线②所示,显然,它比负载转矩小很多,无法带动负载。

当然传动比 $\lambda=5$ 时,齿轮箱输出轴上的有效转矩相当于把电动机的额定转矩放大了 5 倍,即 $T'_M=\lambda T_{MN}=5\times50=250(\text{N}\cdot\text{m})>T_L$,可以带动负载。

第二个是功率方面的问题:电动机在把转速调低的同时,它的有效功率也减小了。

因为所有电动机的电磁转矩都是电流和磁场相互作用的结果,都与电流和磁通的乘积成正比。电流不能超过额定电流,否则绕组发热;磁通也不能超过额定磁通,否则磁路饱和。因此任何电动机的电磁转矩都不允许超过额定转矩。在理想状态下,我们假设在额定转速以下的有效转矩线恒定,如图 3-63(a)中的曲线①所示。因为

$$T_{ME}=T_{MN}=C$$

所以

$$P_{MX}=\frac{T_{MN}n_{MX}}{9550}\propto n_{MX}$$

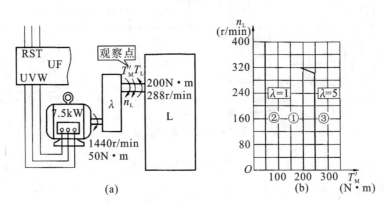

图 3-62　有效转矩与传动比

(a)观察的位置;(b)有效转矩线

所以,它的有效功率曲线如图 3-63(b)中的曲线②所示。当转速降低时,它的有效功率也下降。有效功率是允许长时间运行的最大功率,在额定转速时的有效功率就是额定功率,实际消耗的功率随负载的轻重而变。

事实上,当电动机运行在 10 Hz 时,它的有效功率不再是 7.5 kW,而只有 1.5 kW。用 1.5 kW 的电动机去拖动 6 kW 的负载,是无法带动的。

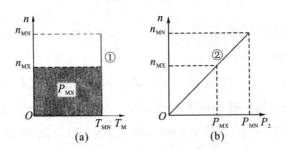

图 3-63　额频以上有效功率

(a)从有效转矩看;(b)从功率曲线看

如果希望机器能够调速的话,则在接入变频器时,保留原来的齿轮箱。如果确实不要齿轮箱,需把电动机的容量加大 5 倍。

2.传动机构的折算

以上一个拖动系统来看,在同一个坐标系里,电动机轴的工作点在 Q_1 点,它的坐标是(50,1440);而负载的坐标却是(200,288),工作点在 Q_2 点。可见,在同一个拖动系统中,不同轴的工作点位置也不同,如图 3-64 所示。这对分析问题很不利,因为我们常常要分析电动机能不能带动负载。现在,电动机轴的工作点和负载轴的工作点离得很远,如何看出电动机是否"带得动"负载?

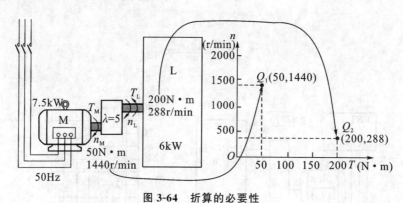

图 3-64　折算的必要性

解决的办法,把所有轴上的数据都换算到同一个轴上,也叫折算。多数情况下,都是折算到电动机轴上。折算的公式如下:

(1)转速的折算

$$n'_L = \lambda n_L = n_M$$

式中:n'_L——负载转速的折算值,r/min;

n_L——负载转速,r/min;

λ——传动机构的传动比。

(2)转矩的折算

$$T'_L = \frac{T_L}{\lambda}$$

式中:T'_L——负载转矩的折算值,N·m;

T_L——负载转矩,N·m。

经减速机构减速后,相当于减轻电动机轴上的负荷。通过有效转矩线观察,如图 3-65 所示。图中,曲线①是负载的机械特性,曲线②是电动机的有效转矩线,曲线③是折算到电动机轴上的折算转矩,它比电动机的有效转矩小,所以,电动机能够拖动负载。

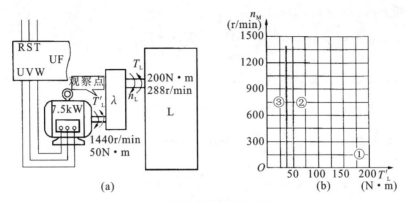

图 3-65 转矩的折算与传动比

(a)观察的位置;(b)折算后的负载转矩

(3)飞轮力矩的折算

$$(GD_L^2)' = \frac{GD_L^2}{\lambda^2}$$

式中:$(GD_L^2)'$——负载飞轮转矩的折算值,N·m²;

T_L——负载的飞轮力矩,N·m²。

飞轮力矩和传动比的二次方成反比的特点说明:增大传动比,特别有利于拖动系统的启动。

利用以上知识进行实际问题解决。

问题二描述:厂里打算把传送带的工作频率升高到 60 Hz 的方案失败后,有一位机械工程师把传动比 λ 减小为 4.2,以提高传输带的速度。结果,电动机冒烟了。

根据已经学到的知识,进行计算,并作图 3-66。

电动机数据:75 kW、139.7 A、1 480 r/min。实测电流:130 A,负荷率 $\xi = 0.93$。传动机构的原传动比 λ=5。

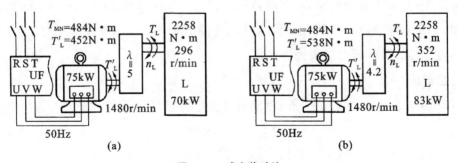

图 3-66 减小传动比

(a)减小前;(b)减小后

计算如下：

电动机的额定转矩为 $T_{MN}=\dfrac{9550P_{MN}}{n_{MN}}=\dfrac{9550\times75}{1480}=484(N\cdot m)$

$\lambda_1=5$ 时，负载的折算转矩为 $T'_{L1}=\xi T_{MN}=0.93\times484=450(N\cdot m)$

负载转矩为 $T_L=T'_L\lambda_1=450\times5=2250(N\cdot m)$

负载的转速为 $n_{L1}=\dfrac{n_{MN}}{\lambda_1}=\dfrac{1480}{5}=296(r/min)$

$\lambda_2=4.2$ 时，负载的转速为 $n_{L2}=\dfrac{n_{MN}}{\lambda_2}=\dfrac{1480}{4.2}=352(r/min)$

负载的折算转矩为 $T'_{L2}=\dfrac{T_L}{\lambda_2}=\dfrac{2250}{4.2}=538(N\cdot m)>T_{MN}(=484\,N\cdot m)$

传动比改变前后的负载功率：

$$\lambda_1=5\ \text{时}, P_{L1}=\dfrac{T_L n_{L1}}{9550}=\dfrac{2250\times296}{9550}=70(kW)<P_{MN}(=75\,kW)$$

$$\lambda_2=4.2\ \text{时}, P_{L1}=\dfrac{T_L n_{L2}}{9550}=\dfrac{2250\times352}{9550}=83(kW)>P_{MN}(=75\,kW)$$

所以，不论是转矩，还是功率，电动机都处于过载状态。

如果一定要提速，应该加大拖动系统的容量。如选取比 75 kW 大一档的 90 kW 电动机。

问题三描述：

事例一：有一台机器，电动机的铭牌数据是：75 kW、142.4 A、980 r/min。平时实际运行电流是 128 A 左右，负荷率 $\xi\approx0.9$。工程师在进行大修时，由于电动机的体积较大，把空间塞得满，维修起来很不方便。现在把电动机换成 4 极电动机，机座小一号。换了一台 75 kW、139.7 A、1 480 r/min 的电动机。一通电，电动机就冒烟了。

第二件：有一台电动机损坏，铭牌数据是：15 kW、31.5 A、970 r/min，实际运行电流只有 28 A，负荷率 $\xi\approx0.89$，配用 18.5 kW 的变频器和一台 18.5 kW、35.9 A、1 470 r/min 的电动机，结果，运行后电动机烫得厉害。

问题解析：

(1)75 kW、142.4 A、980 r/min 电动机的额定转矩是

$$T_{MN1}=\dfrac{9550P_{MN}}{n_{MN}}=\dfrac{9550\times75}{980}=731(N\cdot m)$$

(2)75 kW、139.7 A、1 480 r/min 电动机的额定转矩是

$$T_{MN2}=\dfrac{9550P_{MN}}{n_{MN}}=\dfrac{9550\times75}{1480}=484(N\cdot m)=0.66T_{MN1}$$

很明显用第二台电动机,由于额定转矩小,所以运行后冒烟。

(3)15 kW、31.5 A、970 r/min 电动机的额定转矩是

$$T_{MN3} = \frac{9550P_{MN}}{n_{MN}} = \frac{9550 \times 15}{970} = 148(\text{N} \cdot \text{m})$$

(4)18.5 kW、35.9 A、1 470 r/min 电动机的额定转矩是

$$T_{MN4} = \frac{9550P_{MN}}{n_{MN}} = \frac{9550 \times 15}{1470} = 97(\text{N} \cdot \text{m}) = 0.66T_{MN3}$$

这里,功率大的电动机的额定转矩反而小。功率里面包含了速度的因素,而能不能拖动,则主要看转矩的大小。

以 75 kW 的电动机为例,计算一下不同磁极对数的电动机的额定转矩。通过电工手册,可以查到它们的额定转速。计算结果见表 3-2。

表 3-2　不同磁极对数 75 kW 电动机的额定转矩

磁极对数(p)	磁极数($2p$)	同步转速(r/min)	额定转速(r/min)	额定转矩(N·m)
1	2	3000	2970	241
2	4	1500	1480	484
3	6	1000	980	731
4	8	750	740	968

本节要点

1.齿轮减速箱在降低输出轴转速的同时,放大了输出轴上的转矩。

2.由于拖动系统在不同轴上的数据各不相同,不同轴的工作点在同一坐标系里的位置分散,难以进行比较。所以,要把不同轴上的数据折算到同一轴上。在大多数情况下,均折算到电动机轴上。

3.电动机在额定频率以下运行时,其有效功率将随转速的下降而下降。

4.负载如果提速,其所需功率将随转速的升高而增加。

5.电动机的容量(额定功率)中包含着转速的因素,各因数之间的关系:

(1)容量相同的电机,其额定转矩因磁极对数不同而各异;

(2)能否拖动负载的关键,要看电磁转矩的大小。

【任务实施】

步骤一　查阅资料了解三菱 FR-F740 系列变频器控制回路端子功能,通过变频器

接线图理解各端子的功能。

步骤二　在变频器实验平台上,对变频器进行设定操作,具体包括:运行模式切换及参数设定、参数清除的基本操作流程、操作锁定、监视输出电流和电压、变更参数设定值、参数清除等基本操作方法。掌握简单模式参数设定的方法,对转矩提升、运行频率设定、3 速设定、加减速时间、运行模式选择、外围电压电流设定控制频率(速度)等运行模式进行参数的设定及运行。

步骤三　按照图 3-3、图 3-4 连接电路,对继电器控制的正、反转和变频与工频切换的功能进行试运行。

步骤四　尝试带载运行,并运用学过的知识处理诸如"大马拉小车"或"小马拉大车"等实际运行时出现的问题。

【任务检查与评价】

整个任务完成之后,让我们来检查一下完成的效果吧。具体测评细则见表 3-3 所示。

表 3-3　任务完成情况的测评细则

一级指标	比例	二级指标	比例	得分
信息收集与自主学习	40%	1.明确任务	5%	
		2.独立进行信息咨询收集	2%	
		3.制订合适的学习计划	3%	
		4.充分利用现有的学习资源	5%	
		5.使用不同的行动方式学习	15%	
		6.排除学习干扰,自我监督与控制	10%	
变频器运行参数的设定及各类控制功能的实现	50%	1.按步骤设定变频器参数	10%	
		2.连接各类控制电路,并设置合适的参数运行	15%	
		3.分析带载运行时出现的各类问题,并通过合理设置参数进行解决	25%	
职业素养与职业规范	10%	1.设备操作规范性	2%	
		2.工具、仪器、仪表使用情况,操作规范性	3%	
		3.现场安全、文明情况	2%	
		4.团队分工协作情况	3%	
总计		100%		

【巩固与拓展】

一、巩固自测

1.在变频器工作在外部模式情况下,为何不能按图 3-1 直接通过电源开关来进行电动机的启动和停止控制?

2.从电动机的自然特性曲线观察,负载的轻重将会使电动机转速发生怎样的变换?机械特性的软硬是如何衡量的?

3.变频器在低频运行时若已经补偿了足够的电压,什么原因有可能使得变频器因过电流而跳闸?

4.当用一台三相 380 V 变频器替换一台 220 V 变频器时,应该如何设置基本频率?

5.何为有效转矩?基本频率大于或小于额定频率时,有效转矩的变换规律是什么?

6.试述三种典型负载的典型机械装置是什么? 在变频调速时各需要注意什么问题?

7.在拖动系统中,齿轮箱的作用是什么?

二、拓展任务

1.查找资料,并分组讨论,变频调速系统带载能力提升的方法。

2.查找日常工作中变频调速系统带载时出现的问题,并通过所学知识分析问题,找到解决的方法。

任务四　更安全——变频调速系统的加、减速及保护功能

【任务目标】

了解电动机在不同方式下启动的特点。

掌握变频器加、减速预置的方法及在特殊情况下变频器的调整方法。

了解变频器几种常见的制动方式,了解制动电阻的选择方法及制动单元的应急措施。

了解变频器过载、过流、过压、欠压、电压波动及相关故障产生的原因和保护方法。

【任务描述】

一、任务内容

在不同的负载情况下,预置变频器的加、减速时间,分析运行过程中产生的保护故障,深入了解故障产生的原因及解决方法。

二、实施条件

1. 校内教学做一体化教室,变频器实训装置,变频器,电工常用工具若干。

2. 某型号变频器。

三、安全提示

拆开变频器时请注意,一定不要带电操作。当变频器发生了故障,人们打开机箱时,虽然变频器已经断了电,但如果滤波电容器上的电荷没有放完,将很危险。变频器内部控制板上的指示灯,主要是在停电时显示滤波电容器上的电荷是否释放完毕而设置的,所以要先观察内部控制板上的指示灯熄灭后才能进行操作。

【知识链接】

问题描述:厂里新买了一台带式输煤机,因为每天下班时,煤仍滞留在皮带上,第二天上班再启动时,空气断路器常跳闸。工程师买了一台软启动器,仍无法启动。能不能用变频器来软启动?

一、几种启动方式的比较

（一）工频启动电流及其影响

几种启动方式的特点如图 4-1 所示。图（a）所示，当接触器 KM 闭合瞬间，定子电流立即产生以额定同步转速旋转的磁场。因为施加的是全电压，磁通是额定磁通。于是，转子绕组以额定同步转速切割额定磁通，如图（b）所示，这就是直接启动的特点。这时转子绕组的感应电动势和电流非常大。反映到定子侧，其启动电流可以达到额定电流的 4～7 倍，如图（c）所示。这是导致空气断路器跳闸的原因。

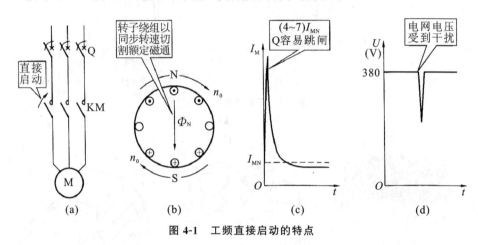

图 4-1　工频直接启动的特点

(a)工频直接启动；(b)切割磁力线的特点；(c)启动电流；(d)对电网的影响

这个特点，使得皮带上不论有没有煤，电动机在启动时峰值电流的大小相同。刚买来时断路器不跳闸是因为空载时电动机启动得快，随着转速的上升，转子和磁场之间的转差迅速减小，电流很快降下来。所以电流峰值滞留的时间很短，断路器还来不及跳闸，电流已下降。负荷加重后，启动过程会有所减慢，电流峰值滞留的时间延长，断路器就要跳闸。因为时间太短，电动机的温度还来不及升上去，所以不会烧电动机。但如果电动机的容量较大，将导致电网电压有瞬间的下降，如图 4-1（d）所示，这将会干扰其他设备的正常工作，所以要想办法降低启动电流。

（二）工频启动过程及问题

如图 4-2（a）所示，曲线①是电动机的机械特性；曲线②是负载的机械特性。两者的交点 Q 是拖动系统的工作点，转速为 n_1。在转速从 0 上升到 n_1 的全过程中，电动机的电磁转矩始终大于负载转矩，两者之差称为动态转矩 T_J。动态转矩使拖动系统产生加速度。由图知，在整个启动过程中动态转矩很大，所以加速度也很大，整个启动过程在不到 1 s 的时间内完成，如图（b）所示。这样大的加速度会产生什么后果呢？

以输煤机为例，在静止状态，两个滚轮之间的皮带处于松弛状态，如图 4-3（a）的上部所示。当加速度很大时,皮带被迅速绷紧,这必将影响皮带的使用寿命。此外,加速度太大,还将导致齿轮之间的撞击,如图 4-3(b)所示,以及各传动轴受到很大剪切力,如图 4-3(c)所示。

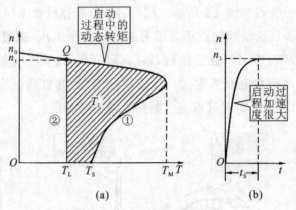

图 4-2　工频直接启动的过程

(a)动态转矩;(b)升速过程

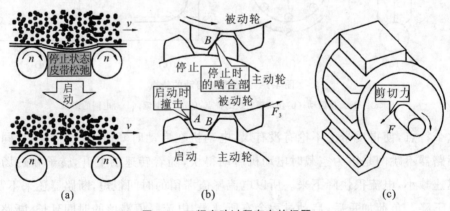

图 4-3　工频启动过程存在的问题

(a)传输带的绷力;(b)齿轮的撞击;(c)轴的剪切力

在如图 4-4(a)所示的供水系统中,由于水泵在低速时的阻转矩非常小,启动过程中的动态转矩更大,启动过程更快,如图 4-4(b)所示。据资料记载,从静止状态上升到额定转速,只需 0.25 s,如图 4-4(c)所示。供水管道中的流量在这么短的时间内从 0 上升到额定流量,将会引起严重的水锤效应,使管道系统、阀门等受到破坏。

(三)软启动器的特点

所谓软启动器,实质上是一个能够无级调压的降压器,如图 4-5(a)所示。启动时可以把电压降得很低,电动机的磁通很小。因此,其启动特点是:转子绕组以同步转速切割较小磁通,如图 4-5(b)所示,从而可以把启动电流限制在允许范围内,如图 4-5(c)所示。

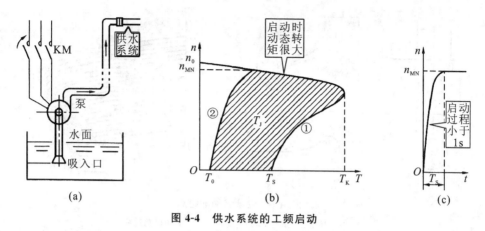

图 4-4　供水系统的工频启动

(a)供水系统示意图；(b)动态转矩；(c)启动过程

异步电动机在电压下降后,机械特性的特点是:同步转速不变,临界转矩减小。所以,刚启动时的动态转矩较小,通过逐渐加大电压来完成启动过程,其临界转矩不断右移,整个启动过程比较平缓,如图 4-5(d)所示。这种启动方式的缺点是启动转矩也随着电压的下降而减小,所以,在需要重载启动的场合,难以发挥作用。

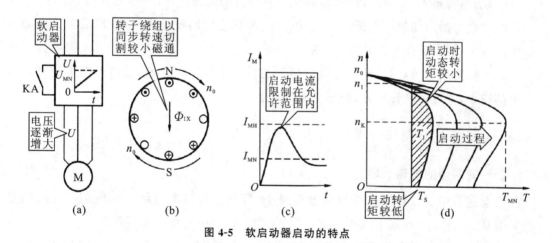

图 4-5　软启动器启动的特点

(a)软启动器电路；(b)启动特点；(c)启动电流；(d)启动过程

(四)变频器启动的特点

如图 4-6 所示,变频调速系统可以在很低的频率下启动,启动时的同步转速很低,所以转子绕组是以很低的转速切割额定磁通,同时变频器可以把启动电流限制在允许范围内,如图 4-6(b)所示。启动过程是通过逐渐增加频率来完成的,其机械特性曲线随着频率的增加而逐渐上升,启动过程极为平稳,如图 4-6(c)所示。此外,其启动转矩可以达到额定转矩的 1.8～2 倍。在用煤量不大时,可以适当降低转速来节能。

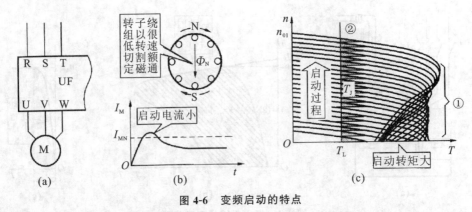

图 4-6　变频启动的特点

(a)变频电路；(b)变频启动的特点；(c)变频启动过程

本节要点

1.电动机在工频电源下直接启动时的特点是：转子绕组以同步转速切割额定磁通，故：

(1)启动电流大，可能使电网电压瞬间下降。

(2)动态转矩大，启动过程快，影响机器各部件的寿命。

2.软启动器启动的特点是：转子绕组以同步转速切割较小磁通，故启动电流和动态转矩都较小，但启动转矩小，难以重载启动。

3.变频启动的特点是：转子绕组以很低的转速切割额定磁通，故启动电流和动态转矩也都较小，并且启动转矩大，能够重载启动。

二、变频器的加速与启动

(一)变频器的加速时间

启动过程中变频器加速时间预置得过小，容易引起过电流跳闸。所谓加速时间是指频率从 0 Hz 上升到基本频率所需时间，如图 4-7(a)中的曲线①所示。

电动机的转子所带负载具有惯性，当变频器的输出频率不断上升时，同步转速随频率一起上升，电动机转子的转速能不能紧跟着频率一起上升？ 有如下两种情况：

第一是加速时间预置得较长，如图 4-7(a)中的 t_{A1}，频率上升得很慢，转子的转速能够跟得上同步转速一起上升，如图(a)中的曲线②。所谓跟得上，是指在启动过程中，转子每次加速到新的工作点后频率再上升，如图(b)所示。图中，曲线③是负载的机械特性，曲线④是电动机在频率上升过程中的机械特性曲线簇。这样，转子转速和同步转速之间，保持着一定的转差，转子绕组切割磁力线的速度保持在较低的状态，转子绕组里的感应电动势和电流就不会很大，定子电流也不可能超过额定电流，如图(c)中的曲线⑤所示。

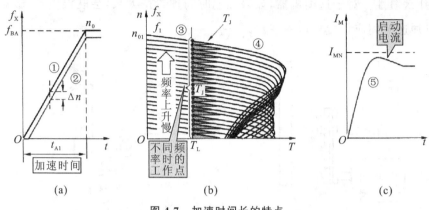

图 4-7　加速时间长的特点

(a)预置加速时间；(b)转速上升过程；(c)启动电流

第二是频率在较短时间内上升到基本频率，如图 4-8(a)中的曲线①所示。转子的转速跟不上同步转速的上升，如曲线②所示。于是，在启动过程中，转子常常还没有达到新的工作点，频率就又上升了，如图 4-8(b)所示。转子的转速和同步转速之间的转差增大，转子绕组切割磁力线的速度加快，转子绕组里的感应电动势和电流就会增大，定子电流也随之增大，并可能导致过电流跳闸，如图 4-8(c)中的曲线⑤所示。

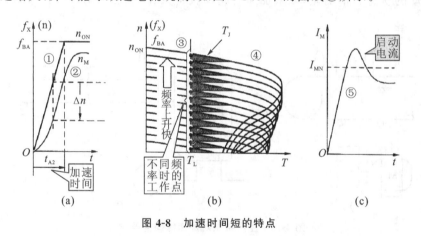

图 4-8　加速时间短的特点

(a)预置加速时间；(b)转速上升过程；(c)启动电流

(二)预置加速时间的方法

预置加速时间的依据来自两个方面如图 4-9 所示，第一个方面是拖动系统的惯性大小。有的负载惯性很大，如图(a)所示的带飞轮的负载就是典型的例子。对于这类负载，如果加速时间预置得短，拖动系统容易跟不上同步转速的上升。为了使电动机的转子能够跟得上同步转速的上升，加速时间应该预置得长一些。反过来，如图(b)所示的卷绕机械，刚开始卷绕时，因为卷径很小，加之被卷物的张力阻止着拖动系统的加速，所以谈不上有什么惯性。对于这类机器,如果加速时间预置得太长,会耽误生产,影响劳动生产率,所以加速时间应预置得短一些。

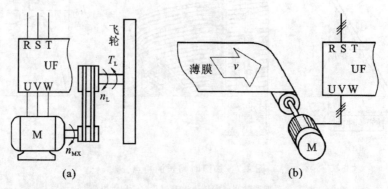

图 4-9   负载惯性与加速时间

(a)大惯性负载实例;(b)小惯性负载实例

第二个方面是生产机械的加工工艺对加速时间的要求。图 4-10(a)所示是液料瓶的生产线,为了防止液料瓶在传输带上滑倒,传输带载调速过程中,加速度不宜太大,加速时间应预置得长一些。而图(b)所示的龙门刨床的刨台,在进行刨削过程中,处于频繁地往复运动的状态。很明显,如果加速时间预置得太长,会影响劳动生产率,加速时间应尽量地短一些。

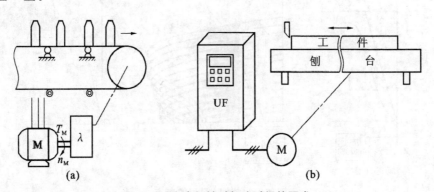

图 4-10   生产机械对加速时间的要求

(a)液料瓶生产线;(b)龙门刨床的刨台

在用户不知道机器究竟有多大惯性时,可用如下两个方法预置加速时间:

第一试探法。启动时,观察变频器的输出电流,如图 4-11(a)所示。可以先把加速时间预置得长一些,如图(b)所示,观察启动过程中启动电流的大小。如启动电流比上限电流小得多,再逐渐缩短加速时间,直至加速电流接近上限电流时为止,如图(c)所示。

第二种方法是将加速时间预置得偏小一些,同时预置加速自处理功能,说明书上常称为"防失速"功能。如图 4-12 所示,加速时间预置为 t_{A1},频率按 t_{A1} 上升时,如图(b)中的曲线①所示,曲线②是拖动系统的实际转速曲线。由于拖动系统的惯性较大,电动机转子的转速跟不上同步转速的上升,定子电流超过了上限值 I_H,如图(a)中的曲线③所示。当预置"加速防失速"功能有效后,变频器的输出频率将自动暂停上升,使转子转速逐渐跟上同步转速,电流又降到上限值以下时,变频器的输出频率又上升。这样就避免了过电流跳闸。但这样,实际的加速时间将比预置的加速时间加长。这主要是为解决在不知道机器惯性大小的情况下,快速地预置加速时间的问题。

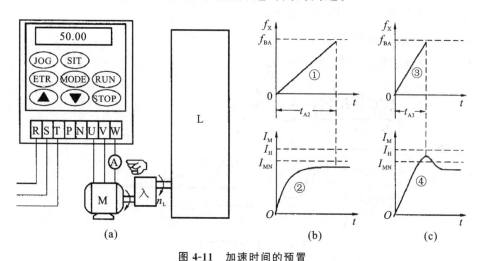

图 4-11　加速时间的预置

(a)启动电流的测试点;(b)加速时间较长;(c)加速时间较短

粗略地测量惯性的方法,如图 4-13(a)所示,先让机器接上工频电源运行,然后切断电源,并用手表测量从拉闸到机器完全停住所需要的时间,设为 t_{sp},如图(b)所示,则它的停机时间常数约等于停机时间的三分之一。即

$$\tau = \frac{t_{sp}}{3}$$

式中:t_{sp}——拖动系统的停机时间,s;

τ——拖动系统的机械时间常数,s。

计算所得的 τ 可以作为加速时间的初始预置值,即

$$t_A = \tau = \frac{t_{sp}}{3} \tag{4-1}$$

式中:t_A——加速时间的初始预置值,s。

在不考虑生产机械的特殊要求的情况下,按式(4-1)预置加速时间,一般可以满足系统运行要求。

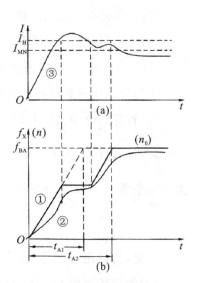

图 4-12　加速自处理功能

(a)加速电流;(b)自处理过程

机械的加速时间常数和减速时间常数相等。所以，没有必要另行测定加速时间常数。拖动系统的加速时间的计算公式是

$$t_{SA} = K_S \frac{GD^2 n_{MN}}{T_M - T'_L} \tag{4-2}$$

式中：t_{SA}——拖动系统的全速启动时间，s；

K_S——比例常数；

GD^2——拖动系统的飞轮力矩，$N \cdot m^2$；

n_{MN}——电动机的额定转速，r/min；

T_M——电动机的电磁转矩，$N \cdot m$；

T'_L——负载转矩的折算值，$N \cdot m$。

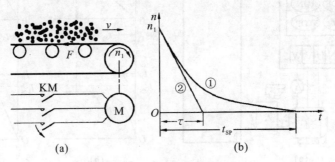

图 4-13　时间常数的粗测

(a)从工频电源拉闸；(b)时间常数的粗测

式(4-2)表明，全速启动时间除了和拖动系统的惯性大小（GD^2）成正比外，还和（$T_M - T'_L$）的大小成反比。而异步电动机在工频直接启动过程中，动态转矩并非常数，如图3-14(a)所示。所以，无法通过测定启动时间来计算加速时间常数。

机器要求快速启动时的最好的办法是加大传动比。加大传动比有两方面的好处：

(1)折算到电动机轴上的飞轮力矩减小。由式(4-2)知，如果能够减小飞轮力矩，可以缩短启动时间。在第三章中，飞轮力矩的折算公式是：$(GD^2)' = \dfrac{GD^2}{\lambda^2}$，如果把传动比加大为原来的 1.5 倍，则飞轮力矩将减小为

$$(GD^2)' = \frac{GD^2}{(1.5)^2} = \frac{GD^2}{2.25}$$

可见，传动比增大后，飞轮力矩只有原来的 1/2.25。

(2)动态转矩增大。传动比增大后，负载的折算转矩将减小，则动态转矩增大，即

$$T_J = (T_M - T'_L \downarrow) \uparrow$$

再来比较式(4-2)，传动比增大后，分子减小，而分母增大，所需要的启动时间减小。

在图 4-14 中,图(a)是一个具有大惯性的拖动系统。如果要求在 5 s 左右启动完毕,启动电流将超过变频器允许的上限值而跳闸,如图(b)中的曲线①所示。为了使变频器不跳闸,加速时间须预置为 20 s,如曲线②所示。如果把传动比增大为原来的 1.5 倍,则即使把加速时间预置为 5 s,启动电流也可以下降到电动机的额定电流以下,如曲线③所示。

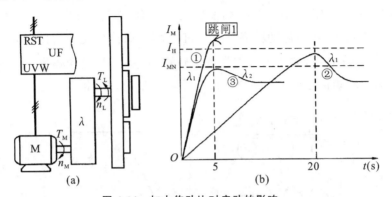

图 4-14　加大传动比对启动的影响

(a)拖动系统;(b)加大传动比的作用

当机器的传动比无法改变时,可以通过加大变频器的容量,缩短加速时间增大启动电流。在图 4-15 中,图(a)所示是变频器容量和电动机容量正好相配的情形。由于加速时间较短,电动机的启动电流超过了变频器的电流上限(曲线④),变频器必跳闸。如果把变频器的容量加大一档,则变频器的电流上限增大(曲线⑤),变频器就不会跳闸,如图(b)所示。

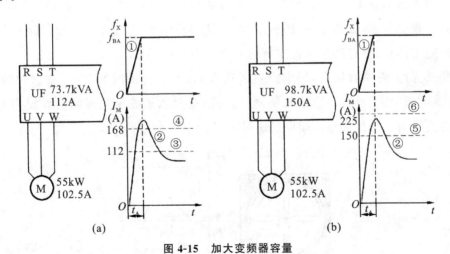

图 4-15　加大变频器容量

(a)变频器容量正好;(b)加大变频器容量

问题一描述:厂里有一台带式输送机,从 0 Hz 开始启动时,完全启动不起来,大约到 10 Hz 时才突然启动,由于加速度太大,传输带上的半成品,常常晃动,有什么办法可解决?

先来分析一下产生这种现象的原因,如图 4-16(a)所示。带式输送机一类的阻转矩主要来自皮带与滚轮之间的摩擦力。而静止状态的摩擦系数是大于动摩擦系数的,从静止状态开始启动时的阻转矩要比运行过程中的阻转矩大一些。

为了克服这刚启动时的静摩擦转矩,需要一点冲击力,使它动起来。具体方法是预置一个启动频率 f_s,如图 4-16(c)所示,使启动瞬间有一点突加的电磁转矩,有助于使机器动起来。有资料表明:当启动频率 $f_s=4\,Hz$ 时,启动转矩大约为额定转矩的 60%;当启动频率 $f_s=6\,Hz$ 时,启动转矩大约为额定转矩的 80%;当启动频率 $f_s=8\,Hz$ 时,启动转矩大约为额定转矩的 100%。用户可以根据具体情况进行预置。

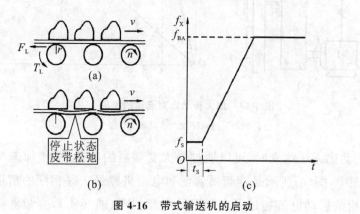

图 4-16 带式输送机的启动

(a)阻转矩的构成;(b)皮带松弛;(c)启动频率

除了预置启动频率外,还需要预置一个启动频率的保持时间 t_s。这是由于传输带在静止时处于松弛状态,如图 4-16(b)所示,如果让启动频率 f_s 保持一个短时间 t_s,使皮带以很低的速度伸直,将有助于延长皮带的寿命。

问题二描述:有一台风机,周围自然风很大,在不开机的时候,叶片常常快速反转。结果,启动电流较大,有时一启动就跳闸。另外,这台风机的加速时间要设定为 60 s 才不会过电流跳闸。用什么办法缩短加速时间呢?

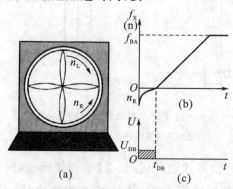

图 4-17 启动前直流制动

(a)风扇;(b)频率变化;(c)启动前直流制动

问题解决方法：如图 4-17 所示，变频器针对风机在自然风作用下反转的问题，专门设置了"启动前直流制动"功能。在启动前，向电动机绕组里通入直流电流，使转子迅速停止，然后再启动。启动前直流制动的目的，是保证电动机在零速状态下启动。若缩短加速时间需具体问题具体分析。

风机属于二次方率负载，它的机械特性方程如下：

$$T_J = T_0 + K_T n_L^2$$

机械特性如图 4-18(a)中的曲线①所示。由图可以看出，低转速时，其阻转矩很小。一直要到 40 Hz 以上时，阻转矩才超过额定转矩的 70%。

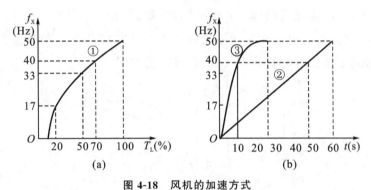

图 4-18　风机的加速方式

(a)风机的机械特性；(b)加速时间的分析

问题中所预置的时间，从 40 Hz 到 50 Hz，用了不到 15 s 的时间，如图 4-18(b)中的曲线②所示。即，在 15 s 时间内，从 40 Hz 加速到 50 Hz，不会跳闸。

现在，把加速过程分为两段，在 40 Hz 以下，用 10 s 可以满足运行要求；40 Hz 以上，采用 S 形加速方式，频率越高，加速越慢，用 15 s 的时间从 40 Hz 加速到 50 Hz，总的加速时间只用 25 s，如图 4-18(b)中的曲线③所示。这种加速方式称为半 S 加速方式。在进行功能预置时，除了预置加速时间为 25 s 外，还需要预置"加速结束段 S 字时间"15 s。

当然，对于一些惯性较大的负载，在起始阶段，加速就要缓慢一些，如图 4-19(a)所示，这也叫半 S 加速方式。

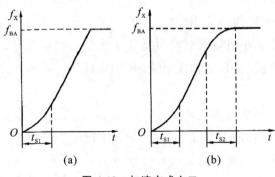

图 4-19　加速方式之二

(a)半 S 加速方式；(b)S 形加速方式

除此以外,像电梯这样的负载,因为人在电梯里,对于加速度的变化是十分敏感的。所以,在电梯运行起始阶段的加速过程,以及快到某一楼层时结束阶段的加速过程,都应尽量地平缓。为此,变频器设置了"S形加速方式"功能,如图 4-19(b)所示。在预置 S 形加速方式时,除了预置所需的加速方式外,还应预置起始阶段和结束阶段的 S 形时间,如图中的 t_{S1} 和 t_{S2} 所示。

有些变频器具有"预励磁"功能,可以增加启动转矩,其原理如下:

由于定子电路是一个大电感电路,如图 4-20(a)所示。电流按指数规律增长,励磁电流的建立需要时间,如图 4-20(b)中的曲线①所示。此外,铁芯又有磁滞和涡流(涡流也是一种感应电流,会阻碍磁通的增长)效应,因此,磁通的增长又要缓慢一些,如图(b)中的曲线②所示。这会影响电磁转矩的增长速度。"预励磁"是在启动时事先在磁路内建立磁场,从而起到了增加启动转矩,加快启动过程的作用。

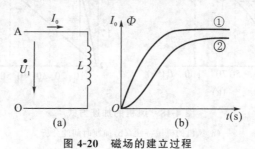

图 4-20　磁场的建立过程

(a)定子绕组电路;(b)励磁电流与磁通

本节要点

1. 变频器的输出频率从 0 Hz 上升至基本频率所需要的时间,称为加速时间。

加速时间预置得长,电动机的转子能够跟得上同步转速的上升,启动电流不大。

加速时间预置得短,电动机的转子跟不上同步转速的上升,启动电流就大,甚至可导致变频器因过电流而跳闸。

2. 预置加速时间的依据有两个方面:

(1)拖动系统的惯性大小;

(2)生产机械对加速时间的要求。

3. 拖动系统的惯性大小可以通过测量拖动系统在工频运行时的停机时间来确定。

4. "加速防失速"功能,就是当加速电流超过上限值时,频率暂停上升,待电流进入允许范围后再继续加速。

5. 快速启动的最佳办法是加大传动比,以减小拖动系统的飞轮力矩 GD^2 的折算值。如不能改变传动比,则只有加大变频器容量,使之不跳闸。

6. 启动频率主要用于克服某些负载的静摩擦力。

7. S 形加速方式主要用于在加速的起始阶段或终了阶段需要减缓加速过程的场合。

8.启动前的直流制动用于保证拖动系统在零速下启动。

三、变频调速系统的减速与停机

(一)电动机变频减速的特点

变频调速系统通过不断降低频率来实现减速和停机。首先需要说明的是频率下降时的电动机状态。

如图 4-21 所示,一台 4 极电动机的运行频率是 50 Hz 时,则旋转磁场的转速是 1 500 r/min,转子的转速为 1 440 r/min,转差为 60 r/min,转子绕组以反向切割磁力线,所产生的电磁转矩推动转子不断旋转。

当把频率下降为 45 Hz,则旋转磁场的转速立刻下降为 1 350 r/min。在频率刚下降的瞬间,转子因为有惯性,转速不能立即下降,转子的转速超过同步转速,转子绕组沿正方向切割磁力线。转子绕组切割磁力线的方向相反,于是转子绕组中感应电动势和电流的方向也和原来相反,电动机变成发电机,称为发电机状态。

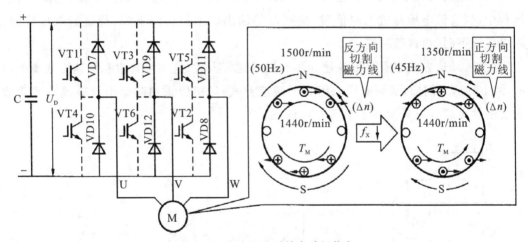

图 4-21　频率下降时的电动机状态

发电机状态所产生的电磁转矩的方向反转,变成制动转矩。在制动转矩的作用下,转子的转速很快地下降到略小于 1 350 r/min 的转速。故发电机状态也叫制动状态。

总之,变频调速系统在减速过程中,电动机处于发电状态。发出来的电,经过逆变管反并联的续流二极管全波整流后反馈给直流端,使直流电压上升,称为泵生电压。

变频器的输出频率下降的快慢用减速时间来描述。减速时间的定义是:从基本频率下降到 0 Hz 所需要的时间,如图 4-22(a) 中的 t_D 所示。减速时间预置得长,电动机的转子跟得上同步转速的下降,转子与同步转速之间的转差基本不变,发电量保持在一定范围内,直流电压不会超过上限值,如图(b)所示。反之,减速时间预置得短,电动机的转子跟不上同步转速的下降,转差增大,转子绕组切割磁力线的速度加快,发电量增大,直流电压降超过上限值,导致过电压跳闸,如图(c)所示。

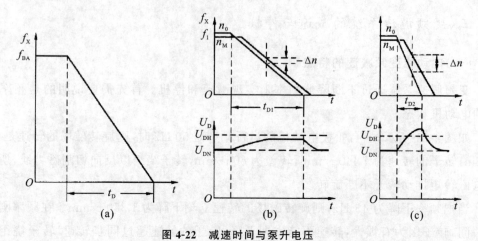

图 4-22　减速时间与泵升电压

(a)减速时间定义;(b)减速慢;(c)减速快

和加速过程相仿,减速时也可以预置防失速(自处理)功能。如图 4-23 所示,在减速过程中,当直流电压超过上限值时,变频器的输出频率将暂停下降,待直流电压降到上限电压以下时,再继续减速。

此外,减速方式也有 S 形减速和半 S 形减速等方式,应用场合也和加速方式类似,如图 4-24 所示。例如,变频电梯采用 S 形减速方式;风机以采用起始半 S 减速方式为宜;而大惯性负载则以采用终了半 S 方式较好。

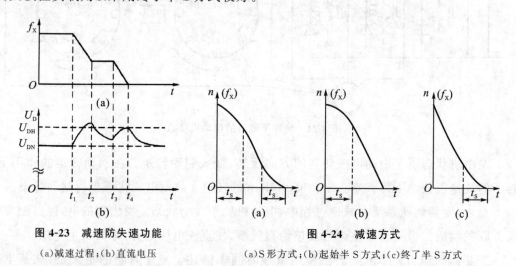

图 4-23　减速防失速功能

(a)减速过程;(b)直流电压

图 4-24　减速方式

(a)S 形方式;(b)起始半 S 方式;(c)终了半 S 方式

(二)异步发电机

发电机是把机械能转换成电能的装置。在各种发电机中,异步发电机比较特殊。

直流发电机,如图 4-25(a)所示,其特点是定子上有磁极,转子是电枢绕组,当原动机带动转子旋转时,转子的电枢绕组因切割定子磁场而产生感应电动势,从而得到电能。

　　同步发电机,如图 4-25(b)所示,其特点是转子上有磁极,定子上则分布着三相绕组。当原动机带动转子旋转时,定子绕组因切割转子磁场而产生感应电动势,从而发电。

　　以上两种发电机的共同特点是都有一个独立的磁场。它们的励磁回路和输出电路是分开的。而所谓发电,都是绕组切割磁通而产生感应电动势。

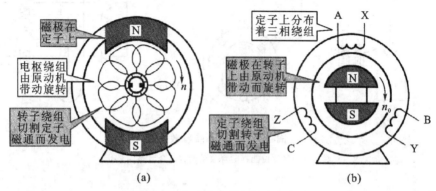

图 4-25　直流发电机和同步发电机

(a)直流发电机;(b)同步发电机

　　异步电动机并没有独立的磁场,它没有一个单独产生磁场的电路。异步电动机必须与三相电源相接后才产生磁场(旋转磁场)。在没有原动机带动的情况下,它是一台电动机。只有当原动机带动它超过同步转速后,它才发电,如图 4-26 所示。

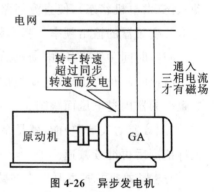

图 4-26　异步发电机

　　在变频调速的运行过程中,异步电动机的发电状态,实质是拖动系统释放机械能的结果。这有两种情况:

　　(1)拖动系统释放位能。如图 4-27(a)所示,当重物下降时,由于有重力加速度的原因,使转子转速超过同步转速,电动机处于发电状态。重物下降的过程是重物的位能减少的过程,即释放位能的过程。

　　(2)拖动系统释放动能。如图 4-27(b)所示,同步转速突然下降,使同步转速低于转子转速,电动机处于发电状态。转速下降的过程是拖动系统的动能减少的过程,或者说,是释放动能的过程。

　　因此,再生制动是电动机把拖动系统释放的机械能转换为电能的结果。

　　归纳减速问题,主要有三点:一是减速的快慢,即减速时间;二是在所预置的减速时间里,对变频器的影响,具体地说,就是对直流电压的影响;三是要满足预置的减速时间内所需要的制动转矩。

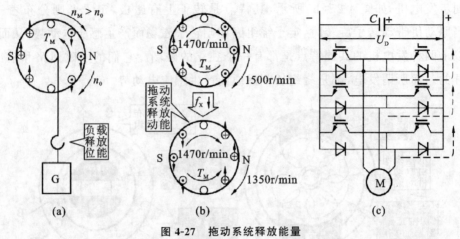

图 4-27 拖动系统释放能量

(a)释放位能；(b)释放动能；(c)全波整流

本节要点

1.变频调速系统通过降低频率来减速和停机。当频率下降时,电动机将处于再生制动状态(发电机状态),使直流回路产生泵生电压。

2.变频器的输出频率从基本频率下降到 0 Hz 所需要的时间,称为减速时间。

减速时间预置得长,电动机的转子能够跟得上同步转速的下降,泵生电压不大。

减速时间预置得短,电动机的转子跟不上同步转速的下降,泵生电压就大,甚至可导致变频器因过电压而跳闸。

3."减速防失速"功能,就是泵生电压超过上限值时,频率暂停下降,待直流电压进入允许范围后再继续减速。

4.S形减速方式主要用于在减速的起始阶段或终了阶段需要减缓减速过程的场合。

四、制动电阻与制动单元

问题的描述:在电压等级相同的情况下,不管容量多大,直流电压的上限值均相同。如何使生产机械快速制动?

(一)制动电阻与制动单元的作用

使生产机械快速制动的方法是通过接入制动电阻和制动单元,把电容器上多余的电荷释放掉,如图 4-28 所示。从能量的观点看,是把电容器上多余的电能,通过制动电阻转换成热能消耗掉。

制动单元用来控制放电:当直流电压超过上限值时,制动单元 BV 导通,电容器放电;当直流电压低于上限值时,制动单元 BV 截止,电容器停止放电。

制动电阻的大小和电动机的制动转矩有关。任何发电机的负载电流增加时,制动

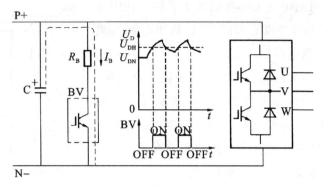

图 4-28　制动电阻和制动单元

转矩都要增大。

如图 4-29(a)所示,减速时异步电动机变成发电机,发出来的三相电流 I_U、I_V、I_W 经全波整流后流过制动电阻 R_B 成为"制动电流"I_B。I_B 的大小取决于直流电压 U_D 和制动电阻 R_B 的比值,即

$$I_B = \frac{U_D}{R_B}\qquad\qquad(4\text{-}3)$$

式中:I_B——制动电流,A;

　　　U_D——直流电路的电压,V;

　　　R_B——制动电阻,Ω。

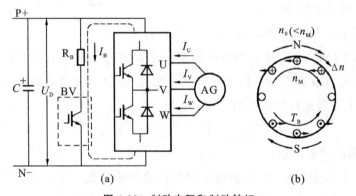

(a)　　　　　　　　　　　(b)

图 4-29　制动电阻和制动转矩

(a)制动电流;(b)制动转矩

(二)制动电阻的阻值

要选择制动电阻的大小,首先要了解制动电阻的大小对制动转矩的影响。这里有两个要点:

(1)发电机的制动转矩也是电磁转矩,与电流和磁通的乘积成正比。在磁通一定的情况下,与电流成正比。

(2)任何发电机的电流大小都取决于负载。在图4-30中,制动电阻就是异步发电机的负载,制动电流 I_B 就是发电状态下的负载电流。

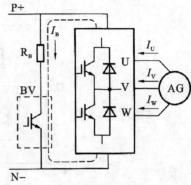

那么究竟需要多大的制动转矩 T_B,才比较合适呢?

首先,这和拖动系统的惯性大小,就是飞轮力矩 GD^2 有关。GD^2 越大,需要制动的制动转矩也越大。

其次,还与拖动系统对减速时间的要求有关。要求的减速时间越短,需要的制动转矩越大。

最后,与拖动系统本身的阻转矩有关。如果拖动系统本身的阻转矩很大的话,附加的制动转矩就可以小一点。表达公式为:

图 4-30 制动电阻对制动转矩的影响

$$T_B = K_J \frac{\sum GD^2 n_{MN}}{t_B} - T_L \tag{4-4}$$

式中:T_B——停机时需要的制动转矩,N·m²;

K_J——比例系数;

$\sum GD^2$——拖动系统的总飞轮力矩,N·m²;

n_{MN}——电动机的额定转速,r/min;

t_B——所预置的减速时间,s;

T_L——拖动系统的阻转矩(包括损耗转矩),N·m²。

在应用式(4-4)时,一个比较困难的问题是难以测定飞轮力矩 $\sum GD^2$。不过,在实际工作中,制动转矩没有必要计算得十分准确。实际应用中,制动转矩的大小在电动机额定转矩的基础上适当进行调整即可,即

$$T_B = K_B T_{MN}$$

式中:K_B——制动转矩系数。

K_B 的取值范围为 0.8～2.0,根据生产机械的具体情况而定。大多数生产机械可取 $K_B = 1$;惯性比较大的,如龙门刨床,可取 $K_B = 1.5$;钢厂和矿山的某些大型机械,则可取 $K_B = 2$。

根据统计规律,当制动电流等于电动机额定电流的 1/2 时,制动转矩与电动机的额定转矩近乎相等,有

$$I_B = \frac{I_{MN}}{2} \rightarrow T_B = T_{MN}$$

式中:I_B——制动电流,A;

I_{MN}——电动机的额定电流,A。

当 $T_B = K_B T_{MN}$ 时,需要的制动电流为

$$I_B = \frac{K_B I_{MN}}{2} \qquad (4-5)$$

又因为每千瓦电动机的额定电流为 2 A,所以式(4-5)可以进一步简化为

$$I_B = K_B |P_{MN}| \qquad (4-6)$$

式中:$|P_{MN}|$——电动机额定功率的千瓦数。

只要能够满足所要求的减速时间,制动电流稍微大一点或小一点,对制动过程而言,差别不大,无非是制动电流偏大时,制动转矩也大一点,如图 4-31 所示,图(a)是制动电流偏大的制动过程,图(b)是制动电流较小的制动过程。

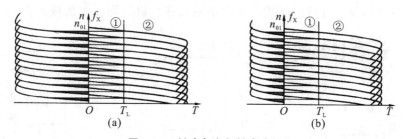

图 4-31 制动电流和制动过程

(a)制动电流偏大;(b)制动电流较小

在得到制动电流大小后,制动电阻可按如下公式求得:

$$R_B = \frac{U_{DH}}{I_B} \qquad (4-7)$$

式中:U_{DH}——直流电压的上限值,V。多数变频器 U_{DH} 取 700 V,有的高达 800 V,国产变频器也有用 650 V。

把式(4-5)和式(4-6)代入式(4-7),可直接算出制动电阻:

$$R_B = \frac{2U_{DH}}{I_{MN}} \qquad (4-8)$$

或

$$R_B = \frac{U_{DH}}{|P_{MN}|} \qquad (4-9)$$

(三)制动电阻的容量

问题描述:厂里有一台 37 kW 的变频器,电动机的额定电流是 69.8 A。按说明书配用的制动电阻是 20 Ω、3 kW 的,运行时烫得厉害。如何来选择制动电阻的容量呢?

问题解析,按照上面公式有:

由式(4-8)得

$$R_B = \frac{2U_{DH}}{I_{MN}} = \frac{2 \times 700}{69.8} = 20(\Omega)$$

由式(4-9),得

$$R_B = \frac{U_{DH}}{|P_{MN}|} = \frac{700}{37} = 19(\Omega)$$

制动电阻值符合系统需求。它在接入电路时消耗的功率是

$$P_{B0}=\frac{U_{DH}^2}{R_B}=\frac{700^2}{20}\div 1000=24.5(\text{kW})$$

理论上分析,变频器选用的制动电阻的容量小,所以运行时烫得厉害。

为了便于说明问题,以厂里的输煤机来做例子,如图 4-32(a)所示。当直流电压超过 U_{DH1} 时,制动单元 BV 导通(ON),电容器通过制动电阻放电;当直流电压低于 U_{DH2} 时,制动单元 BV 截止(OFF),电容器停止放电。U_{DH1} 和 U_{DH2} 之间有一个"回差",是为了防止 BV 动作过于频繁而设的,如图 4-32(b)所示。输煤机的工作特点是,上班时开机,下班时停机,中间时间很少开机和停机。制动电阻只在停机过程中才被接通。

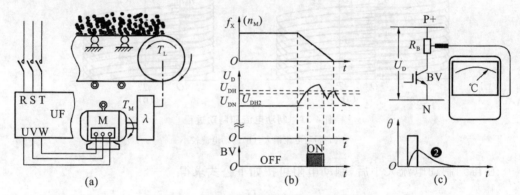

图 4-32　输煤机拖动系统中制动电阻的工况

(a)带式输煤机;(b)制动电阻工况;(c)制动电阻的温升

本例中,加速时间和减速时间都是 10 s。从图 4-32(b)看,真正通过制动电阻放电的时间只有 6 s 左右,即制动电阻真正通电的时间大约为减速时间的一半多一点。当变频器频率从 50 Hz 下降到 40 Hz,所需的减速时间的计算方法为:

$$\frac{10}{50}=\frac{x}{50-40}$$

得 $x=2\text{ s}$

所以制动电阻真正通电的时间只有 1 s 多一点。可见,制动电阻属于"短时工作制",通电的时间很短,在通电时间内,温度上升得不多,而休息的时间却很长,在休息期间,温升足以降到 0 ℃。所以,这台电动机没有必要选择理论值为 24.5 kW 的电阻。

实际选择制动电阻容量的方法是:

所算出的 24.5 kW,叫作"运行功率",是当它接入电路时消耗的功率。配用的制动电阻的功率(3 kW)可以叫"实选功率",两者之间的关系是

$$P_{BS}=\alpha P_{B0} \tag{4-10}$$

式中:P_{BS}——制动电阻的实选容量,kW;

　　P_{B0}——制动电阻的运行功率;

α——修正系数。

配用的制动电阻的修正系数是

$$\alpha=\frac{P_{BS}}{P_{B0}}=\frac{3}{24.5}=0.12$$

针对不同生产机械的具体情况,α的取值范围为 α＝0.12～0.9。

更简单的算法,把制动电阻的容量直接与电动机容量挂起钩来,即

$$P_{BS}=K_{C}P_{MN}\tag{4-11}$$

式中:K_{C}——容量修正系数。K_{C} 的取值范围为 K_{C}＝0.08～0.6。

对于类似输煤机那样,加减速不频繁的机器来说,取 α＝0.12(或 K_{C}＝0.08)适宜。作为变频器的生产厂家来说,它不可能生产修正系数各不相同的多种规格的制动电阻。所以,变频器说明书上的制动电阻的容量,其范围通常是 α＝0.12～0.3 或 K_{C}＝0.08～0.2。

当生产机械需要频繁地加、减速时,例如龙门刨台,在一个切削周期中,就有:低速切入工件、正常切削、(降速)低速退出工件、(降速至 0 后)高速返回、(降速)低速换向、(降速至 0 后)转换为下一周期的正向切削,如图 4-33(a)所示。在一个周期内,降速次数就达 4 次,而每个切削周期只有几秒钟,要切削完一个工件,需要数十个乃至上百个周期。制动电阻的工况如图(b)所示,它通电的次数是十分频繁的,对于这类负载,取 α＝0.12(或 K_{C}＝0.08)显然太小,但它属于断续运行,而不是连续运行,所以没有必要按照运行功率(P_{B0}＝24.5 kW)来选,而应选 α＝0.45～0.75(或 K_{C}＝0.3～0.5)。厂里那台制动电阻冒烟的机器,加、减速可能比较频繁,故要加大制动电阻的容量,修正系数改为 0.2,制动电阻选 20 Ω、5 kW。

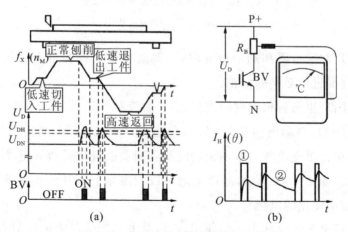

图 4-33　龙门刨床中制动电阻的工况

(a)龙门刨床工况;(b)制动电阻的温升

问题二描述:商场里的下行扶梯,电动机在绝大多数时间内都处于再生制动状态。修正系数 α 的上限值为什么是 0.9 而不是 1.0 呢?

问题二解析:为了方便起见,仍假设用 37 kW、70 A 的电动机,制动电阻也仍为 R_B=20 Ω。扶梯下行时,因为有重力加速度的原因,电动机转子的转速很可能长时间超过同步转速而处于再生制动状态。在这种情况下,制动电阻的工况为:

当直流电压 U_D 高于上限值 U_{DH1} 时,制动单元 BV 导通,滤波电容器上的电荷通过制动电阻放电,放电的速度将超过充电的速度,故直流电压下降。当直流电压 U_D 低于回差电压 U_{DH2} 时,制动单元 BV 截止,滤波电容器停止放电。由于再生制动过程还在继续,直流电压又将上升,上述过程将重复进行。

因此,即使像如图 4-34(a)所示的下行扶梯那样,电动机长时间处于再生制动状态的情况,制动电阻也并未连续工作,而是如图(b)所示,处于断续工作状态。当然,这时候的修正系数应该取上限值。

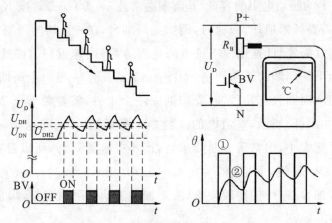

图 4-34 连续制动时制动电阻的工况

(a)下行扶梯工况;(b)制动电阻的温升

所以,当使用制动电阻和制动单元时,不要随便套用说明书上的规格,而应根据生产机械的实际情况进行必要的修正。

问题三描述:厂里两台机器同时出问题:一台变频器带载 37 kW、70 A 的电动机,制动电阻为 R_B=20 Ω,制动电阻烧坏;另一台是 11 kW、22.6 A 的提升机,变频器为 15 kW、30 A,制动单元出现故障。本地无法购买到制动电阻和制动单元,该如何处理呢?

问题三解析:如图 4-35 所示,制动电阻可以到市场上买几根电热管来代替电炊壶、电饭煲或热水器中使用的电热管。

首先,将 3 根电热管串联为一组使用,原因是电热管的额定电压只有 220 V,而变频器的直流电压上限值要高达 700 V。

其次进行计算:先计算每根电热管的电阻,然后再计算一下应该并联几组,买多少根。如下:

(1)每根电热管的电阻。现在市场较多的是 2 kW、220 V 的电热管,每根电阻是

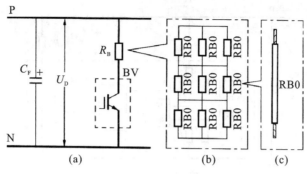

图 4-35 自制制动电阻

(a)能耗电路;(b)自制制动电阻;(c)单根电热管

$$R_{B0} = \frac{U^2}{P} = \frac{220^2}{2000} = 24.2(\Omega)$$

(2)3 根串联的等效电阻是 $R_{B1} = 3R_{B0} = 3 \times 24.2 = 72.6(\Omega)$

(3)需要的组数。

需要的阻值是 $R_B = 20\ \Omega$,R_{B1} 和 R_B 的关系是

$$R_B = \frac{R_{B1}}{n}$$

式中:n——需要并联的组数。

$$n = \frac{R_{B1}}{R_B} = \frac{72.6}{20} = 3.63$$

惯性大的,制动电阻值应小一些,取 $n = 4$;反之,惯性小的,制动电阻阻值可以大一些,取 $n = 3$。

这里取 $n = 3$,9 根电热管的合成电阻是:

$$R_B = \frac{R_{B1}}{n} = \frac{72.6}{3} = 24.2(\Omega)$$

比 20 Ω 略大一点。电热管冷态电阻值要比 24.2 Ω 略小一些,正好合适。

9 根电热管的总功率是:

$$P_{B\Sigma} = 9P_0 = 9 \times 2 = 18(kW)$$

制动电阻功率满足实际需要。

(四)制动单元及应急措施

对于制动单元故障,首先要了解一下制动单元原理。如图 4-36 所示,U_A 是与直流上限电压 U_{DH} 成正比的基准电压,U_S 是与实际的直流电压 U_D 成正比的采样电压。当直流电压超过上限值时 $U_D > U_{DH}$,则 $U_S > U_A$。经过比较器比较后,C 点为高电位,控制驱动电路输出正电压(U_{CE} 为正),IGBT 管 VT 导通,直流电压通过制动电阻 R_B 放电。

当直流电压低于上限值时 $U_D < U_{DH}$,从而 $U_S < U_A$。经过比较器比较后,C 点为低

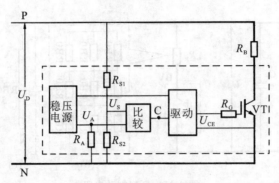

图 4-36　制动单元的框图

电位,控制驱动电路输出正电压(U_{CE}为负),IGBT 管 VT 截止,停止放电。

当制动单元损坏后,应急措施需要解决两个问题:

第一是用什么来代替 IGBT 管 VT? 在手头没有 IGBT 管的情况下,可以用一个交流接触器,把 3 对触点串联起来代替,如图 4-37 所示。

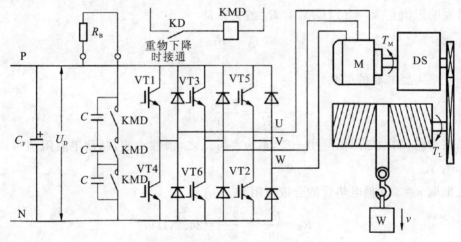

图 4-37　代替制动单元的应急措施

触点串联起来有两个方面的原因:

(1)耐压。用于 380 V 电路里的交流接触器主触点的耐压,通常是 500 V,而变频器的直流回路的电压可以高达 700 V,所以必须 3 对触点串联。

(2)灭弧。交流接触器和直流接触器的一个重要区别,就是灭弧系统不一样,交流接触器的灭弧功能要差些,用三对触点串联,三个地方同时断开,有利于灭弧。实践证明,如果每对触点都并联一个电容器的话,火花会减轻很多。

第二件是何时接通接触器的线圈,这里有两种情况:

(1)位能负载下行。所谓位能负载,就是如起重机械、下行扶梯等凡有重力加速度起作用的负载,都是位能负载。对于这类负载,只要在下行时使接触器线圈得电即可。

（2）非位能负载。对于一般负载，再生制动状态发生在频率下降之时，所以每次减速使接触器线圈得电即可。

若要把消耗在制动电阻上的能量利用起来有两种办法可以实现，如图 4-38 所示。

第一种办法，在一台综合性大型机器上有多台变频器时，可把它们的直流母线并联起来，如图 4-38 所示。由于多台电动机不大可能同时加速、同时减速。所以，处于减速状态的电动机发出来的电，正好供给正常运行或处于加速状态的电动机。一般说来，不再需要制动电阻和制动单元了。即使需要，所需制动电流也较小。

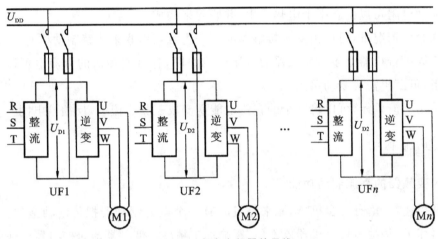

图 4-38　多台变频器的母线

第二种方法是，不用制动电阻和制动单元，而是用回馈单元。所谓回馈单元，就是能够把多余的直流电又逆变成交流电，再反馈给电网，如图 4-39 所示。图中，RG 就是回馈单元，它的输入端与变频器的直流电路相接，输出端与电网相接。当直流电压超过上限值时，RG 就开始工作，把变频器多余的直流电回馈给电网。在这种情况下，直流电压的上限值可以定得低一些。

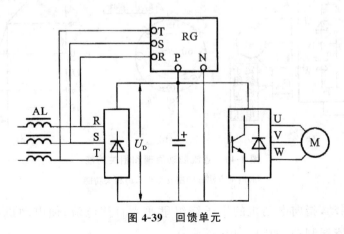

图 4-39　回馈单元

本节要点

1. 为了使快速制动时变频器不因过电压而跳闸,在直流回路中可以接入制动电阻和制动单元。当直流电压超过上限值时,能够通过制动电阻放电。

2. 制动电流的大小取决于制动电阻,当制动电流等于电动机额定电流的一半时,再生制动转矩约等于电动机的额定转矩。

3. 制动电阻的工况属于断续工作制,其容量应该在运行功率的基础上,乘以修正系数。修正系数的大小由制动电阻的工况决定。

4. 制动电阻可以由若干个电热管串、并联起来构成。

5. 在紧急情况下,可以由交流接触器的三个主触点串联来代替制动单元。

6. 将同一台机器上多台变频器的直流母线并联,各台变频器的直流电可以互补,一般情况下,可不再需要制动单元。

7. 采用回馈单元,可以将多余的直流电能逆变成三相交流电,反馈给电网。

五、直流制动

(一)变频器的直流制动功能

问题描述:厂里有一台机器,原来停机时有一个电磁制动器把传动轴抱住。现在电磁制动器坏了,每次停机时机器停不住,影响加工精度。变频器能否使机器停住?

问题解析:安装电磁制动器的机器有两种情况:一种是带有位能性质的机器,在停机的状态下有可能自行向下移动,必须使用电磁制动器才可以使机器保持停住;另一种是仅仅用电磁制动器使机器快速停住,停住后即使松开机器也会保持停止。出故障的机器属于第二种情况。可通过预置"直流制动"功能来实现,如图 4-40 所示。

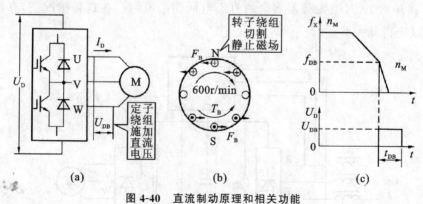

图 4-40 直流制动原理和相关功能

(a)制动方法;(b)制动原理;(c)相关功能

所谓直流制动,指向电动机的定子绕组里通入直流电流,使电动机迅速停住,在电力拖动里,称为能耗制动,如图 4-40(a)所示。

　　在变频器里,只要预置了直流制动功能,就会自动地在定子绕组上施加直流电压。直流制动的原理如图 4-40(b)所示,当定子绕组里通入直流电流后,所产生的磁场就是在空间位置上固定的静止磁场,当转子尚在旋转时,转子绕组将切割静止磁场,产生感应电动势和电流,感应电流又和静止磁场相互作用而产生电磁转矩,其方向阻止转子继续旋转,所以是制动转矩,它将使转子迅速停下来。

　　变频器内,和直流制动相关的功能有三个:

　　(1)直流制动的起始频率。一般情况下,首先使用降低频率的方法,使转速降了下来。待转速降到一定程度时,再加入直流制动。究竟降到哪个频率才开始实行直流制动,需要由用户根据生产机械的具体要求来进行预置。

　　(2)施加直流电压的大小。相当于预置多大的制动转矩。

　　(3)施加直流电压的时间长短。一般来说,直流制动停住机器所需要的时间只有零点几秒,但有的时候,在停住之后往往还要求稳住一个短时间。所以,可以由用户自行预置。

　　预置这三个功能方法需根据自己的经验,遵循如下基本原则:

　　首先,关于直流制动的起始频率,应该尽量地低一些。由于直流制动力很大,在转速较高时实施直流制动,将使拖动系统的各轴受到很大的剪切力,影响其使用寿命。一般设定为 25 Hz 以下为宜。

　　其次,施加的直流电压,根据经验,30 V 已经足够,不要超过 50 V。

　　再次,施加直流电压的时间,如果仅仅要求快速停住,则 0.5 s 可满足要求。如果在停机后还希望能稳住一个短时间,则可以预置 1～2 s。时间过长,容易烧坏电动机的绕组。

　　问题描述:厂里有一台设备要求尽可能缩短停机时间,该如何实现呢?

　　要缩短停机时间,一般不采用加大传动比的办法。如图 4-41 所示,基本措施主要是两条:

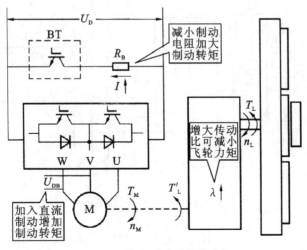

图 4-41　缩短减速时间的途径

（1）增大再生制动转矩。具体方法是减小制动电阻值，或者说是增大制动电流，从而增大制动转矩，缩短减速时间。

（2）加入直流制动。直流制动时的制动转矩通常都大于再生制动的制动转矩。所以，在需要快速停机的情况下，可以通入直流制动，以达到缩短停机时间的目的。

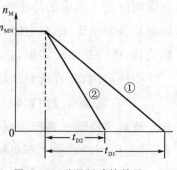

图 4-42　磁通制动的效果

除此以外，ABB 变频器还增加了一种磁通制动功能，就是在减速或停机时，加大励磁电流，增加磁通，从而加大制动转矩，缩短制动时间。如图 4-42 所示，图中曲线①是一般减速过程，曲线②是加入磁通制动后的减速过程。由图知，加入了磁通制动后，减速时间将缩短。

（二）外部直流制动

问题描述：矿里有一台巷道车，已经配备了变频器，可变频器常跳闸，由于液压抱闸反应比较慢。每次跳闸，巷道车要下滑五六米远，很危险，该如何解决呢？

问题解析：在变频器跳闸时，向电动机绕组里注入直流电流，进行外接直流制动。

直流电流可预先进行存储如图 4-43 所示。在电容器 C_2 上充电，充电电流可以很小。当变频器跳闸时，令接触器 KM 得电，触点闭合，C_2 对电动机放电，使电动机进行直流制动。这就是小电流充电，大电流放电。一只 0.1F 的电容器，充到 30 V 左右的电压可满足要求。这需要一个二次侧电压为 24 V 的变压器，电容器 C_1 和 C_2 上的电压是可以充到交流电压的峰值的，故

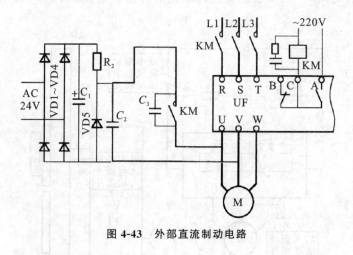

图 4-43　外部直流制动电路

$$U_D = 1.41 U_A = 1.41 \times 24 = 33.84 (V)$$

电容器 C_2 只是起储存电能的作用，并不是一直放电。如果充电电流是 0.5 A，计算

充电时间的方法为：

充电到 33 V 时的电荷量是 $Q=CU=0.1\times33=3.3(\mathrm{C})$

充电的时间常数是 $t=\dfrac{Q}{I}=\dfrac{3.3}{0.5}=6.6(\mathrm{s})$

实际充电时间约为时间常数 3～5 倍,大约 20 s。

变压器的容量：

$$S=UI=24\times0.5=12(\mathrm{VA})$$

选 15 VA 可满足需求。

二极管 VD5 的作用是续流,同时,也保护电容器 C_2,防止因为电动机有续流电流而使 C_2 反方向放电。可按电动机额定电流的一半来选择 VD5。

直流电压加到电动机侧,并不会对变频器有影响。原因是变频器的故障继电器动作时,6 个逆变管已经封锁。如果在 6 个逆变管未封锁的情况下加入直流电压,逆变管会损坏。

本节要点

1.为了使电动机能够迅速停住,可以进行直流制动,向电动机内通入直流电流。

2.在进行必要的功能设置后,变频器能够自动地向电动机注入直流电流。需要预置的功能是:(1)直流制动的起始频率。(2)直流制动电压。(3)直流制动的持续时间。

3.为了防止在变频器跳闸后,电动机不能立即停住而可能引起的危险,可以在变频器跳闸后,从外部向电动机通入直流电流,进行直流制动。

4.外部的直流电源可以事先在大容量电容器上充好电待用。

5.直流制动的电压可取 30 V。

六、变频器的保护功能

(一)过载和过电流的区别

问题一描述:厂里使用了很多变频器,难免出现各种各样的故障跳闸。大多数电气设备里,过载和过电流是一回事,过载必过电流,过电流也一定过载。为什么变频器里把过载保护和过电流保护分开了呢?

问题解析:一个变频调速系统里必须同时有两种设备,变频器和电动机。两者各有自己的额定电流,两者在超过额定电流时后果并不相同。有时,变频器容量还要比电动机大一档,则两者的额定电流差别较大。所以,把对电动机的保护称为过载保护,而把对变频器自身的保护称为过电流保护。

超过额定电流的后果不同:电动机主要是绝缘材料的碳化。变频器则是 IGBT 管的关断时间将延长,从而使上下两个 IGBT 管交替导通的过程中,容易"直通"。此外,关断时间的延长,又并不完全取决于温度,当集电极电流增大后,"载流子"增多,也会延长关断时间。

问题二:什么是反时限特性?

所谓反时限特性,是指保护动作的时间和过载的倍数之间的关系。过载的倍数越大,产生的热量越多,温度上升得快,保护动作的时间越短,如图 4-44(a)所示。

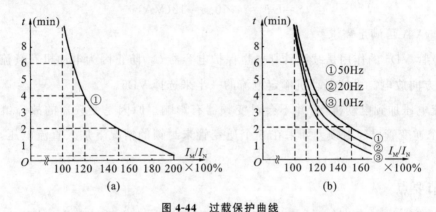

图 4-44 过载保护曲线

(a)工频运行时的保护曲线;(b)不同频率的保护曲线

问题三:变频器里的电子热保护功能和热继电器的功能有什么区别?

热继电器是模拟电动机的发热过程设计的。在模拟过程中,有几个问题难以解决:

(1)热继电器和电动机的发热特性不一致;

(2)热继电器和电动机所在位置的环境温度和散热条件不一样;

(3)电动机的转子铜损、铁损和机械损耗等无法在热继电器中得到反映;

(4)电动机的散热时间常数比发热时间常数大,而热继电器则两者相等。因此,当电动机拖动断续负载和变动负载时,热继电器和电动机在发热方面的差异更大。

变频器里的电子热保护功能是通过计算得到的,它能够尽量地把各方面的因素考虑进去,从而使保护功能更为准确。

除此以外,根据电动机频率越低,散热条件越差等特点,变频器可以根据运行频率自动地改变保护特性,如图 4-44(b)所示。

问题三描述:变频器的过电流保护也有反时限特点吗?

问题三解析:有反时限特性。如图 4-45 所示,变频器说明书上一般都标明,过载能力是:150%,1 min。部分说明书上标明,当输出电流达到额定电流的 200%时,允许的过载时间为 0.5 s,如图 4-45 所示。所以,它也具有反时限特点。

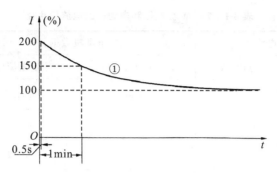

图 4-45 变频器的过电流保护曲线

问题四描述：变频器根据什么来判断是过载还是过电流？

问题四解析：如图 4-46 所示，当电流超过了电动机的额定电流时，若没有超过变频器允许的电流，则根据过载系数的大小，经过一定时间变频器过载跳闸，如图（a）所示。如果电流超过了变频的允许电流范围，变频器就实施过电流跳闸，如图（b）和图（c）所示。

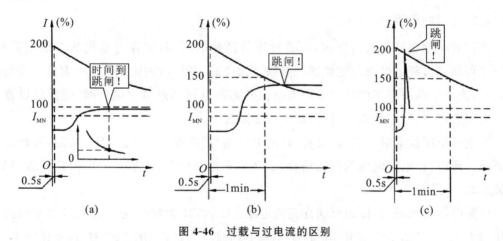

图 4-46 过载与过电流的区别

（a）过载；（b）重载过电流；（c）冲击过电流

问题五：当变频器的容量比电动机大了一档，变频器如何了解电动机的额定电流呢？

通过人为设定变频器中的"电流取用比"的功能来确定，定义如下

$$I_M\% = \frac{I_{MN}}{I_N} \times 100\% \tag{4-12}$$

式中：$I_M\%$——电流取用比；

I_{MN}——电动机的额定电流，A；

I_N——变频器的额定电流，A。

以 75 kW 的变频器和电动机为例，电流取用比如表 4-1 所示。

表 4-1　75 kW 变频器和电动机的电流取用比

变频器型号和电流		电动机数据		电流取用比
型号	额定电流(A)	额定转速(r/min)	额定电流(A)	
艾默生 TD3000	152	1480	139.7	0.92
		980	142.4	0.94
		740	152.8	1.01
安川 CIMR-G7	165	1480	139.7	0.85
		980	142.4	0.86
		740	152.8	0.93

表 4-1 表明,即使在变频器的容量和电动机相配的情况下,由于变频器型号的不同、电动机磁极对数的不同,电流取用比也不一样。所以,严格地说,都应该预置电流取用比。

(二)过载的原因

在接近于额定频率的高频区,负载过重是过载的原因,但在电动机的电压偏低时,电流也可能超过额定电流。变频器载波频率太高时,变频器的输出电压会偏低。需要说明的是,当由于载波频率偏高而导致电动机的运行电流超过额定电流时,电流的过载幅度一般不会很大,所以只能是过载,而不可能是过电流。

当电源电压偏低时,变频器设置"自动电压调整"功能(代号是 AVR 功能)可自动进行补偿。所以,在电源电压偏低的场合,或者电源电压经常波动的场合,应该预置 AVR 功能有效。

电源电压的高低,具体地反映在直流电压上。AVR 功能的实施,是变频器根据直流电压的大小,通过调整输出电压的占空比来实现的。当直流电压偏高时,占空比变小,如图 4-47(a)所示;反之,当直流电压偏低时,占空比变大,如图 4-47(b)所示。变频器由于采用了正弦脉宽调制技术,比较方便进行调整。

至于输出电压,因为它要随频率、转矩提升的预置值,或者经过矢量变换的计算结果而不断改变,无法得到一个基准值,所以不能作为调整依据。除此以外,电动机在低频运行时,如果负载太轻,也会"过载"。

如图 4-48 所示,低频轻载时,转矩提升功能预置偏大时,励磁电流将发生畸变,出现尖峰电流,使变频器因过电流而跳闸。如果转矩提升功能预置得偏大,磁路的饱和程度并不严重,励磁电流的峰值不足以超过变频器的额定电流,但超过电动机的额定电流,电动机也会"过载"。

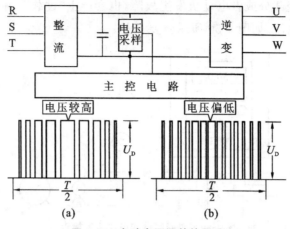

图 4-47 自动电压调整的原理

(a)电压较高的波形;(b)电压偏低的波形

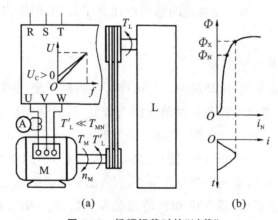

图 4-48 低频轻载时的"过载"

(a)转矩提升不当;(b)励磁电流

因为变频器输出电压是高频脉冲电压,所以当电动机和变频器之间的距离很远时,通过导线与导线之间的分布电容的漏电流增加。这些漏电流将会反映到变频的输出电流上,当电动机的负载接近于额定负载时,变频器也会以为电动机过载,如图 4-49 所示。虽然,这种"过载"对电动机并无影响。

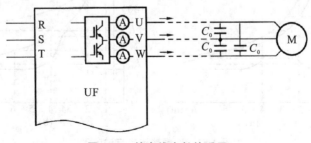

图 4-49 输电线太长的后果

当变频器的逆变部分或者电动机发生故障,也会产生"过载"。检查的方法是测量变频器的输出电压和电流,如图 4-50 所示。要点是:

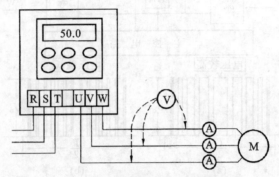

图 4-50 对变频器和电动机的检查

变频器的输出电压必须绝对平衡,如果不平衡,则必定是逆变电路出现故障,应检查逆变模块和驱动电路。如果变频器的输出电压是平衡的,但输出电流不平衡,则问题在电动机或线路上。

(三)过电流的原因

第一个原因是负载很重,电动机的运行电流持续地超过变频器的额定电流,如图 4-46(b)所示。因为变频器逆变管的过载承受能力较低,所以会先产生过电流跳闸。需要说明的是,先发生变频器过电流跳闸,实际上是变频器选择不当。例如,电动机的容量是 75 kW,额定电流是 142.4 A,其过载保护曲线如图 4-51(a)中的曲线①所示。和它适配的变频器容量是 114 kVA,额定电流是 150 A,虽然比电动机的额定电流略大,但它的过电流保护曲线如曲线②所示,低于电动机的过载保护曲线。当电动机的负载是变动负载或断续负载时,其运行电流有可能超过变频器的过电流保护曲线,如曲线④所示,从而导致"过电流"跳闸。因此,如果电动机的负载是连续变动或断续负载时,变频器的容量应该比电动机加大一档,如图 4-51(b)所示。

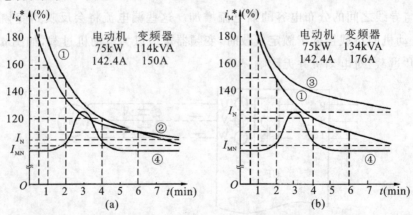

图 4-51 变频器选择与过电流

(a)变频器与电动机适配;(b)变频器加大一档

第二个原因是负载很轻,但转矩提升量预置过大,使励磁电流严重畸变,其尖峰电流超过了变频器的过载承受能力,如图 4-52(a)所示。

第三个原因是加速时间预置过短,使电动机的启动电流超过了变频器的承受能力,如图 4-52(b)所示。

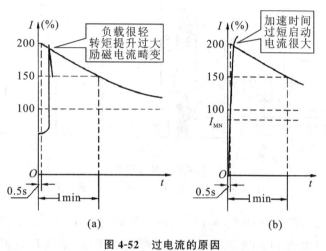

图 4-52　过电流的原因

(a)轻载转矩提升过大;(b)加速太快

第四个原因是减速时间预置得太短,对于配置了制动电阻和制动单元的变频器来说,直流过电压被抑制,如图 4-53(a)所示。当减速太快时,电动机的转子跟不上同步转速的下降,转差增大,转子绕组的感应电动势和电流都增大,也会引起过电流跳闸。如图 4-53(b)所示。

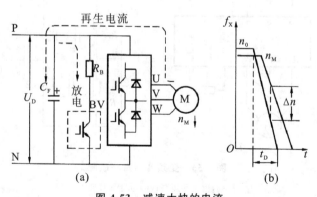

图 4-53　减速太快的电流

(a)过电压被能耗电路抑制;(b)减速太快

第五个原因是冲击负载。

有的机器靠离合器和减速器相连接。电动机先空载启动到一定的工作频率,但生产机械不动。在工序需要时,将离合器吸合,生产机械旋转,如图 4-54(a)所示。当离合器吸合的瞬间,电动机的转速下降,如图 4-54(b)所示,出现冲击电流,如图 4-54(c)所示。

另有一种塑料机械,有一道工序叫"发泡",每次"发泡"电动机的电流都特别大,甚至堵转。此外,如果生产机械在运行过程中发生卡住现象,也会引起过电流。

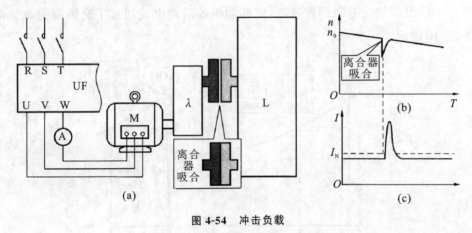

图 4-54 冲击负载

(a)离合器;(b)机械特性的反映;(c)电动机电流

第六个原因是短路。如图 4-55(a)所示,变频器的输出侧短路。变频器并不能区分外部短路引起的过电流和其他原因引起的过电流。所以,短路后它显示的故障原因也是过电流。现在的变频器对于输出侧短路已经能进行可靠的保护。

如图 4-55(b)所示,变频器内部的逆变电路的桥臂直通。导致桥臂直通的根本原因,是 IGBT 管的"关断时间"的延长。而引起延长的主要原因大致有:IGBT 管老化、环境温度过高以及集电极电流过大等。

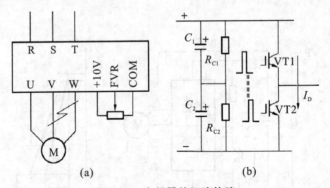

图 4-55 变频器的短路故障

(a)输出侧短路;(b)逆变管直通

(四)过电压故障的原因

第一是减速太快,如图 4-56(a)所示。这是从负载侧引起的过电压。

第二是电源侧输入过电压。例如:变电所里的电容补偿柜合闸后,在暂态过程里会产生冲击电压,如图(b)所示。当雷电通过电源线窜入时,由于滤波用的电解电容具有一定的电感,不能吸收频率很高的雷电冲击波,也会导致变频器过电压跳闸,如图(c)

所示。

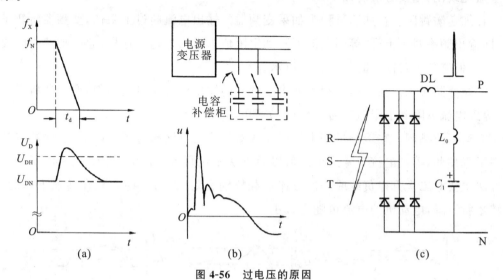

图 4-56 过电压的原因

(a)减速太快；(b)电容柜合闸；(c)雷电

（五）欠电压故障的原因

1.电源电压过低或短时间停电；

2.变频器里的限流电阻烧断，如图 4-57(a)所示；

3.电源缺相，如图 4-57(b)所示；

4.同一网络内有大容量电动机直接启动，导致电压瞬间下降，如图 4-57(c)所示。

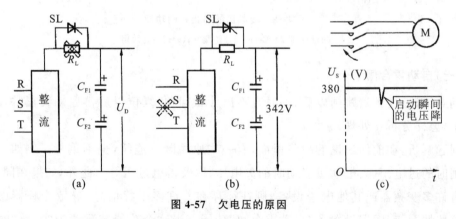

图 4-57 欠电压的原因

(a)限流电阻烧断；(b)电源缺相；(c)大电动机启动

（六）无谓跳闸的防止

变频器说明书里有一种"防失速"功能，应称为"防止跳闸"功能。在变频器的保护功能中，有一部分故障必须跳闸保护，例如，短路故障、计算机的软件故障；但也有一部分故障并不是非跳闸不可，例如，部分过电流或过电压故障等。对于后一种故障，变频器就要尽量避免跳闸，主要方法有以下几种：

1.加速防跳闸。在加速过程中如果变频器的输出电流超过上限值，变频器将暂不加速，即输出频率暂不上升，等到电流下降到上限值以后再加速。这样，总的加速时间要延长一些，但避免了跳闸，如图 4-58(a)所示。

2.减速防跳闸。在减速过程中如果变频器的输出电流超过上限值，变频器将暂不减速，等到电流下降到上限值以后再减速，如图 4-58(b)所示。

3.运行防跳闸。在运行过程中如果变频器的输出电流超过了上限值，变频器将输出频率下降一些，等到电流下降到上限值以后再恢复到原运行频率，如图 4-58(c)所示。这种方法主要对二次方律负载或一次方律负载特别有效，因为这些负载在转速下降后，负载转矩将下降，电动机的电流也随之减小。

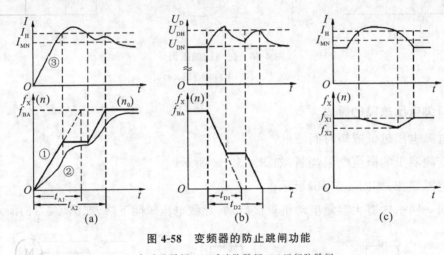

图 4-58 变频器的防止跳闸功能
(a)加速防跳闸；(b)减速防跳闸；(c)运行防跳闸

（七）自动重合闸

问题描述：变频器跳闸以后，一时查不出什么问题，复位以后再启动又正常，对于这种情况，怎样分析和处理？

问题解析：在前面讨论的故障里面，有一些原因既不连续，也不重复。例如，补偿电容合闸时的过电压、大电动机启动时的欠电压，以及雷电过压等。此外，如果在同一个网络中有许多变频器或其他电子设备，则往往存在着许多干扰信号，导致变频器误动作。针对这些情况，变频器设置了"自动重合闸"功能。当这个功能被预置为"有效"时，变频器一旦发生故障，变频器虽然也立即将逆变管封锁，但故障继电器并不动作，因而变频器的电源不会被切断。经过由用户预置的等待时间 t_{sp} 后，变频器将自动地再"合闸"，重新把逆变管打开。这时，变频器的输出频率并未改变，和跳闸前相同，如图 4-59(a)所示。如果 t_{sp} 预置得很短，则因为拖动系统有惯性的原因，电动机的转速几乎未变，变频器就好像没有发生过故障一样。通常，变频器可以重合闸多次，有的变频器最多可合闸

10次。

与此相仿的还有"瞬间停电的重合闸"功能。所谓瞬间停电是指停电的时间很短,在停电的时间内,变频器的控制回路尚处于工作状态,在此期间,变频器封锁逆变管,故障继电器不动作,等到重新来电时,变频器再重新合闸。

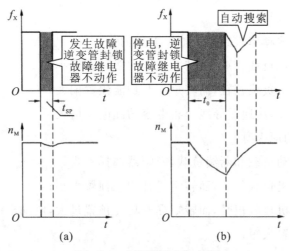

图 4-59　变频器重合闸功能

(a)跳闸后重合闸;(b)瞬间停电重合闸

瞬间停电的重合闸功能与发生故障后的重合闸功能的主要区别在于用户无法控制停电时间 t_0,一般情况下,t_0 比 t_{SP} 长。在 t_0 时间内,电动机的转速有可能已经下降得比较多。这时,变频器的输出频率和电动机的实际转速之间,已经不相吻合,变频器需要有一个自动搜索电动机转速的过程。

自动搜索电动机转速的过程大致是:首先恢复到停电前的输出频率,如果输出电流超过允许值,则降低输出频率,一直到变频器的输出电流接近于电动机的额定电流,这时的输出频率就是和电动机的实际转速吻合的频率,然后变频器再按"加速时间"把输出频率上升到停电前的工作频率,如图 4-59(b)所示。

停电后变频器的工作方式:

变频器里有三种直流稳压电源:直流主电源、驱动电源和控制电源。由于对稳压要求的不同,它们在过渡过程中的时间常数也各不相同。控制电路中主要是计算机电路,对稳压的要求最高,时间常数也最长,一般可达几十秒。所以,变频器在每次停电后,都要显示"欠压"故障,就是因为,直流电路的时间常数最短,放电最快,而计算机却还在正常工作。所以当主电路的电压下降到一定程度时,变频器显示"欠压"。

短时间停电之后之所以允许自动合闸,是因为在停电时间内,变频器的控制回路仍在工作。一般情况下,变频器允许的最长停电时间,取决于变频器的控制回路在停电后能够维持正常运行的时间,多数变频器约为 $10 \sim 20$ s。

本节要点

1.变频器的过载保护是保护电动机,过流保护是保护变频器,两者都具有反时限特性。

2.用户必须让变频器知道电动机的额定电流,为此必须预置电流取用比。

3.过载跳闸的原因有:

(1)变频器的载波频率偏高而使输出电压偏低;

(2)低频时电动机负载较重,而转矩提升功能预置偏小;

(3)低频时电动机负载较轻,而转矩提升功能预置偏大;

(4)输电线路太长,使通过导线分布电容的漏电流增大。

4.过电流跳闸的原因有:

(1)对于连续变动负载和断续负载,变频器选择不当;

(2)低频时电动机负载很重,而转矩提升功能预置太小;

(3)低频时电动机负载很轻,而转矩提升功能预置过大,电动机的磁路高度饱和;

(4)加速时间预置太短;

(5)冲击负载;

(6)短路故障。

5.过电压保护的原因有:

(1)减速时间预置太短;

(2)外部窜入冲击电压。

6.欠电压保护的原因有:

(1)限流电阻烧断;

(2)电源缺相;

(3)大容量电动机直接启动。

7.当电源电压波动时,可预置自动电压调整功能,使输出电压稳定。

8.对于部分故障,变频器可预置防止跳闸功能,以避免变频器频繁地跳闸。

9.对于不重复、不连续的干扰性故障,以及电源的瞬间停电,变频器可以预置重合闸功能。

【任务实施】

步骤一　查阅资料了解变频器加、减速过程中常见的故障及解决方法。

步骤二　在安全用电的条件下,拆下制动电阻或制动单元,观察制动电阻的参数,作理论分析,确定变频器带载时使用的场合。

步骤三　在带载情况下,根据所学知识设定某型号变频器加、减速时间。

步骤四 逐渐减小加减速时间,当变频器带载加速或减速出现故障时,分析故障原因。

【任务检查与评价】

整个任务完成之后,检查完成的效果。具体测评细则见表4-2所示。

表 4-2 任务完成情况的测评细则

一级指标	比例	二级指标	比例	得分
信息收集与自主学习	40%	1.明确任务	5%	
		3.制订合适的学习计划	5%	
		5.使用不同的行动方式学习	10%	
		6.排除学习干扰,自我监督与控制	10%	
变频器加、减速时间设定及带载后加、减速故障原因分析	60%	1.变频器加减速时间的设定	10%	
		2.变频器制动电阻或制动单元的拆装及分析	20%	
		3.对变频器带载加速或减速出现故障原因进行分析	30%	
职业素养与职业规范	10%	1.设备操作规范性	2%	
		2.工具、仪器、仪表使用情况,操作规范性	3%	
		3.现场安全、文明情况	2%	
		4.团队分工协作情况	3%	
总计		100%		

【巩固与拓展】

一、巩固自测

1.电动机启动的方式有哪几种,其各自有何特点?

2.变频器预置加速时间的依据是什么,如何快速预置加速时间?

3.实现快速启动的方法是什么?

4."结束段S形"、"起始段S形"及"S形"加速方式各应用在哪些工况场合?

5.电动机变频减速的特点是什么?

6.变频电梯、风机以及大惯性负载各自采用哪种减速方式比较合适?

7.采取何种措施可以缩短停机时间?

8.变频器的过载和过电流的区别是什么?

二、拓展任务

1.查找资料，三菱 FR-F740 系列变频器加、减速过程中常见故障有哪些？

2.根据本章内容，结合常见加、减速过程中的故障，总结故障解决方法。

【项目小结】

本项目主要介绍了变频器的定义、变频器的种类、应用领域、内部主电路的原理、电动机机械特性、变频器带载能力及变频调速系统的加、减速及保护功能的实现；变频器主电路结构，逆变电路的结构，开关器件 IGBT 在逆变电路中应用，变频器的输入、输出电路的测量方法及原理，载波频率对变频器输出的影响，变频器频率下降影响电动机各环节功率减小的原因；变频器的简单操作方法，提升变频器带载能力的方法；电动机在不同方式下启动的特点，变频器加、减速预置的方法及在特殊情况下变频器的调整方法。

最后介绍了变频器几种常见的制动方式，制动电阻的选择方法及制动单元的应急措施，变频器过载、过流、过压、欠压、电压波动及相关故障产生的原因和保护方法。通过本项目的学习，读者能掌握变频器内部电路的结构、提升带载能力的方法及变频器的使用方法。

【知识技能训练】

1.变频器按控制方式可分为：_____控制、_____控制、_____控制、_____控制。

2.交—直—交变频器主电路由三部分组成，分别是_____电路、_____路和_____电路。

3.生产机械的三种典型负载类型分别是：_____、_____、_____。

4.电动机的启动方式分别是：_____、_____和_____。

5.简述逆变电路的工作原理。

6.简述矢量控制的基本思想。

7.有一台电动机，铭牌数据是：75 kW、142.4 A、980 r/min，平时的实际运行电流是128 A。现用一台 75 kW、139.7 A、1 480 r/min 的电动机进行替换，试衡量这种替换是否可行。

8.简述变频器过载、过流、过压、欠压、电压波动等故障产生的原因。

9.以 37 kW，额定电流 70 A 的电动机为例，阐述如何选择制动电阻的大小及容量。

第二篇 项目拓展——变频器应用

【项目目标】

本项目由两个任务组成,主要内容包括电动机额定数据的内涵,变频器选择的方法、变频器常用外围设备的作用及选择的依据、变频器的模拟量、开关量输入端子以及输出控制端子的功能及常用的设计方法以及消弱干扰的方法。

知识目标	技能目标
了解电动机额定数据的内涵; 了解变频器常用外围设备的作用及选择的依据; 了解变频器的模拟量、开关量输入端子以及输出控制端子的功能及常用的设计方法; 了解变频器的干扰源、干扰途径以及消弱干扰的方法。	能够根据电动机额定数据选择合适的变频器进行驱动; 能够根据实际工况,合理选择变频器外围设备; 能够根据控制需要,合理设置变频器输入控制端子及输出控制端子的外围电路,实现灵活控制变频器。 能够根据实际工况,合理使用抗干扰技术,设计实用的变频调速系统。

任务五　会设计——变频调速系统的设计

【任务目标】

了解电动机额定数据的内涵,掌握变频器选择的方法。

了解变频器常用外围设备的作用及选择的依据。

了解变频器的模拟量、开关量输入端子以及输出控制端子的功能及常用的设计方法。

了解变频器的干扰源、干扰途径以及消弱干扰的方法。

【任务描述】

一、任务内容

根据带载电机的额定参数选择适用的变频器,依据变频器及电机的相关参数选择外围设备,通过合理设计变频器的输入、输出端子外围电路,实现变频调速系统的灵活应用,最后根据具体工况条件,分析干扰源产生的途径,设计消弱干扰的方法。

二、实施条件

1. 校内教学为一体化教室,变频器实训装置,变频器,电工常用工具若干。

2. 某型号变频器。

三、安全提示

拆开变频器时请注意,一定不要带电操作。当变频器发生了故障,人们打开机箱时,虽然变频器已经断电,但如果滤波电容器上的电荷没有放完,将很危险。变频器内部控制板上的指示灯是在停电时,显示滤波电容器上的电荷是否释放完毕而设置的,所以要先观察内部控制板上的指示灯熄灭后才能进行操作。

【知识链接】

问题描述:如何根据电动机的额定参数来选择合适的变频器进行驱动呢?

一、变频器的选择

先来了解一下电动机的额定数据。

(一)电动机的额定数据

一台电动机铭牌数据如图 5-1 所示。

型号：	Y-280S-4	电压：	380 V	接法：	△
容量：	75 kW	电流：	139.7 A	定额：	连续
转速：	1 480 r/min	功率因数：	0.88	效率：	0.93
频率：	50 Hz	绝缘等级：	E	温升：	75 ℃
出厂日期:2008 年 12 月 8 日					

图 5-1　电动机的铭牌

1.电动机的额定电压和额定电流

铭牌上的额定电压和额定电流为线电压和线电流。如图 5-2 所示,如果定子绕组是 △ 形接法的话,相电流为线电流的 $\frac{1}{\sqrt{3}}$,如图(b)所示;如果定子绕组是 Y 形接法的话,相电压为线电压的 $\frac{1}{\sqrt{3}}$,如图(c)所示。△ 形接法的相电压较大,而相电流较小,所需导线较细,有利于节约铜线,多用于大容量电动机。Y 形接法则相电压较小,而相电流较大,所需导线较粗,多用于小容量电动机。相电压小,槽绝缘可以薄一些;相电流大,导线可以粗一些,有利于加工。

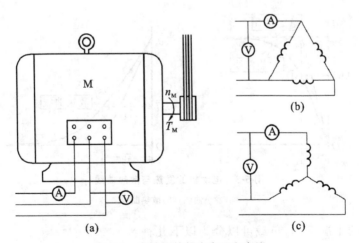

图 5-2　电动机的额定电压和电流

(a)接线端子;(b)△ 形接法;(c)Y 形接法

例如,Y 形系列的 4 极电机的接法规定如下:

3 kW 及以下电动机:采用 Y 形接法;4 kW 及以上电动机:采用 △ 形接法。

2. 电动机的额定容量

电动机的额定容量是指它能带多重的负载,即轴上的输出功率。根据额定电压和额定电流算出来的是电动机的输入功率:

$$P_{1N} = \sqrt{3}U_N I_N \cos\varphi_N = \sqrt{3} \times 380 \times 139.7 \times 0.88/1000 = 80.8(\text{kW})$$

电动机的额定容量为:

$$P_{2N} = P_{1N}\eta_N = 80.8 \times 0.93 = 75(\text{kW})$$

3. 电动机的定额

电动机运行时温度过高,它的绝缘材料就要碳化,即所谓"烧了"。电动机在运行过程中,存在着铜损、铁损和机械损耗等损耗功率,这些损耗功率都将转换成热能,使电动机的温度升高。电动机在温度上升的同时,要向周围散热,当电动机的温度上升到某一数值时,它所产生的热量和散发的热量相等,处于平衡状态,温度不再升高。当产生的热量和散发的热量平衡时的温升,称为稳定温升,用 θ_S 表示。

电动机的温升曲线符合指数规律,如图 5-3(a) 中的曲线①所示。如果电动机在发热过程中不向周围散热,则达到稳定温升所需要的时间称为发热时间常数 τ_R,如曲线②所示。一般说来,在 τ_R 时间内,电动机的温升将上升到稳定 63.2%。

电动机的额定温升 θ_{SN},定义为电动机允许的最高温度与环境温度之差,我国的环境温度定为 40 ℃。电动机额定温升的高低,取决于内部绝缘材料的等级。所以,铭牌中给出了绝缘等级和额定温升。

当电动机停止运行时,向周围散热,其散热曲线如图 5-3(b) 中的曲线③所示。

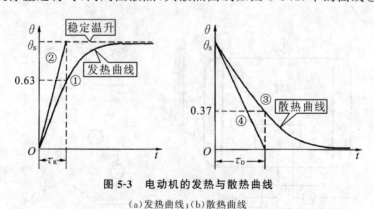

图 5-3 电动机的发热与散热曲线

(a)发热曲线;(b)散热曲线

根据负载的工况不同,负载可以分为以下几种:

(1)连续不变负载。负载在运行过程中,阻转矩基本不变的负载,称为连续不变负载。其运行特点是在运行期间,温升能够达到稳定温升,如图 5-4(a)所示。

(2)连续变动负载。负载的阻转矩不同,电动机所能达到的稳定温升也不同,如图 5-4(a)所示。许多负载在运行过程中,阻转矩并不稳定,它的温升曲线也随负载的轻重而变化,如图 5-4(b)所示。对于这类负载,只要电动机的温升不超过额定温升,允许短时间过载,如图 5-4(b)中的 t_4 时间段所示。

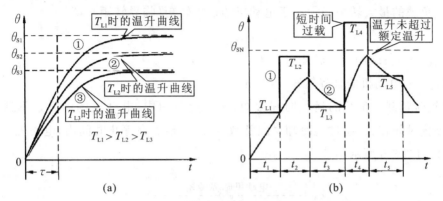

图 5-4　连续变动的负载

(a)负载变化时的温升曲线;(b)连续变动负载

允许连续运行的电动机在"定额"栏内标写"连续"。

(3)断续负载。时而运行,时而停止的负载,称为断续负载。

断续负载的运行特点是:在每次运行期间,电动机的温升都达不到稳定温升;而每次停止期间,温升也降不到 0,如图 5-5 所示。

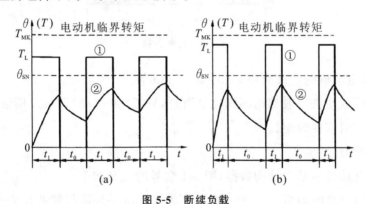

图 5-5　断续负载

(a)持续率较大;(b)持续率较小

对于断续负载,电动机需要标明其允许的负载持续率为

$$FC = \frac{\sum t_1}{\sum t_1 + \sum t_0} \tag{5-1}$$

式中:FC——负载持续率;

　$\sum t_1$——负载运行时间之和,s;

　$\sum t_0$——负载停止时间之和,s。

在图 5-5 中,图(a)所示是持续率较大的情形;图(b)所示是持续率较小的情形。

电动机对于断续负载的定额有：15％、25％、40％、60％等。

由于电动机在拖动断续负载时，常常处于过载状态，所以，应注意校验电动机的过载能力。负载的最大转矩必须小于电动机的最大转矩（临界转矩），即

$$T_{Lmax} < T_{MK} \tag{5-2}$$

式中：T_{Lmax}——负载的最大转矩，N·m；

    T_{MK}——电动机的临界转矩，N·m。

（4）短时负载。负载的运行时间很短，在运行时间内，电动机的温升达不到稳定温升。而停止时间较长，超过其冷却时间常数的 3～4 倍。在停止时间内，电动机的温升能够降到 0，如图 5-6 所示。

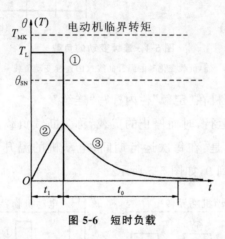

图 5-6　短时负载

短时负载，电动机的定额有：15、30、60、90 min 等。

短时负载的电动机一般都达不到稳定温升，只要"带得动"即可。所以，其负载转矩必须小于电动机的临界转矩。

4.电动机的型号

型号说明电动机的基本结构数据，图 5-1 型号的含义如下：

Y 表示笼形异步电动机；280 表示中心高为 280 mm；S 是与铁芯长度有关的数据；4 为磁极数。

5.电动机常用的绝缘等级

如表 5-1 所示，普通电动机通常用 E 级。变频电动机因其低频运行时散热较差，要用 F 级或 H 级。

表 5-1　电动机常用绝缘材料的等级

级别	极限工作温度	级别	极限工作温度	级别	极限工作温度	级别	极限工作温度
E	120℃	B	130℃	F	155℃	H	180℃

6.电动机的额定转矩

电动机的"工作能力"只能通过电流、转速和功率等因数来说明。电动机的额定转矩是一个派生数据,可以通过额定功率和额定转速计算,有

$$T_{MN} = \frac{9550 P_{MN}}{n_{MN}} \tag{5-3}$$

式中:T_{MN}——额定转矩,N·m;

　　P_{MN}——额定功率,kW;

　　n_{MN}——额定转速,r/min。

图 5-1 铭牌的电动机额定转矩为:

$$T_{MN} = \frac{9550 P_{MN}}{n_{MN}} = \frac{9550 \times 75}{1480} = 484(N·m)$$

需要注意的是,容量相同,但额定转速不一样的电动机额定转矩是不相同的,表 5-2 所示为 2 极和 6 极电动机的额定转矩。

表 5-2　不同磁极对数电动机额定转矩(75 kW)

磁极数	额定转速(n_{MN})(r/min)	额定转矩(T_{MN})(N·m)
2	2970	241
4	1480	484
6	980	731

(二)变频器的额定数据

如图 5-7(a)所示,富士变频器的铭牌数据。

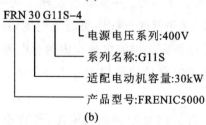

产品型号: FRN30G11S-4
电源规格: 3PH 380~440V/50Hz 86A
输出规格: 3PH 380~460V 0.2~400Hz
　　　　　45kVa 60A 150%1min
重　　量: 29kg
生产序号:

(a)

FRN 30 G11S-4
　　　　　　└ 电源电压系列:400V
　　　　　└ 系列名称:G11S
　　　└ 适配电动机容量:30kW
　└ 产品型号:FRENIC5000

(b)

图 5-7　变频器的铭牌数据

(a)富士变频器铭牌;(b)型号的含义

问题描述:电源规格表明输入电压的上限值是 440 V,"输出规格"中,输出电压上限值是 460 V。输出电压比输入电压高,这是怎么回事呢?

问题解析:变频器输出频率为 50 Hz 时的对应输出电压,可略有增加,如图 5-8 所示。如图 5-8(a)所示,为载波频率为 4 kHz 时,输出电压可达 100%,即 380 V。当把调制波的振幅略提高,如图 5-8(b)所示,则最中间部分的脉冲合并起来,输出电压会有所增加。

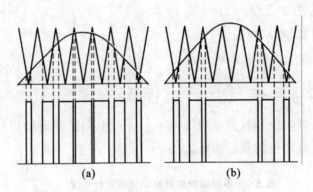

图 5-8 变频器最大输出电压的调整

(a)未调整的波形;(b)电压增大的波形

问题二描述:"电源规格"的额定电流是 86 A,而"输出规格"的额定电流竟只有 60 A,为什么输入侧的额定电流比输出侧的额定电流大这么多呢?

问题解析:从各环节做功的功率所讨论的电流,都是指有功电流,即基波电流。变频器消耗功率约为额定功率的 4%。则 50 Hz 时的基波电流比输出电流略大。变频器的输出电流中,存在着许多无功的高次谐波成分。所以,输入的全电流为:

$$I_S = \sqrt{I_{(1)}^2 + I_{(5)}^2 + I_{(7)}^2 + \cdots} \qquad (5-4)$$

式中:I_S——变频器输入的全电流,即电源侧电流,A;

$I_{(1)}$——基波电流,A;

$I_{(5)}$——5 次谐波电流,A;

$I_{(7)}$——7 次谐波电流,A。

高次谐波电流流过输入侧的导线,并使导线发热。变频器铭牌上给出电源侧额定电流的目的,是告诉使用者,变频器的进线中可能流过的最大电流,供选择导线时参考。所以,输入侧的额定电流是包括高次谐波电流在内的全电流。

问题三描述:变频器的额定容量的单位为什么是 kVA? 为什么比配用电动机容量大很多呢?

问题解析:变频器是一台提供可变频率的电源,作为电源需告诉用户:提供的最大电压、最大电流是多少。所以额定容量是视在功率,它输出的有功功率取决于负载的功率因数。其额定容量比配用电动机容量大许多,说明功率因数较低。

通常,变频器的损耗约为配用电动机容量的 $3\%\sim5\%$,按 5% 计算有:

$$\lambda=\frac{P_{\mathrm{N}}(1+\Delta P\%)}{S}=\frac{30\times(1+0.05)}{45}=0.7$$

式中:$\Delta P\%$——变频器消耗功率与额定功率之比的百分数。

变频器的额定输出电流和额定输入电流之间关系:

$$\frac{I_{\mathrm{N}}}{I_{\mathrm{SN}}}=\frac{60}{86}=0.7$$

即为功率因数,进一步说明变频器输入侧功率因数低是高次谐波电流的原因。

(三)变频器容量的选择

问题描述:厂里多台变频器的容量不是按配用电动机容量选的,而是大了一档,这是什么原因呢?

问题解析:所谓"配用电动机容量",只适用于连续不变的负载。而对于其他几类负载,由于电动机允许短时间过载,变频器将无法承受。

具体原因是:电动机短时间过载,是相对于发热时间常数而言的。在各种过渡过程(包括电磁过渡过程、机械过渡过程等)中,发热时间常数最长。小容量的电动机是几分钟,大容量的电动机为几十分钟。而变频器的过载能力,如"150%,1 min",与电动机发热时间常数无法相比,过载时间更无法相比。

选用变频器需遵循"最大电流原则",根据实际测量的电动机运行电流,选用的变频器额定电流要比电动机的最大运行电流大,即

$$I_{\mathrm{N}}\geqslant I_{\mathrm{Mmax}} \tag{5-5}$$

式中:I_{N}——变频器的额定电流,A;

I_{Mmax}——电动机的最大运行电流,A。

是否选用的变频器一定要比电动机大一档,要分几种情况:

(1)我国的生产机械设计人员,在决定电动机容量时,裕量常常偏大,实际运行时,最大电流不超过额定电流,选用的变频器容量无需加大。

(2)设计人员是按最严重的情况考虑的,实际使用时并不出现最严重的情况,最大运行电流也不超过额定电流,选用的变频器容量也无需加大。

变频器 1 min 的承受时间虽然不长,但对于电动机的启动过程来说,已足够。此外有的机械可能有短时间的冲击负荷,冲击时间不超过 1 min,例如,锻压机械,它们的过载,变频器是可以承受的。

当一台变频器带多台电动机,变频器的容量的选择分两种情况:

(1)多台电动机一起启动。如图 5-9(a)所示,这种情况比较简单,变频器的额定电流不小于多台电动机额定电流之和,即

$$I_{\mathrm{N}}\geqslant\sum I_{\mathrm{Mmax}} \tag{5-6}$$

（2）多台电动机分别启动。如图 5-9（b）所示，在这种情况下，变频器必须能够承受最后启动的电动机的启动电流，有

$$I_N \geqslant \frac{\sum I_{MN} + I_{Smax}}{K_N} \tag{5-7}$$

式中：I_N——变频器的额定电流，A；

$\sum I_{MN}$——电动机的最大运行电流，A；

I_{Smax}——最大容量电动机的启动电流，A；

K_N—变频器的过载能力。

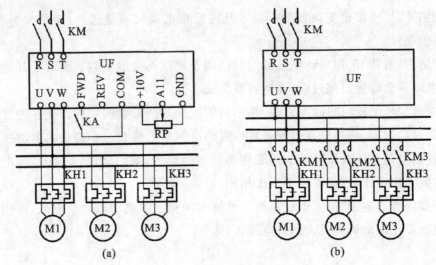

图 5-9　一台变频器带多台电动机

(a)电动机一起启动；(b)电动机分别启动

变频器的选型方法如下：

（1）通用型变频器（只有 V/F 控制方式的变频器）。凡是工频能够满足系统运行要求，多数情况下，均可以选用通用型变频器。例如，输煤机、印染机械、自动扶梯等。运行特点是：机械特性要求不高，调速范围较小。

对于风机、水泵类二次方律负载，从节能的角度，最好选用通用型变频器。

（2）高性能型变频器。对于一些要求速度比较稳定（机械特性较硬），但对动态响应的要求不高，调速范围不大的机器，比较适宜选用具有无反馈矢量控制方式的变频器。例如，生产用传输带。而对于要求有很硬机械特性，对动态响应的要求也较高，调速范围较广且对运行安全要求较高的机器，应选用有反馈矢量控制方式的变频器。例如，金属切削机床的主轴电动机、起重机械等。

（3）专用变频器。各种专用变频器的门类很多，常见的有：风机、水泵类专用变频器。其主要特点是根据风机、水泵的运行要求，具有变频与工频切换功能，同时具有定时自

动变速或切换等功能。

起重机专用变频器：主要特点是具有良好的与电磁制动器配合，防止溜沟的功能。

卷绕控制专用变频器：主要用于各种卷绕机械的恒张力控制。

本节要点

1.电动机的额定电压和额定电流指的是线电压和线电流。

2.电动机的额定容量指的是轴上允许输出的最大机械功率。

3.电动机根据温升情况的不同，可分为连续不变负载、连续变动负载、断续负载和短时负载等。电动机铭牌上的"定额"，就是说明电动机适合于带哪一类负载。

4.变频器的输出电压具有一定的调整能力，其最大输出电压有可能略大于输入电压。

5.变频器的额定输入电流中，包含着许多高次谐波成分，所以比额定输出电流要大。

6.选择变频器容量的最根本原则，是变频器的额定电流必须大于电动机在运行过程中的最大电流。

7.当一台变频器带多台电动机时，必须注意：最后启动的电动机是处于直接启动状态的，应充分考虑到它的启动电流。

8.在选择变频器的型号时，可遵循的原则是：

对没有特殊要求的生产机械，可采用通用型变频器；

对于有较硬机械特性，或要求有高动态响应能力的生产机械，应采用具有矢量控制功能的高性能型变频器；

对于需要有特殊功能的生产机械，应尽量采用专用变频器。

二、变频器主电路的外围设备

如图 5-10 所示为变频器的外围配置图。配置的作用和选择原则如下：

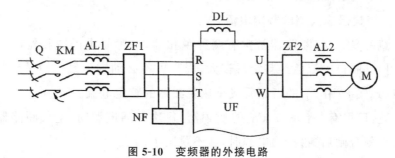

图 5-10 变频器的外接电路

（一）空气断路器

空气断路器，也叫电源开关，其作用是接通和切断电源，并具有过电流保护功能和短路保护功能。

按照变频器的额定输入电流来选择空气断路器,同时还要注意空气断路器的保护功能与变频器工作电流之间的配合。如图 5-11 所示。

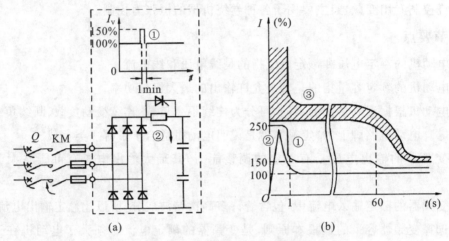

图 5-11 空气断路器的动作电流
(a)变频器的峰值电流;(b)电流曲线

变频器具有 $150\%I_N$,1 min 的过载能力,如果过载到 $250\%I_N$,则只能维持 1 s,如图 5-11(b)中的曲线①所示。空气断路器应该允许变频器发挥它的过载能力。空气断路器的动作电流应该在曲线①之上,如图 5-11(b)中的曲线③所示。

对于小容量电动机来说,还应注意刚合上电源时的冲击电流,如图 5-11(b)中的曲线②所示。大容量电动机合上电源时冲击电流小于额定电流,所以没有必要考虑。但如果是一台 3 kW 的电动机,额定电流只有 6.8 A,合上电源时的冲击电流就必须考虑了。

通常,空气短路器的选择方法是

$$I_{QN} \geqslant (1.3 \sim 1.4)I_{SN} \tag{5-8}$$

式中:I_{QN}——空气断路器的额定电流,A;

I_{SN}——变频器输入侧的额定电流,A。

需要注意的是,空气断路器常常有两种脱扣器,一种是电磁脱扣器,主要用作短路保护,出厂时,其脱口电流已经整定得较大,用户可不必动它。另一种是热脱扣器,与热继电器类似,式(5-8)中 I_{QN} 的可以看成是热脱扣器的整定电流。

问题描述:厂里有一台 3.7 kW 的变频器,每次接通电源时,空气断路器总跳闸,把空气断路器重新合闸后,再接通电源时,就不跳闸了。

问题解析:第一次合闸时,虽然空气断路器跳了闸,但从刚接通电源到跳闸之间,需要持续若干毫秒,在这若干毫秒时间内,滤波电容器上已经充了不少电荷。所以,再次接通电源时,就不跳闸了。若断路器的热脱扣电流没有整定在最大位置上,则要把热脱口电流调整得大一些。如果已经在最大位置上,只能加大断路器的容量。

（二）输入接触器

如图 5-12 所示，为输入接触器。它有两个作用：一是给变频器接通电源；二是当变频器因故障而跳闸时，使变频器迅速脱离电源。

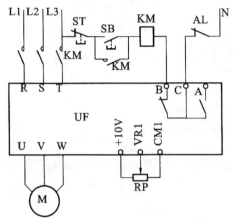

图 5-12　输入接触器的作用

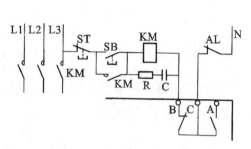

图 5-13　接触器线圈的吸收电路

选取原则，其主触点的额定电流比变频器输入侧的额定电流大，即

$$I_{KM} \geqslant I_{SN} \tag{5-9}$$

式中：I_{SN}——输入接触器的额定电流，A。

由于接触器的线圈是个大电感器件，断电时要产生较大的自感电动势，有可能使变频器内部故障继电器的触点击穿，所以需在接触器的线圈旁加上了阻容吸收电路，如图 5-13 所示。

（三）交流电抗器

电抗器的作用主要是用来消弱高次谐波电流，改善功率因数。需接入交流电抗器的场合有以下几种：

1．当电源变压器的容量与变频器容量之比超过 10 倍时，需接交流电抗器，这是因为当电源变压器的容量较小时，变压器副方绕组的电感量较大，能够起交流电抗器的作用。而电源变压器的容量很大时，二次绕组的电感量较小，需接入专门的交流电抗器。

2．抑制电源电压畸变对变频器的不良影响，例如：

（1）同一电网内具有经常用开关投入补偿电容柜时，在电容柜投入的过渡过程中，常伴有较大的冲击电压，如图 5-14（a）所示。

（2）同一电网内具有容量较大的晶闸管设备，在晶闸管导通瞬间，电压波形将出现凹口，如图 5-14（b）所示。

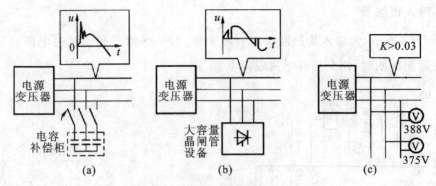

图 5-14 需接交流电抗器的场合

(a)常投入补偿电容;(b)有晶闸管设备;(c)电压不平衡

(3)当三相电压的不平衡度超过3%时,应接入交流电抗器,以避免电流太大的不平衡。电源电压的不平衡度为

$$K\% = \frac{U_{\max} - U_{\min}}{U_A} \times 100\% \tag{5-10}$$

式中:$K\%$——电源电压的不平衡度;

$U_{\max}$——最大的线电压,V;

$U_{\min}$——最小的线电压,V;

U_A——三相的平均线电压,V。

在实际工作中,用户希望尽量减少设备费用,经销商又为便于推销,都不提要接入交流电抗器的事情。只有当电力部门测出厂里的功率因数太低,责令工厂提高功率因数时;或者,由于变频器的安装,干扰了其他设备的正常运行时,才不得不接入交流电抗器。

选择的主要依据有两条:

第一条依据是交流电抗器的额定电流应不小于变频器额定输入电流的82%,即

$$I_{AL} \geqslant 0.82 I_{SN} \tag{5-11}$$

式中:I_{AL}——交流电抗器的额定电流,A;

I_{SN}——变频器的额定输入电流,A。

交流电抗器的额定电流是变频器额定输入电流的82%,是因为变频器接入交流电抗器后,高次谐波电流被消弱了许多,其电流有效值减小。

当变频器的容量比电动机大一档时,电抗器的额定电流就可以根据电动机的额定电流和额定功率因数来计算,有

$$I_{AL} \geqslant \frac{0.82 I_{MN}}{\lambda} \tag{5-12}$$

选择电抗器的第二条依据是接入电抗器后线路上会产生电压降。一般要求,交流

电抗器的电压降应该在额定电压的 $2\%\sim5\%$ 以内,即

$$\Delta U_{\mathrm{AL}}\leqslant(2\%\sim5\%)U_{\mathrm{SN}}\qquad(5\text{-}13)$$

式中:ΔU_{AL}——输入侧交流电抗器的电压降,V;

　　　U_{SN}——变频器输入侧的额定线电压,V。

以 30 kW,额定电流为 86 A 的变频器为例,计算所需的交流电抗器每一项绕组的电感量有:

$$\Delta U_{\mathrm{AL}}\leqslant(2\%\sim5\%)U_{\mathrm{SN}}=(2\%\sim5\%)\times220\ \mathrm{V}=(4.4\sim11)\mathrm{V}$$

$$I_{\mathrm{AL}}\geqslant0.8I_{\mathrm{SN}}=0.82\times86\ \mathrm{A}=70.5\ \mathrm{A}$$

$$X_{\mathrm{AL}}\leqslant\frac{\Delta U_{\mathrm{L}}}{I_{\mathrm{AL}}}=\frac{4.4}{70.5}\sim\frac{11}{70.5}=(0.06\sim0.156)\Omega$$

$$L_{\mathrm{AL}}\leqslant\frac{X_{\mathrm{L}}}{2\pi f}=\frac{0.06}{2\times3.14\times50}\sim\frac{0.156}{2\times3.14\times50}=(0.19\sim0.49)\mathrm{mH}$$

这样计算太麻烦,对于这些精度要求不太高的参数,在工程上有简便方法。输入侧交流电抗器的简便计算公式是

$$L_{\mathrm{AL}}=\frac{21}{I_{\mathrm{SN}}}\qquad\qquad(5\text{-}14)$$

式中:L_{AL}——输入侧交流电抗器的电感量,mH;

　　　I_{SN}——变频器输入侧的额定电流,A。

上例计算结果为:

$$L_{\mathrm{AL}}=\frac{21}{86}=0.24(\mathrm{mH})$$

正好是上面计算结果的中间值。

(四)直流电抗器

如图 5-15 所示三相桥形全波整流的电路,其直流电流与进线电流之间的关系是

$$I_{\mathrm{D}}=1.22I_{\mathrm{S}}\qquad(5\text{-}15)$$

式中:I_{D}——直流回路的电流,A;

　　　I_{S}——电源进线的电流,A。

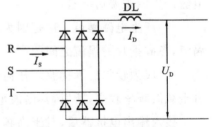

图 5-15　三相整流桥的电流

式(5-15)是按照正弦规律得出的公式,如前所述,86 A 是包含了谐波电流的数值。所以,算出来的电流偏大。通常,把变频器输入侧的额定电流作为直流电抗器的允许电流。

直流电流流过电抗器时感抗为 0,只有电阻起作用,而直流电抗器的电阻是 $m\Omega$ 级的,所以不用阻抗压降为指标。一般说来,直流电抗器的电感量约为交流电抗器的 $4\sim5$ 倍。工程上常用的简易计算公式是

$$L_D = \frac{53}{I_{SN}} \qquad (5\text{-}16)$$

式中：L_D——直流电抗器的电感量，mH；

I_{SN}——变频器输入侧的额定电流，A。

（五）输出电抗器

输出电抗器的主要作用有：

1.延长电动机寿命

变频器的输出电压是高频高压的脉冲波，如图 5-16 中的曲线①所示。其电压上升率（du/dt）很高，容易使电动机的绝缘老化。接入输出电抗器后，可有效地减小电动机侧的电压上升率，从而延长电动机的寿命。

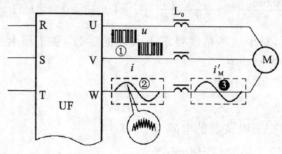

图 5-16　输出电流的波形

2.改善输出电流的波形

变频器的输出电流虽然十分接近于正弦波，但如果把电流波形放大，则实际上是有"毛刺"，它有着频率很高的高次谐波成分，如图 5-16 中的曲线②所示。这样高频的谐波电流产生的主要后果有：

（1）产生电磁噪声。这是因为高频电流要产生高频磁场，在电动机的硅钢片里产生涡流，各硅钢片的涡流之间因产生电动力而振动，因而产生与载波频率相同的电磁噪声。

（2）成为较强的干扰源。任何电流周围都有电磁场，电磁场的辐射能与频率成正比。由于载波频率较高，所以，其谐波电流的辐射能力较强，容易干扰其他设备的正常工作。

接入输出电抗器后，对于高频谐波电流具有较强的消弱作用，使变频器的输出电流更加接近于正弦波，如图 5-16 中的曲线③所示。

3.抵消长线路分布参数的作用

当变频器和电动机之间的距离较远时，由于载波频率较高，输电线路之间的分布电容和分布电感的作用突出。结果，变频器和电动机侧都有可能出现高电压，电动机可能发生振动等。

如图 5-17(a)所示，一台 0.75 kW 的单进三出的变频器，和一台 0.75 kW 的三相电动机，这台电动机放在地上没有固定。不断地延长变频器和电动机之间的连接线，当连接线延长到 50 m 以上时,电动机开始在地上振动起来。当用一个小磁环,把变频器的三根输出线一起在磁环绕一圈,如图 5-17(b)所示,电动机停止振动。

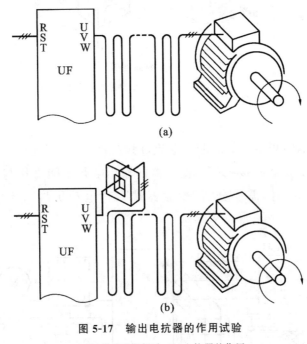

图 5-17　输出电抗器的作用试验

(a)长线路引起振动;(b)电抗器的作用

输出电抗器的额定电流,应该按照变频器的额定输出电流来选。输出电抗器的允许电压降只有 $1\%U_{max}$,输出侧应该用最大输出电压,而不用电源电压作标准。

工程计算上的简便公式:

$$L_{OL} = \frac{5.25}{I_{MN}} \tag{5-17}$$

式中:L_{OL}——输出电抗器的电感量,mH;

$\quad I_{MN}$——电动机的额定电流,A。

问题描述:厂里有两台变频器安装了输出电抗器,运行时响声较大,且发热厉害,什么原因导致这些现象,如何消除呢?

问题解析:输出电流中高次谐波电流的频率很高,所以,在铁芯里的涡流损失和磁滞损失都较大,导致铁芯容易发热。而铁芯各硅钢片的涡流之间产生的电动力,就是发出较大响声的原因。消除这种现象的方法是尽量降低载波频率,可缓解铁芯的发热,但不能改善电磁噪声。一般说,常规铁芯的电抗器只能用于载波频率为 3 kHz 以下的场合。当载波频率大于 3 kHz 时,应采用铁氧体磁芯的电抗器。

若电动机容量较大,导线较粗,可以多用几个磁芯并在一起,如图 5-18 所示。把三根线一起穿进去,如图 5-18(b)所示的效果和图(a)所示的在一个铁芯上多绕几圈是等效的。

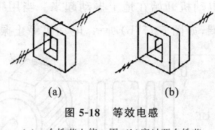

图 5-18　等效电感

(a)一个铁芯上绕一圈；(b)穿过两个铁芯

(六)滤波器

电抗器主要是消弱频率较低的谐波电流,滤波器则用于消弱频率较高的谐波电流。滤波器应尽量靠近变频器的接线端。变频器的输出端是不能直接与电容器相接的,所以,输出滤波器在接线时,需要分清"变频器端"和"电动机端",不能接错,如图 5-19 所示。

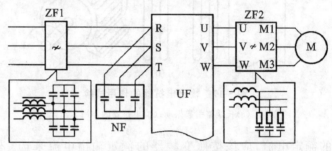

图 5-19　滤波器的接法

图中 NF 称为辐射滤波器,也叫无线电滤波器,主要用于吸收频率较高、具有辐射能量的谐波成分。它既可以防止变频器产生的高频电磁场向外辐射,也可以防止其他设备辐射的电磁场对变频器的干扰。

本节要点

1.空气短路器因为有过载保护和短路保护功能,在选用时应注意和变频器过载能力的配合。小容量的变频调速系统还应注意通电时不能因冲击电流而跳闸。

2.输入侧的接触器在变频器因故障而跳闸时,能使变频器迅速脱离电源。选用时只需其触点的额定电流不小于变频器输入侧的额定电流即可。

3.交流电抗器除能改善功率因数外,还能抑制电源侧的冲击电压和电流,缓解电源电压不平衡对变频器的影响,并具有较好的抗干扰作用。其额定电流应不小于变频器输入侧额定电流的 0.82 倍,允许的电压降约为额定电压的 2%～5%。

4.直流电抗器因为流过的是直流电流,没有感抗压降,故电感量可以大一些,这样更有利于提高功率因数。

5.输出电抗器的根本作用,是改善输出电流的波形。且能够改善相关指标,如减小电动机侧的电压上升率、降低电动机的电磁噪声、抵消线路分布电容的影响等。选用时,其额定电流应不小于电动机的额定电流,允许的电压降控制在额定电压的 1% 以内。

6.滤波器主要用于消弱频率较高的谐波电流,使用时须注意输出电抗器的接线端不能接反。

三、变频器的模拟量输入控制

(一)变频器输入控制端子的安排

如图 5-20 所示,变频器的输入控制端分别为两大类:一类是模拟量输入端,用于进行频率给定;另一类是开关量输入端,用于输入控制指令。对于控制指令,又可分两类:第一类是用户不能更改的基本指令,如正转、反转和停止,以及复位等。第二类是可编程控制端,各端子的功能不定,可以由用户任意设定。

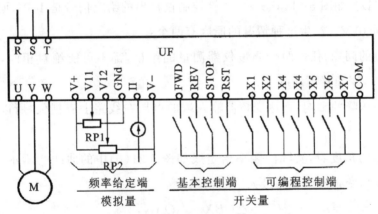

图 5-20 变频器的输入控制端

(二)标准频率给定线

问题一描述:有一台进口设备,频率给定信号由一台控制仪提供。其给定信号是2~10 V,2 V 时变频器的输出频率为 0 Hz,10 V 时为 50 Hz。而变频器说明书上的给定信号只有 0~10 V,且当控制仪输出给定信号为 10 V 时,变频器的输出频率只有 48 Hz,该如何处理?

问题解析:在模拟量给定时,变频器的输出频率与给定信号之间的关系曲线,称为频率给定线。如图 5-21(a)所示,所选定的给定信号范围是 0~10 V,称为标准给定信号。变频器的输出频率与标准给定信号之间的关系曲线,称为标准频率给定线,如图 5-21(b)中的曲线①所示。曲线①上,与最大给定信号对应的频率,称为最高频率,用 f_{max} 表示。在用键盘上的升、降键进行频率给定时,最高频率是能够上升的最大频率。

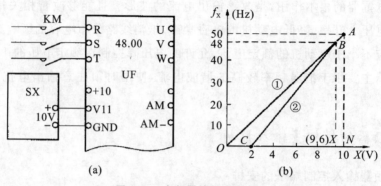

图 5-21　变频器的频率给定线

(a)频率给定信号；(b)频率给定线

1. 模拟量给定信号不标准的原因与处理

首先要分析一下为什么当控制仪向变频器提供 10 V 给定信号时，变频器的输出频率却只有 48 Hz？ 如图 5-21(a)所示，尽管控制仪输出的给定信号是 10 V，而变频器实际得到的却不到 10 V。产生这种情况的原因有两个：

一是计量的问题，任何两个测量仪器测量的结果，都不可能绝对相同，即控制仪测量出来的 10 V，变频器不认可。

二是线路压降的影响，到达变频器输入端的电压在线路上有损失，所以比控制仪输出的电压小。

从变频器的角度看，实际的频率给定线如图 5-21(b)中的曲线②所示（曲线①是标准频率给定线），变频器认可的最大给定电压为：

由于　　　　　　　　　　$\triangle OBX \sim \triangle OAN,$

有　　　　　　　　　　　$\dfrac{OX}{XB}=\dfrac{ON}{NA}$

即　　　　　　　　　　　$\dfrac{x}{48}=\dfrac{10}{50}$

所以　　　　　　　　　　$x=9.6(V)$

当控制仪输出 10 V 时，变频器得到 9.6 V。那么，怎么使变频器在得到 9.6 V 的情况下，也能输出 50 Hz 呢？

日本变频器的处理方法和欧美变频器不同。如图 5-22 所示，日本变频器把实际要求的"任意频率给定线"（图中的曲线②）与纵坐标的交点（图(a)中的 D 点）所对应的频率，称为偏置频率，用 f_{BI} 表示。而把"任意频率给定线"与标准的最大给定信号的交点（图(a)中的 E 点）所对应的频率，与最高频率之比的百分数，称为频率增益，用 $G\%$ 表示。本例变频器是日本富士的 G11S 系列。变频器的偏置频率和频率增益分别为：

依据相似三角形原理,得到 $f_{BI}=-13\ Hz$;$G\%=105\%$。

在富士 G11S 变频器里,需要预置的功能是:

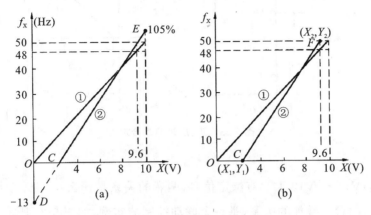

图 5-22　任意频率给定线的预置

(a)日本变频器的预置;(b)欧美变频器的预置

功能码 F01 预置为"1",则标准给定信号为 $0\sim+10\ V$;

功能码 F03 预置为"50",则最高频率 $f_{max}=50\ Hz$;

功能码 F17 预置为"105",则频率增益 $G\%=105\%$;

功能码 F18 预置为"−13",则偏置频率 $f_{min}=-13\ Hz$。

欧美变频器的处理方法比较简单,可以称之为"直接坐标法",在图 5-22(b)中的 C 点的坐标是(X_1,Y_1),F 点的坐标是(X_2,Y_2),预置两个点的坐标即可。以德国西门子的 MM440 系列变频器为例,需要预置的功能是:

功能码 P0756 预置为"1",则给定信号的类型为电压信号 $0\sim+10\ V$;

功能码 P0757 预置为"2",则 $X_1=2\ V$;

功能码 P0758 预置为"0%",则 $Y_1=50\ Hz\times0\%=0\ Hz$;

功能码 P0759 预置为"9.6",则 $X_2=9.6\ V$;

功能码 P0760 预置为"100%",则 $Y_2=50\ Hz\times100\%=50\ Hz$;

2.有极性的给定信号与辅助给定信号

问题描述:在图 5-20 中,电位器 RP2 跨接在 $+10\ V$ 和 $-10\ V$ 之间,V12 上得到的给定信号可正可负。当给定信号为"−"时,电动机是否反转?

问题解析:可以反转,如图 5-23 所示。要注意电位器在零速时的位置很难找准。当人们误认为转速为 0 时,它可能比 0 大一点,或小一点,机器还在缓慢地转动,这是很危险的事情。为避免这种情况的出现,应该预置"有效零"功能,即给定信号在接近 0 的一个小区间内,变频器的输出频率都等于 0 Hz,如图 5-23(b)所示。

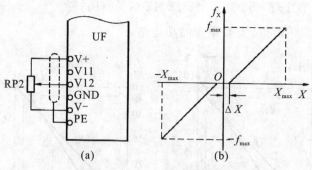

图 5-23 正、反转频率给定

(a)正、反转接法;(b)正、反转频率给定线

问题描述:V11 和 V12 上都有给定信号,两者的关系是什么?

问题解析:两者是叠加的关系,举一个联动控制的实例,如图 5-24 所示。

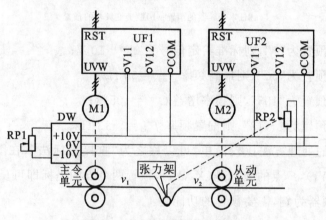

图 5-24 辅助给定信号的作用

M1 是主令单元的电动机,M2 是从动单元的电动机,两个单元之间要求同步,即线速度 v_1 和 v_2 应该一致。

这里使用一个正、负同时可调的稳压直流电源,如图中的 DW。两台变频器的主给定端(VI1)都接到 0～+10 之间。调节电位器 RP1,DW 的输出电压改变,两台变频器的输出频率同时改变,称为"统调";由于两台电动机的特性以及各单元传动装置的特性都不可能完全一致,当两个单元的线速度有差异时,就应该通过电位器 RP2 进行微调。例如,当 $v_1 > v_2$ 时,张力架下降,同时带动电位器 RP2 的滑动端下降,使 V12 上的辅助给定信号为"+",则变频器 UF2 的合成给定信号将增大,电动机的转速上升,使从动单元的线速度 v_2 加速。

3.零信号与无信号

问题描述:为什么有的电压信号是 1～5 V 或 2～10 V,电流信号常常是 4～20 mA,

都不是从 0 开始呢?

问题解析:这是为了区别零信号和无信号。

在许多情况下,传感器和变频器之间的距离较远。以恒压供水装置为例,压力传感器安装在管路的出口处,而变频器却在控制室里,两者之间的距离少则十几米,甚至几十米。当变频器上反映"0"时,有时会怀疑:是压力的确为 0 呢,还是传感器出了故障,或者中间的线路断了?

工程上常定义,压力等于 0 时的信号称为零信号,发生故障的不正常 0 信号称为无信号。用非零值表示 0 信号,是为区别这两种情况下的 0 信号。

以电流信号 4~20 mA 为例,当产生怀疑时,用一块电流表,测量一下信号电流,测量结果是 4 mA,说明信号电路里的各个环节都是正常的,实际压力的确为 0,如图 5-25(a)所示。反之,若测量结果为 0mA,说明传感器或信号电路发生故障,变频器根本没有得到给定信号,如图 5-25(b)所示。

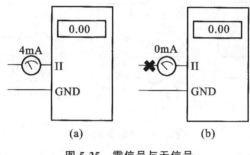

图 5-25　零信号与无信号

本节要点

1.变频器的输出频率与标准频率给定信号之间的关系曲线,称为标准频率给定线,与最大给定信号对应的频率称为最高频率。

2.任意频率给定线的预制方法有两种:一种是偏置频率与频率增益法;另一种是直接坐标法。

3.当给定信号可正可负时,负给定信号可以用来控制反转。为了避免 0 Hz 输出的不准确,需预置"有效零"功能。

4.当主给定信号和辅助给定信号同时存在时,两者通常是叠加的。辅助给定信号常用来进行转速的微调。

5.如果变频器的输出频率为 0 Hz,但频率给定信号仍有 2 V 或 4 mA,说明给定系统的工作是正常的,称为零信号;如果变频器的输出频率为 0 Hz,但频率给定信号为 0 V 或 0 mA,说明给定系统已经发生故障,称为无信号。

四、变频器的开关量输入控制

(一)电动机的启动与停止

问题描述:厂里新进一台设备的变频控制柜,通过电源开关通电启动变频器,断电后变频器自由停机。但不久,限流电阻烧了。由于还在保修期内,公司来人换了一个容量大一些的限流电阻,但限流电阻还是很烫。如何处理呢?

问题解析:正常情况下,变频器上电之后,在一个班次内,将不再切断电源,限流电阻处于短时工作的状态。因限流电阻内流过电流的时间极短,温升很低,故限流电阻的容量可以尽量地选得小一点。如果启动次数比较频繁的话,限流电阻就很容易发烫,甚至烧坏。所以,正确的方法是接通"RUN"或"FWD"端子来启动电动机,如图 5-26 所示。

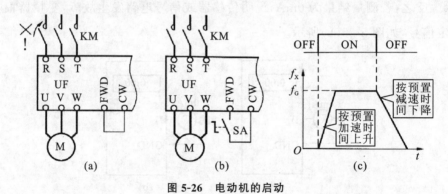

图 5-26　电动机的启动

(a)上电启动;(b)正确启动;(c)启、停过程

若要通过按钮开关启动电动机,对于日本富士的 G11S 系列变频器,需要设定可编程控制端子。在可编程控制端内任选一个,如 X1 端,预置成自锁控制端子,也称三线控制端子,当 X1 与 COM 之间处于接通状态时,变频器内部的自锁功能有效,如图 5-27 所示。启动时,只需按 SF 或 SR 即可,变频器进行自锁,即使松开按钮,电动机仍然保持运行状态。按下 ST,自锁电路被切断,电动机按预置的减速时间减速并停机。在三菱系列变频器中有 STOP 端子,本身作为自锁端子,则无需设定便可使用。

自锁控制还有另一种接法,如图 5-28 所示,变频器自锁功能是否有效,取决于 X1 与 COM 之间的通和断。但正、反转却共用一个启动按钮 SF,当预置自锁功能后,原来的反转输入端,变为电动机旋转方向的切换端子,当转换开关 SA 断开时为正转,接通时为反转。若按下 ST,自锁电路被切断,电动机按预置的减速时间并停机。

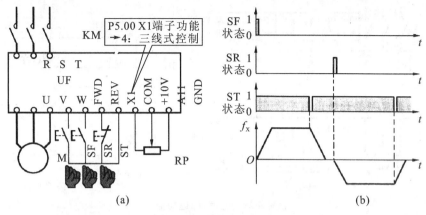

图 5-27　自锁控制之一

(a)自锁控制接法之一;(b)各开关状态与输出频率

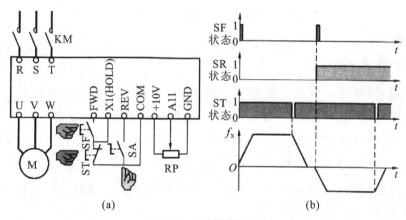

图 5-28　自锁控制之二

(a)自锁控制接法之二;(b)各开关状态与输出频率

(二)变频器的数字量频率给定

问题描述:有一台机器的操作工作要求把操作盘移动到操作比较方便的地方,其控制线会延长到 6 m,电位器连接线上的电压降会影响给定信号的精度。有无办法解决信号线延长导致的干扰?

问题解析:在可编程输入控制端子中选择两个端子,将其中之一(如 X1)预置为升速端子(也叫频率递增或 MOP 加速),将另一个(如 X2)预置为降速端子(也叫频率递减或 MOP 减速),如图 5-29(a)所示。当按下 SB1,X1 端子接通时,变频器的输出频率将按预置的加速时间上升,松开时,则保持已经上升的频率;按下 SB2,使 X2 端子接通时,变频器的输出频率将按预置的减速时间下降,松开时,则保持已经下降的频率,如图 5-29(b)所示。在操作方便的地方,放置一个按钮盒即可。与电位器相比,这种方法有三个优点:

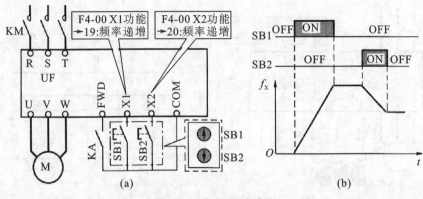

图 5-29 升速、降速功能

(a)升、降速控制电路;(b)变频器的输出频率

(1)属于数字量控制,控制精度要高一个数量级;

(2)因为是开关量控制,所以,抗干扰能力强;

(3)故障率低。

(三)多档转速控制

问题描述:厂里有一台设备需要 6 档转速,变频器可以实现多档转速控制。可用 PLC 来进行控制,但领导说 PLC 太贵,用小继电器如何实施?

问题解析:多档转速的原理是在可编程输入端中任选三个端子作为多档转速控制端,明确高位、中位和低位,如图 5-30(a)所示。按二进制方式来决定这三个端子的状态,可得到 7 档转速,如图 5-30(b)所示。对于三菱系列变频器,有 RL、RM、RH 等三个高低中档转速端子,则无需进行设置。

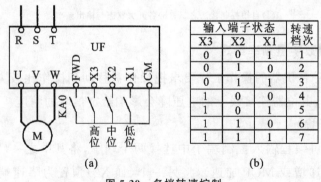

输入端子状态			转速档次
X3	X2	X1	
0	0	1	1
0	1	0	2
0	1	1	3
1	0	0	4
1	0	1	5
1	1	0	6
1	1	1	7

图 5-30 多档转速控制

(a)多档转速控制的接线;(b)转速档次

使用档位转换开关,如图 5-31(a)所示;或者是按钮开关,如图 5-31(b)所示。控制电路如图 5-31(c),7 个按钮开关 SB1～SB7 分别控制 7 个小继电器 KA1～KA。7 个按钮开关带机械连锁,即任何一个按下后,其余 6 个处于断开状态。继电器可选择 24V 直流

继电器,直接利用变频器提供的 24 V 电源,但要注意变频器的负载能力。例如,森兰 SB70 系列变频器中,24 V 电源所能提供的最大电流是 80 mA,所以在选购继电器时,其线圈电阻必须大于 300 Ω。

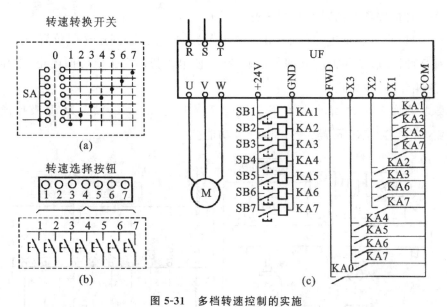

图 5-31　多档转速控制的实施

(a)用转换开关;(b)用按钮开关;(c)控制电路

具体控制 X1、X2、X3 的电路,先找出各端子的规律:在图 5-30(b)所示的表中可以看出:端子 X1 在第 1、3、5、7 档转速时处于"1"状态,所以,由 KA1、KA3、KA5、KA7 来控制它的信号;端子 X2 在第 2、3、6、7 档转速时处于"1"状态,所以,由 KA2、KA3、KA6、KA7 来控制它的信号;端子 X3 在第 4、5、6、7 档转速时处于"1"状态,所以,由 KA4、KA5、KA6、KA7 来控制它的信号。

例如按第五档按钮,则 KA5 的线圈得电,X1 端子和 X3 端子被同时接通,三个端子的状态组合成"101",即第 5 档转速。

(四)基极封锁和外部故障

问题描述:基极封锁和外部故障有什么区别?

问题解析:现实工作中的例子,车间里一台提升机的操作人员,忽然发现电动机的进线处有明显的"打火"现象,于是按动紧急按钮。变频器在得到信息后,知道外部出现异常,就立即进行报警,这叫作"外部故障"。

变频器对于外部出现异常后的处理方式有两种:一种是立即封锁逆变管并跳闸;还有一种是按照预置的减速时间减速并停机,同时报警。具体采用哪种方式,有的变频器需要进行选择,有的变频器用不同的名称来区分。例如,富士 G11S 变频器中,当输入端预置为"外部报警"时将立即封锁逆变管;而输入端预置为"强制停止"时需要选择处理方式将按预置的减速时间减速并停机。安川 G7 变频器中,当输入端预置为"外部故障"时需选择处理方式;而输入端预置为"异常停机"时将按预置的减速时间减速并停机。森兰 SB70 变频器中,当输入端预置为"外部故障输入"时将立即封锁逆变管;而输入端预置为"紧急停机"时将按预置的减速时间减速并停机。

此外,如果小车在行走过程中,由于操作人员的不注意,到达极限位置,碰上限位开关。针对这种情况,变频器应立即封锁逆变管,使电动机因失去电源而停止,但却没有必要跳闸,这叫作"基极封锁"。

具体电路如图 5-32 所示,限位开关 QF1 和 QF2 接 X4,X4 预置为"基极封锁"功能;紧急按钮 ST 接 X5,X5 预置为"外部故障"功能。

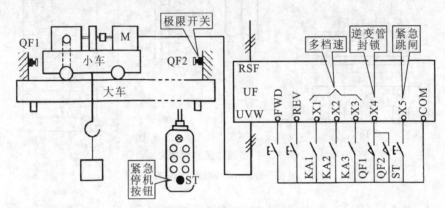

图 5-32 紧急停机和限位

本节要点

1. 电动机应通过键盘上的运行键或接通外接端子的正转或反转端子来启动,不应该在变频器接通电源时直接进行"上电启动"。

2. 预置自锁功能后,可以很方便地利用启、停按钮实现电动机启动和停止的控制。

3. 变频器的输入端子中,可以任选两个端子,分别作为升速端子和降速端子,从而可以利用按钮开关进行升速和降速的控制,与键盘升、降键的作用完全相同。

4. 变频器利用 3 个输入端子按照二进制的方式组合,可以得到 7 档转速。只要找出一定规律,控制电路并不复杂。

5. 当要求电动机立即停止,而变频器不必跳闸时,可选择封锁逆变管的功能;不仅要求电动机立即停止,且要求变频器跳闸时,可选择向变频器输入外部故障信号的功能。

五、变频器的输出控制端子

(一)报警输出

如图 5-33 所示,在变频器的输出控制端子中,最重要的是报警输出端子。它在变频器跳闸时动作,如图中的 A、B、C 所示,其动断触点串联在接触器线圈的电路中,它的动合触点则用来接通报警电路。

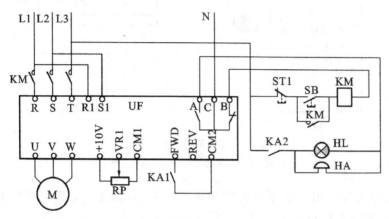

图 5-33　报警端子控制图之一

这里把控制电路的电源线移到接触器触点的前面,接触器触点一断开,变频器没有电源,其故障继电器只能维持若干秒钟,很快复原。若操作工不在现场,便会不知道报警,需对原图进行修改,如图 5-34 所示。这样,只要操作工还没有闻讯,声光报警器就不断,直到操作工闻讯赶到,按下 ST2 后,声光报警才停止。

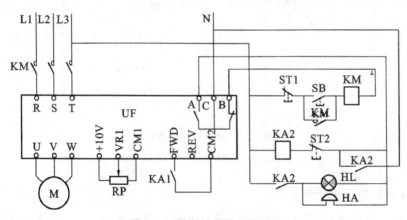

图 5-34　控制端子控制图之二

(二) 输出测量端子的应用

问题描述:两个测量端子的输出信号都是 0~10 V,怎样去配相关仪表呢?

问题解析:如图 5-35 所示,可以买一块 0~10 V 的直流电压表,把表盘修改成所需要的量程和单位,如图(b)和(c)所示。

当变频器输出的 10 V 和仪表整定的 10 V 不吻合时,通过改变变频器内部"模拟量增益",可以任意调整输出端的电压或电流范围,如图 5-36(a)所示。当增益为 50% 时,输出的最大电压是 5 V;当增益为 100% 时,输出的最大电压是 10 V。输出电压还可以适

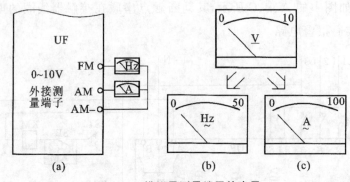

图 5-35　模拟量测量端子的应用

(a)信号的外测;(b)模拟频率表;(c)模拟电流表

当调大一点,但实际输出电压不可能增加很多。例如,富士 G11S 变频器中,当增益为 200％时,实际输出电压也只有 11 V。

如果通过调整比例增益无法调整到位,还可以在模拟量输出端串联一个电位器 RP2 进行调整,如图 5-36(b)所示。

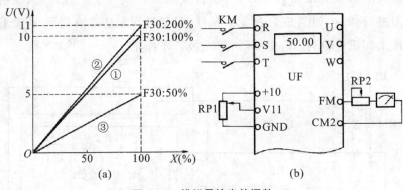

图 5-36　模拟量输出的调整

(a)输出增益调整;(b)外接电位器调整

(三)多功能输出端子的应用

问题描述:变频器中,多功能输出端子有几种形式? 各用在什么样的电路中?

问题解析:如图 5-37 所示,主要有三种:

(1)直流晶体管型。内部接法如图(a)所示,用于低压直流电路中。

(2)交流晶体管型。内部接法如图(b)所示,用于低压直流电路或交流电路中。

(3)继电器型。接法如图(c)所示,可直接用于交流 220 V 的电路中。

问题描述:频率到达和频率检测这两个功能有什么区别?

问题解析:如图 5-38 所示,频率到达,指变频器输出频率已经到达给定频率,如图 5-38(a)所示。只要变频器的输出频率 f_x 与给定频率 f_G 相吻合时,输出端子就有输出。根据需要,同时还可以预置一个检测的幅值 Δf。只要达到给定频率上下的幅值范围(f_x

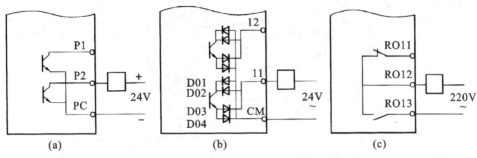

图 5-37 多功能输出端子类型

(a)晶体管输出 1;(b)晶体管输出 2;(c)继电器输出

$\pm\dfrac{\Delta f}{2}$),均会有信号输出,实际上相当于设定允许误差。如果变频器的输出频率超过(高于或低于)所预置的范围,输出端子将停止输出。

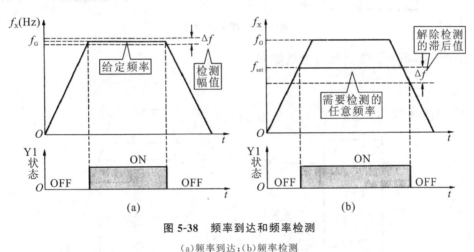

图 5-38 频率到达和频率检测

(a)频率到达;(b)频率检测

频率检测可以检测用户所指定的任意一个需要检测的频率值 f_{set}。当变频器的输出频率 f_x 上升到 f_{set} 时,输出端子开始输出。这时,变频器的输出频率 f_x 继续上升,输出端子一直有信号输出,如图 5-38(b)所示。当变频器的输出频率 f_x 下降到检测频率 f_{set} 时,用户可以预置一个频率检测的滞后值 Δf,就是说,可以等到 f_x 下降到($f_{set}-\Delta f$)时,输出端子才停止输出。

举例:如图 5-39 所示,厂里有一台粉末传输带,原材料在料斗里打成粉末后"挤"到传输带上,由传输带传输到下一道工序。为防止粉末在传输带上堆积,两台变频器之间有联锁控制:UF1 的输出频率必须大于 30 Hz 后,电动机 M2 才允许启动。如果在运行过程中,UF1 的输出频率低于 25 Hz 的话,M2 必须停止。在 UF1 的 Y1 端子处,接入一个继电器 KA,而 M2 的启动和运行,就有 KA 的状态来决定,这与频率检测功能有关,已知两台变频器为森兰 SB70 系列。

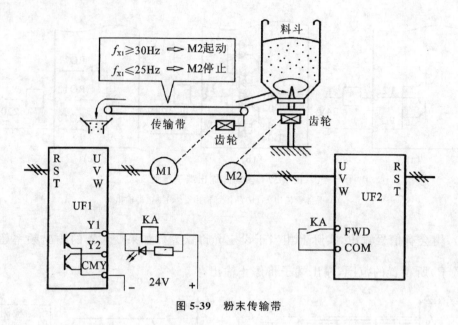

图 5-39 粉末传输带

如图 5-40 所示。需要预置的功能有：

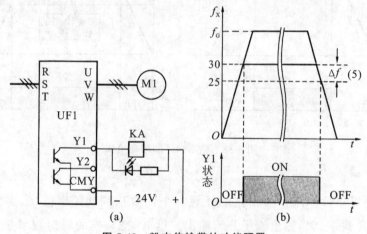

(a)   (b)

图 5-40 粉末传输带的功能预置

(a)UF1 的电路；(b)频率检测的预置

F5-00 Y1 数字输出端子功能预置为"3"，则 Y1 端子为"频率水平检测信号"；

F5-06 频率水平检测值预置为"30"，则当 UF1 的输出频率大于 30 Hz 后，Y1 的晶体管导通，继电器 KA 得电，M2 开始启动；

F5-07 频率水平检测滞后值预置为"5"，则当 UF1 的输出频率小于(30-5)即 25 Hz 后，Y1 的晶体管截止，继电器 KA 断电，M2 停止。

本节要点

1.当变频器因发生故障而跳闸时，其报警继电器动作，由报警输出端子输出报警信号。其动断触点使主接触器的线圈断电,从而使变频器迅速脱离电源;其动合触点则接通声光报警电路。

2.变频器的模拟量输出端主要用于外接测量仪表。实际输出的是与被测量成正比的直流电压或电流信号。

3.多功能输出端主要输出与变频器运行状态的相关信号,可用于各种控制电路中。

六、变频调速系统的抗干扰

(一)变频器的干扰源和干扰途径

问题描述:厂里买了一台数字流量计,一接上电源,显示屏上的数字乱跳,无法读出。同生产厂家联系之后,流量计厂发来一个"专用电源",接上后,有所好转,但仍不时地乱跳,怀疑是变频器干扰流量计,于是工程师找了个铁盒子,把流量计放进去,却毫无结果。

问题解析:没有找准干扰源。如图 5-41 所示,变频器在运行过程中,产生三个干扰源:

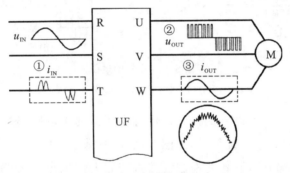

图 5-41　变频器的干扰源

1.输入电流。由于变频器的输入电流是非正弦波,如图 5-41 中的①所示。它具有十分丰富的高次谐波成分,其频率一般在 3 kHz 以下。这些高次谐波电流将在电源电压中产生对应的谐波分量,从而影响其他设备的正常运行。

2.输出电压。输出电压的波形是经过正弦脉宽调制的高频、高压的脉冲序列,如图 5-41 中的②所示。其频率为载波频率,高达 2～15 kHz。

3.输出电流。在高频、高压脉冲序列的作用下,由于电动机的绕组具有电感性,输出电流的波形十分接近于正弦波。但因为电压是脉冲序列,故电流不可能是十分"光滑"的正弦波。输出电流中也存在着非常丰富的高频分量,其频率一般在 10 kHz 以上,如图 5-41 中的③所示。

这些干扰源的传播途径有以下几种:

(1)线路传播。由于变频器的输入电流中有很强的高次谐波成分,使网络电压产生相应的脉动,从而传播到同一网络中的其他电子设备,如图 5-42(a)中途径①所示。

此外,如果若干设备的地线连接在一起的话,则变频器输出电流中的高频信号也会通过地线传播到其他设备。

(2)电磁波传播。变频器的输入电流和输出电流中的高次谐波所产生的电磁场具有辐射能力。使其他设备因接收到电磁波信号而受到干扰,主要路径如图 5-42(b)中的途径②所示。这种传播途径主要是针对一些遥控装置和通信设备。

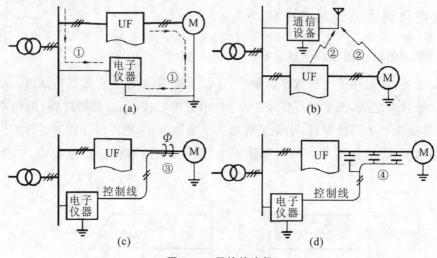

图 5-42　干扰的途径

(a)线路传播;(b)辐射干扰;(c)电磁感应;(d)静电感应

(3)电磁感应。当其他设备的控制线接近变频器的主电路(输入或输出)时,将切割主电路的高频磁场而产生干扰信号,如图 5-42(c)所示。

(4)静电感应。当其他设备的控制线接近变频器的输出主电路时,变频器输出的高频电压信号,将通过线间分布电容,传播到其他设备中去,如图 5-42(d)所示。

感应传播主要对靠近变频器输入、输出主电路的一些控制电路起作用。

现在来分析一下流量计,它是一种计量设备,一般不存在遥控和通信,它不是因电磁波而受到干扰。所以,用铁盒子进行屏蔽不管用。此外,它也没有控制线,也不可能因感应而受到干扰。所以,即使移得再远,也不解决问题。它的干扰来自于电源线。

(二)线路传播干扰的消弱

针对线路传播引起的干扰,较好地防止方法是加入隔离电源:

1.在变频器前加入隔离变压器,如图 5-43 中的①所示,效果最好。一些进口设备中,常常采用额定电压为 220 V 的三相电动机,在变频器之前,接入一台 380/220 V 的三相变压器。这种结构可以十分有

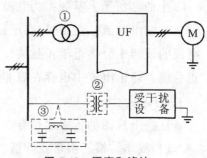

图 5-43　隔离和滤波

效地防止变频器对其他设备的干扰。

2.如果受干扰设备的容量不大,则在受干扰设备前加入隔离变压器,如图 5-43 中的②所示。若市场上买不到专用的隔离变压器,可以买两个照明变压器,进行双重隔离,如图 5-44 所示,并接入一个 π 形滤波电路,如图 5-43 中的③所示。

除此以外,也可以接入交流电抗器。交流电抗器对于消弱高次谐波电流具有显著的作用,除用于提高功率因数外,也具有较好的抗干扰效果,如图 5-45 中的 AL 所示。交流电抗器应尽量靠近变频器,缩短其连接线。

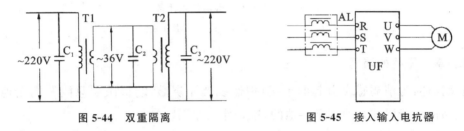

图 5-44　双重隔离　　　　　　　　图 5-45　接入输入电抗器

（三）辐射干扰的消弱

问题描述:有的变频器旁边手机打不成,这是什么原因?

问题解析:原因是辐射干扰所引起。之所以有差别,是因为有的设备已经接入线路滤波器,有的则没有接入,如图 4-56 所示。线路滤波器主要由三相电源线同方向缠绕在高频磁芯上构成,如图中的 ZF1 和 ZF2 所示。缠绕圈数越多,效果越好。

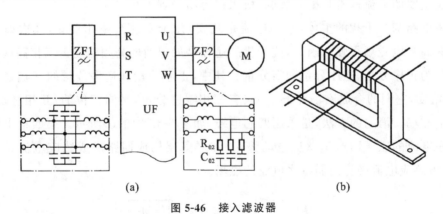

(a)　　　　　　　　　　　　　　　(b)

图 5-46　接入滤波器

(a)滤波器接法;(b)滤波器里的线圈

因为辐射能与频率有关,只有频率较高的电磁场,才具有较强的辐射能,所以,线路滤波器主要的作用是消弱高频电流的干扰信号。

输出滤波器的结构和输入滤波器基本相同,但因为输出电流中谐波成分的频率较高,故缠绕到高频磁芯上的圈数可以略少。

如图 5-47(a)所示,1 个磁芯上绕 4 圈;所图(b)所示,是 4 个磁芯上绕一圈,这两种情况等效。进一步说,用 8 个磁芯,套在 3 根线上,也是等效的。所以当导线较粗不好缠绕多圈时,可多用几个磁芯并联只缠绕一圈的方式代替。

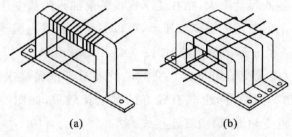

(a)   (b)

图 5-47 磁芯的个数与绕组匝数

(a)1 个磁芯绕 4 圈;(b)4 个磁芯绕 1 圈

(四)感应干扰的消弱

问题描述:为消弱感应引起的干扰,控制线要用屏蔽线,屏蔽层只能一端接地。但是,主电路的屏蔽层却是两端都接地的,这是什么原因呢?

问题解析:这是因为两者担任的"角色"不同,所以要求不一样。如图 5-48 所示,控制电路是干扰的"受体"。当它靠近主电路时,要受到高频电磁场的感应干扰。屏蔽层的作用是阻挡主电路的高频电磁场,但它在阻挡高频电磁场的同时,自己也会因切割高频磁场而受到感应。当一端接地时,因不构成回路,产生不了电流,如图 5-48 中的①所示。如果两端接地的话,就有可能与控制线构成回路,在控制线里产生干扰电流,尽管微小,但因控制电路的电流通常是毫安级的,所以很容易受到干扰。

但主电路却是干扰的主体,它的电流是几安、几十安甚至是几百安,高次谐波电流所产生的高频电磁场很强。因此,抗干扰的途径是如何消弱高频磁场。三相高次谐波电流可以分为正序分量、逆序分量和零分量。其中,正序分量和逆序分量的三相之间互差 $2\pi/3$ 电角度,它们的合成磁场等于 0。只有三相零序分量,是同相位的,互相叠加,产生强大的电磁场。消弱的方法,是采用四芯电缆,如图 5-48 中的①所示。第四根电缆线将切割零序电流的磁场而产生感应电动势,并和屏蔽层构成回路形成感应电流。根据楞次定律,该感应电流必将消弱零序电流的磁场。

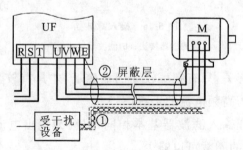

图 5-48 主电路和控制电路的屏蔽层

（五）其他设备对变频器的干扰

变频器周围存在着许多其他干扰源,通过辐射和电源线路侵入变频器,使变频器运行不正常,或产生保护性误动作。例如:

1.开关的闭合与断开。其他设备的空气断路器、接触器以及继电器的触点在接通和断开过程中,将产生火花,如图 5-49(a)所示。这些火花将产生频率很高的电磁波,干扰其他设备的正常工作。

2.电磁铁线圈的断电。电磁铁线圈(包括接触器和继电器线圈)在断电瞬间,常会产生很高的自感电动势,如图 5-49(b)所示。产生的高频电场,会干扰其他设备的正常工作。

3.其他设备产生的高频脉冲。某些设备在运行过程中,也会产生高次谐波电压或电流,干扰变频器的正常工作。例如,变电所的补偿电容在合闸后的过渡过程中,可能产生很高的冲击电压,如图 5-49(c)所示;大容量的晶闸管设备在运行过程中,容易使电源电压的波形产生凹口,如图 5-49(d)所示。

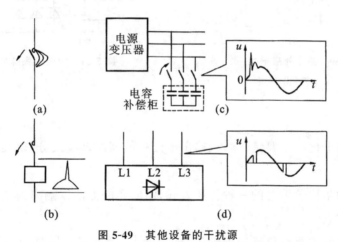

图 5-49　其他设备的干扰源

(a)触点断开;(b)线圈断电;(c)补偿柜合闸;(d)晶闸管设

变频器抗其他设备干扰的方法:

(1)吸收高频脉冲。在接触器和继电器的触点两端和线圈两端接入吸收电路。在交流电路中,接入阻容吸收;在直流电路里,则接入反向二极管,如图 5-50(a)所示。

(2)输入信号采用屏蔽线。变频器最容易受到干扰的部位是输入信号电路,尤其是模拟量信号输入(如频率给定信号等)。当操作器和变频器之间的距离较远时,极易受到干扰。针对这种情况,前面所介绍的抗干扰措施,对于变频器的输入信号电路也都适用,如图 5-50(b)所示。

(3)堵截外来的高频脉冲。具体有:

①在变频器外部。接入交流电抗器 AL,以消弱从电源窜入的高频脉冲;同时,接入

无线电滤波器 C_0 ,吸收剩余的高频脉冲,使之不进入变频器。交流电抗器 AL 除上述作用外,在电源电压偏高时,还能把电源电压降低 $2\% \sim 5\%$ 。

②在变频器内部。接入直流电抗器 DL,消弱由外部窜入的高频脉冲。同时,因为滤波器的电解电容器具有一定的电感,不能吸收频率很高的电压冲击波。为此,在滤波电容器旁再并联一个无感小电容 C_p ,吸收剩余的高频脉冲,使直流电压不升高,如图 5-51 所示。

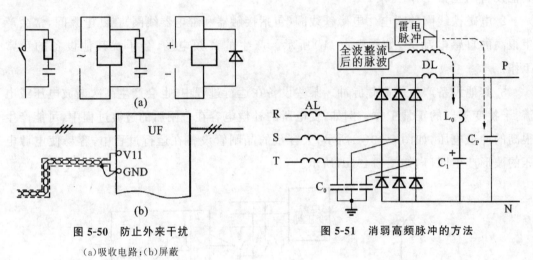

图 5-50　防止外来干扰
(a)吸收电路;(b)屏蔽

图 5-51　消弱高频脉冲的方法

本节要点

1.变频器的干扰源主要是:输入、输出电流中的高次谐波成分,以及输出电压的高频脉冲。

2.线路传播是比较重要的一种传播方式,消弱它的方法以隔离为主。也可用电抗器来消弱高次谐波电流。

3.辐射干扰的主要对象是通信设备,接入输入、输出滤波器是消弱辐射干扰的有效方法。

4.感应干扰主要出现在其他设备的控制线靠近变频器主电路的时候。消弱的方法主要是使其他设备的控制线远离变频器的主电路。此外,其他设备的控制线应该相绞,且使用屏蔽线,屏蔽线的屏蔽层只能一端接地。

5.其他设备也可能对变频器构成干扰,解决的方法:一方面,尽量在干扰源处吸收高频信号;另一方面,对于已经窜入变频器进线侧高频干扰信号,可以通过电抗器消弱,电容器吸收来解决。

【任务实施】

根据带载电机的额定参数选择适用的变频器,依据变频器及电机的相关参数选择外围设备,通过合理设计变频器的输入、输出端子外围电路,实现变频调速系统的灵活应用,最后根据具体工况条件,分析干扰源产生的途径,设计消弱干扰的方法。

步骤一　查阅资料了解各类变频器、电动机铭牌数据的含义。

步骤二　根据本书所学知识,按照实际工况使用的电动机相关参数,选型变频器。

步骤三　为所选型变频器配备外围设备。

步骤四　通过设置变频器输入控制端子及输出控制端子,实现灵活控制变频器。

步骤五　根据实际工况,合理使用抗干扰技术,设计实用的变频调速系统。

【任务检查与评价】

整个任务完成之后,检查完成的效果。具体测评细则见表 5-3。

表 5-3　任务完成情况的测评细则

一级指标	比例	二级指标	比例	得分
信息收集与自主学习	20%	1.明确任务	5%	
		3.制定合适的学习计划	5%	
		5.使用不同的行动方式学习	5%	
		6.排除学习干扰,自我监督与控制	5%	
变频器选型,配置外围设备,设置输入、输出控制端子,合理使用抗干扰技术	70%	1.变频器选型	10%	
		2.配置外围设备	20%	
		3.设置输入、输出控制端子	30%	
		4.合理使用抗干扰技术	10%	
职业素养与职业规范	10%	1.设备操作规范性	2%	
		2.工具、仪器、仪表使用情况,操作规范性	3%	
		3.现场安全、文明情况	2%	
		4.团队分工协作情况	3%	
总计		100%		

【巩固与拓展】

一、巩固自测

1.如何根据电动机的容量选择变频器的容量,应按哪些方法对变频器进行选型?

2.变频器主电路外围设备有哪些,各有何作用?

3.变频器输入端子分为哪两类,用途各是什么?

4.变频器模拟量给定信号不标准的原因是什么,如何处理?

5.相比于电位器频率给定,变频器数字量频率给定有哪些优点?

6.变频器中多功能输出端子有哪几种形式,各应用在何种电路中?

7.变频器干扰源有哪些,干扰途径有哪些?

8.如何消除其他设备对变频器的干扰?

二、拓展任务

查找身边需要进行低压变频技术改造的设备,按照变频器选型、外围设备配置、输入输出端子控制设计、干扰抑制等步骤进行完整的变频调速系统设计。

任务六　能应用——变频拖动系统的应用

【任务目标】

了解变频拖动系统的基本规律。

了解变频拖动系统节能效果的分析,取代其他调速系统时的分析设计。

了解变频拖动系统闭环控制的设置方法。

了解变频拖动系统工频与变频相互切换时的注意事项。

【任务描述】

一、任务内容

通过学习变频拖动系统的基本规律以及工频与变频切换的注意事项,分析节能效果,了解闭环控制的设置方法,从而在改造变频拖动系统及取代其他调速系统的实践中,进一步掌握变频拖动系统的应用。

二、实施条件

1. 校内教学做一体化教室,变频器实训装置,变频器,电工常用工具若干。

2. 某型号变频器。

三、安全提示

拆开变频器时请注意,一定不要带电操作。当变频器发生了故障,人们打开机箱时,虽然变频器已经断电,但如果滤波电容器上的电荷没有放完,将很危险。变频器内部控制板上的指示灯,主要是在停电时,显示滤波电容器上的电荷是否释放完毕而设置的,所以要先观察内部控制板上的指示灯熄灭后才能进行操作。

【知识链接】

一、变频拖动系统的基本规律

(一)齿轮箱的作用

问题描述:厂里有一台机器的齿轮箱发生了故障,电动机工作在 50 Hz 时,电动机轴速度为 1 480 r/min,齿轮箱的速度比是 5∶1,能否用变频调速来代替齿轮箱,使电动机运行在 10 Hz?

运行效果:去掉齿轮箱,简单地将电动机工作频率降低到 10 Hz 时,电动机无法转动。

问题解析:如图 6-1 所示拖动系统的示意图,黑线框中为电动机的原始数据:

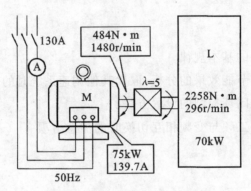

图 6-1 齿轮箱转速的原始数据

$P_{MN} = 75$ kW, $I_{MN} = 139.7$ A, $n_{MN} = 1480$r/min, $T_{MN} = 484$ N·m(计算所得)。工频运行时,实测电流为 130 A,变频器负荷率为

$$\xi = \frac{I_M}{I_{MN}} = \frac{130}{139.7} = 0.93$$

齿轮箱的传动比为 $\lambda = 5$,由以上数据算得负载侧的数据如下

$$n_L = \frac{n_{MN}}{\lambda} = \frac{1480}{5} = 296(r/min)$$

$$T_L = T_{MN}\lambda\xi = 484 \times 5 \times 0.93 = 2250(N \cdot m)$$

$$P_L = \frac{T_L n_L}{9550} = \frac{2250 \times 296}{9550} = 70(kW)$$

拿掉了齿轮箱后,如图 6-2 所示。很明显,电动机的额定转矩比负载转矩小,所以无法转动。并且当运行转速低于额定转速时,其有效功率小于额定功率。由于电动机轴上的输出功率取决于电磁转矩和转速($P_M = \frac{T_M n_M}{9550}$),且电动机的电磁转矩不允许超过额定值,因此当转速下降时,其有效功率必将减小。当电动机的运行频率为 10 Hz 时,转速只有额定转速的 1/5,其有效功率为额定功率的 1/5,即 15 kW。15 kW 的电动机无法带动 70 kW 的负载。

有两个方法可以保证正常运转:保留齿轮箱,或者加大电动机容量。

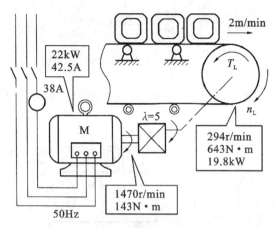

图 6-2　甩掉齿轮箱后的数据

（二）变频器的额定功率

问题描述：有一台带式输送机，如图 6-3 所示，带式输送机的原始数据为：$P_{MN}=22\,kW$，$I_{MN}=42.5A$，$n_{MN}=1\,470\,r/min$，$T_{MN}=143\,N\cdot m$（计算所得），齿轮箱的传动比为 $\lambda=5$。工频运行时，实测电流为 38 A。传输带的线速度是 2 m/min。能否用变频器把工作频率提高到 60 Hz，将传输带的线速度提高到 2.4 m/min。

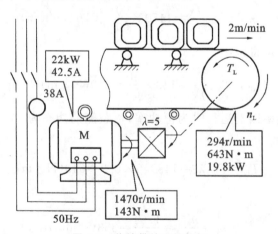

图 6-3　传输带的原始数据

问题解析：电动机负荷率为

$$\xi=\frac{I_M}{I_{MN}}=\frac{38}{42.5}\approx 0.9$$

齿轮箱的传动比为 $\lambda=5$，由以上数据算得负载侧的数据如下

$$n_L=\frac{n_{MN}}{\lambda}=\frac{1470}{5}=294(r/min)$$

$$T_L=T_{MN}\lambda\xi=143\times 5\times 0.9=643(N\cdot m)$$

$$T'_L = \frac{T_L}{\lambda} = \frac{643}{5} = 128.6(\text{N} \cdot \text{m})$$

$$P_L = \frac{T_L n_L}{9550} = \frac{643 \times 294}{9550} = 19.8(\text{kW})$$

实际运行：当配上变频器，将运行频率提高到 60 Hz 后，电动机发热严重，变频器的输出电流高达 45.6 A，如图 6-4 所示。

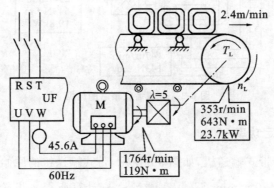

图 6-4   60 Hz 时的运行数据

进一步解析：电动机侧，当工作频率上升到 60 Hz 后，电动机轴上的转速提高。

$$n_M = n_{MN} \frac{f_X}{f_N} = 1470 \times \frac{60}{50} = 1\ 764(\text{r/min})$$

电动机的有效转矩将减小：

$$T_{ME} = T_{MN} \frac{f_N}{f_X} = 143 \times \frac{50}{60} = 119(\text{N} \cdot \text{m}) < T'_L$$

电动机在额定频率以上运行时为恒功率，负载侧的功率为：

转矩未变，仍然是

$$T_L = T_{MN} \lambda \xi = 143 \times 5 \times 0.9 = 643(\text{N} \cdot \text{m})$$

转速提高为

$$n_L = \frac{n_{MN}}{\lambda} = \frac{1764}{5} = 353(\text{r/min})$$

负载的功率为

$$P_L = \frac{T_L n_L}{9550} = \frac{643 \times 353}{9550} = 23.8(\text{kW})$$

故把负载的转速提高以后，负载的功率随之增大，而电动机的功率恒定，这就导致变频器的输出电流激增。工作频率上升到 60 Hz 后，负载的功率升高到 23.8 kW，超过电动机额定功率，故无法运行。

本节要点

1.当频率下降时,电动机的有效功率将随频率的下降而下降。齿轮箱的变速具有恒功率性质。所以,变频调速不能简单地取代齿轮箱。

2.拖动系统如果增加转速,则负载所需功率将增大,电动机所需功率将增大。而电动机在额定频率以上运行时,有效转矩将减小。所以,如果把拖动系统的转速提高到额定转速以上时,电动机可能无法带动负载。

二、变频拖动系统的节能运行

(一)节能运行

变频调速的节能主要体现在四个方面:

第一是消除工频运行时的浪费。如图 6-5 所示,工频运行时,电动机的输出功率常常超过负载的实际需求,造成浪费。例如:

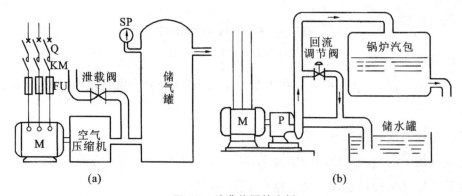

图 6-5　浪费能源的实例

(a)空压机的卸载;(b)水泵的回流

(1)空压机在储气罐内的压力过高时,用泄载阀放掉多余的空气,使储气罐内的压力保持平稳。放掉的空气,实际是一种浪费。变频调速后,可以通过调节转速保持储气罐内的压力恒定,这样就不会有多余的空气。

(2)锅炉的给水泵在全速运行的情况下,当锅炉内的水位过高时,通过回流阀将水泵打出去的水部分地回流到储水罐中。回流的水,也是一种浪费。变频调速后,可以通过调节转速保持锅炉内的水位恒定,不必回流。

第二是减小损耗。

例如,鼓风机通过调节风门来调节风量,风门消耗掉许多能量;水泵的管路通过调节阀门的开度来调节流量,阀门消耗掉大量能量;卷绕机械用磁粉离合器来保持输出转矩恒定,把多余的能量消耗在磁粉的摩擦上。

针对上述情况,若根据需要调整转速,使机器的平均转速降下来,可以消除不必要的损失,实现节能。如图 6-6 所示为两种典型的负载,图 6-6(a)所示是恒转矩负载,如果能够把平均运行转速降到额定转速的 60%,与全速运行相比,可以节能 40%。图 6-6(b)所示是风机泵类负载,称为二次方律负载,当平均转速降到额定转速的 70% 时,与全速相比,可以节能 66%。

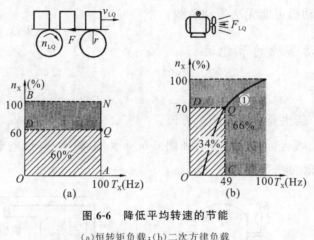

图 6-6　降低平均转速的节能

(a)恒转矩负载;(b)二次方律负载

以上两个方面,通过减小电动机的输出功率实现节能。这也是节能运行中最重要的方面。

第三是提高电动机功率。

在电动机的输出功率相同的情况下,减少输入功率。当电动机的容量过大时,电动机容易处于轻载运行状态,即"大马拉小车"。根据式(3-11)

$$\varphi_1 = k_\varphi \frac{E_{1X}}{f_X} = \frac{|\dot{U}_{1X} - \dot{I}_1 r_1|}{f_X} = \frac{|\dot{U}_{1X} - \Delta\dot{U}|}{f_X}$$

负载较轻时,因电阻压降减小,磁通将增大,电动机的磁路进入饱和区,励磁电流较大,如图 6-7(a)所示。又因为功率因数较低,定子电流可能因此而变大,如图 6-7(b)所示。

如果通过适当降低电压以减小磁通,则励磁电流减小,功率因数提高,定子电流减小,如图 6-7(c)和(d)所示。所以,遇到"大马拉小车"的情况时,可以通过降低电压来节能。

通过电动机的能量关系来说明上述关系。如图 6-8 所示,当电动机因为负载较轻,输出功率较小,而输入功率并未调整时,将引起电磁功率增加,磁通随之增加,磁路进入饱和状态。通过降低电压来减小输入功率,使电磁功率恢复正常,从而实现节能。

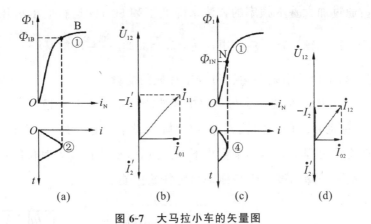

图 6-7　大马拉小车的矢量图

(a)进入饱和区;(b)功率因数低;(c)退出饱和区;(d)功率因数高

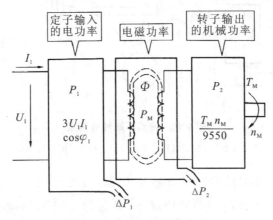

图 6-8　电动机的能量关系

　　问题描述:厂里有一台设备,电动机额定功率为 55 kW,额定电流为 102.5 A。在 50 Hz 时的最大运行电流只有 62 A,如图 6-9 所示。如何通过降低电压来解决这种"大马拉小车"的状态?

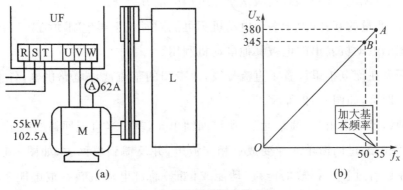

图 6-9　额频轻载的节能方法

(a)额频轻载实例;(b)降低电压的方法

问题解析:通过加大基本频率的方法来降低工频 50 Hz 运行时的电压,当把基本频率提高到 55 Hz 时,工频运行对应的电压为:$U_x = 380 \times \dfrac{50}{55} = 345\text{(V)}$。

第四是充分利用拖动系统在运行过程中释放的能量。

如图 6-10 所示,拖动系统在运行过程中释放能量主要有两种情况:第一种是减速运行,高速运行时,拖动系统的动能较大,转速下降后动能减小。所以,拖动系统的减速过程,也是释放动能的过程。第二种是重物下降的过程,重物在高处时位能较大,下降后位能减少。所以,重物下降的过程也是拖动系统释放位能的过程。

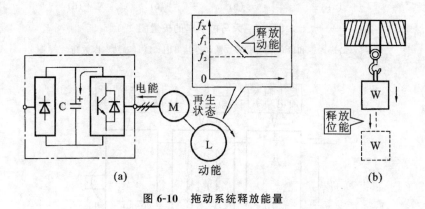

图 6-10 拖动系统释放能量

(a)拖动系统减速时释放动能;(b)重物下降时释放位能

在这两种情况下,电动机都将处于放电状态,将把拖动系统释放的能量转换为电能,变频器的直流电压将升高。一般情况下,通过制动电阻和制动单元把升高电压消耗掉。

可通过两种途径来利用拖动系统中释放的能量:第一种途径是能源互补。当一台机器上有多台变频器的话,可以把这些变频器的直流母线并联起来,如图 6-11 所示。

这样做的好处是:

(1)增大直流电源的总容量,减缓直流电压的上升。

(2)实现能量的互补,由于多台电动机不可能同时处于再生制动状态。于是,处于再生制动状态的电动机发出的电被其他电动机利用。

有的厂家在配电柜里设置了直流母线,由专门的整流滤波电路供电,各电动机只需配置逆变桥即可,如图 6-12 所示。

第二种途径是采用“回馈单元”。所谓回馈单元,就是当直流回路的电压超过某一限值时,把直流电通过回馈单元逆变成三相交流电,并反馈到电网去,如图 6-13 所示。把拖动系统在运行过程中释放的能量(动能或位能)通过电动机转换成电能,又通过回馈单元反馈给电网。所以,是一种非常理想的节能方法。

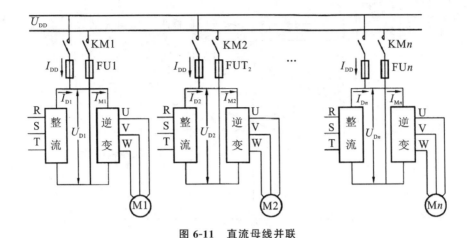

图 6-11　直流母线并联

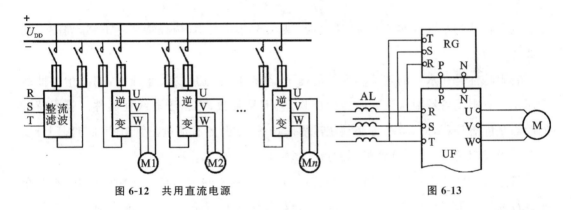

图 6-12　共用直流电源　　　　　　　　　　图 6-13

(二)供水系统的节能分析

问题描述:厂区有一套专用的供水系统,实现了恒压供水。哪几方面可看出节能效果?

问题解析:

1.预备知识

如图 6-14 所示,曲线①是额定转速时的扬程曲线。扬程曲线是在阀门开度不变的前提下,全扬程与流量之间的关系曲线。

扬程的定义是:单位流量的水通过水泵所获得的能量。它是一个能量概念的原因是:水泵在供水过程中,一是要把水上扬到所需要的高度,所需要的能量用高度来说明,称为静态扬程,或实际扬程,如图中的 H_A;二是要使水管中的水具有足够的流量,所需要的能量无法用高度来说明,通常叫作动态扬程。静态扬程和动态扬程加到一起,称为全扬程。图中的 H_0 是空载扬程,是流量等于 0 时的全扬程,类似于机械特性中的理想空载转速。扬程特性和电源的外特性类似,流量越大,管路内的损耗也越大,全扬程越小。

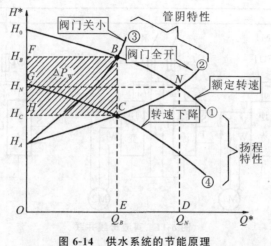

图 6-14　供水系统的节能原理

扬程特性与水泵的转速有关,转速低,供水的能量减小,扬程特性将下移,如图中的曲线④所示。

管阻特性是在水泵的转速不变的前提下,全扬程与流量的关系曲线,如图中的曲线②所示。管阻是管路对水流的阻力的反映,它不是常数,相当于非线性器件。管阻特性的起点是静态扬程,即,全扬程必须超过静态扬程,才开始有流量。管阻特性与阀门开度有关。当阀门关小时,要得到相同的流量,须加大扬程。

管阻特性曲线与扬程特性曲线的交点,是供水系统的工作点。在阀门全开,水泵全速运行的情况下得到的工作点为额定工作点,如图 6-14 中的 N 点。N 点对应的扬程是供水系统的额定扬程,N 点对应的流量是供水系统的额定流量。

供水系统消耗的功率与扬程和流量的乘积成正比。所以,在额定状态下的功率与面积 ODNG 成正比。

当所要求的流量减小为 Q_B 时,可以有两种方法。一种是水泵在全速运行的情况下关小阀门的开度,使管阻特性变成曲线③,工作点移至 B 点。这时,供水系统消耗的功率与面积 OEBF 成正比。另一种方法是,阀门保持全开状态,通过变频调速把速度降下来,使扬程特性变为曲线④,工作点移至 C 点。这时供水系统消耗的功率与面积 OECH 成正比。与关小阀门的办法相比,节约的功率与面积 HCBF 成正比。此为供水功率的节能效果。

2.如图 6-15 所示,为典型的供水系统的模型。在分析节能效果时,要分析三个位置:水泵输出侧的供水功率 PW、水泵输入侧(也是电动机的输出侧)的轴功率 PM 和电动机的输入侧(也是变频器的输出侧)的电功率 PV。分别分析与这三部分的节能效果有关的因素。

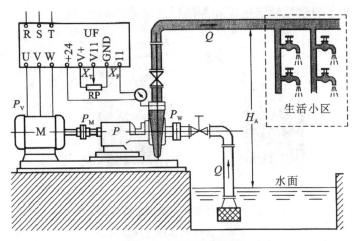

图 6-15 供水系统模型

(1)供水功率 P_W。如上所述,实际为水泵输出功率的节能效果。通过比较调节流量的两种方法的功耗来说明:改变阀门开度时功耗大,而改变转速时功耗小。这是用变频调速实现恒压供水节能的最基本的方面。下面,来分析供水功率节能效果有关的因素。

①节能效果和静态扬程的关系。

如图 6-16 所示,静态扬程大,管阻特性的起点高,节能效果较差,如图(a)所示;静扬程小,管阻特性的起点低,节能效果较好,如图(b)所示。节能效果之所以和静扬程有关,是因为水泵在供水时,首先必须把水上扬到静扬程所需的高度,这部分损耗,称为基本功耗。显然,基本功耗越大,节能效果就越差。所以,在其他条件相同的情况下,高楼变频供水节能效果差,而车间变频供水的节能效果好,因为车间的楼层一般较低。

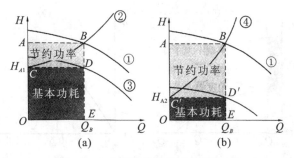

图 6-16 节能效果和静扬程的关系

(a)静扬程大;(b)静扬程小

②节能效果和水泵额定扬程的关系。

如图 6-17 所示,在静态扬程相同的情况下,水泵额定扬程大的,节能效果好。严格地说,水泵的额定扬程和静态扬程之间的差越大,节能效果越好。所以,在谈论水泵的节能效果时,要注意了解水泵额定扬程和静扬程之间差值的大小。

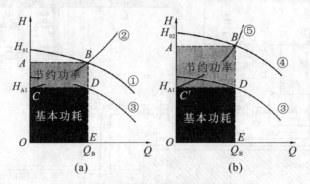

图 6-17 节能效果和水泵额定扬程的关系

(a)额定扬程大;(b)额定扬程小

③节能效果和流量之间的关系。如图 6-18 所示分别为流量在额定流量的 85%、60%和 10%的节能效果。流量大和流量小的时候,节能效果都不如流量在 60%左右的节能效果好。流量很小时,水泵消耗的总功率较小,所以,节能效果不明显。如图 6-18 (d)所示,从供水角度看,节能效果和流量之间的关系不是单调变化,而具有"两头小、中间大"的特点。

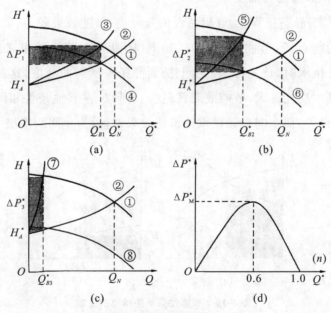

图 6-18 节能效果和流量的关系

(a)流量为 85%;(b)流量为 60%;(c)流量为 10%;(b)节能曲线

(2)电动机的轴功率 P_M。也是水泵的输入功率。水泵为二次方律负载,它的阻转矩与转速的二次方成正比,即

$$T_{\mathrm{L}} = T_0 + K_{\mathrm{T}} n_{\mathrm{L}}^2 \tag{6-1}$$

式中：T_{L}——水泵的阻转矩，$\mathrm{N \cdot m}$；

　　　T_0——损耗转矩，$\mathrm{N \cdot m}$；

　　　K_{T}——转矩系数；

　　　n_{L}—水泵的转速，$\mathrm{r/min}$。

而功率与转速的三次方成正比，有

$$P_{\mathrm{L}} = P_0 + K_{\mathrm{P}} n_{\mathrm{L}}^3 \tag{6-2}$$

式中：P_{L}——水泵消耗的功率，W；

　　　P_0—损耗功率，W；

　　　K_{P}—功率系数。

公式(6-2)表明，转速越低，水泵消耗的功率越小，有关资料表明，当采用改变阀门的开度调节流量时，轴功率随流量而减小的情形如图 6-19(a)中的曲线①所示，流量减小时，轴功率减小得不多；而当采用改变转速来调节流量时，轴功率随流量而减小的情形如图中的曲线②所示，流量减小时，轴功率减小得十分迅速。

两者比较，轴功率的节能效果与流量的关系如图 6-19(b)中的曲线③所示。

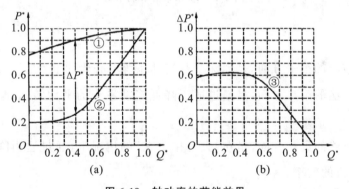

图 6-19　轴功率的节能效果

(a)两种方法对轴功率的反映；(b)轴功率节能曲线

水泵输出侧和输入侧的节能效果不同是由水泵效率的不同所产生，如图 6-20 所示。有关资料表明，当采用关小阀门来调节流量时，水泵的效率曲线如图中的曲线①所示，随着流量的减小，效率也迅速下降。流量越小，效率越低。但是，利用调节转速来调节流量时，水泵的相对效率始终等于1.0，如图中的曲线②所示。变频调速可以使水泵始终在最高效率下工作。

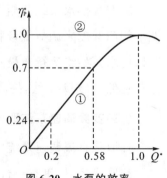

图 6-20　水泵的效率

所以,从电动机轴上的输出功率来看节能效果,要比水泵输出功率的节能效果好。

(3)电功率 P_V,即电动机的输入功率。毫无疑问,P_V 和 P_M 之间的差别在于电动机的效率。当准确地预置"低励磁 U/f 线"时,可以进一步节能。

如图 6-21 所示,总结供水系统的节能问题。

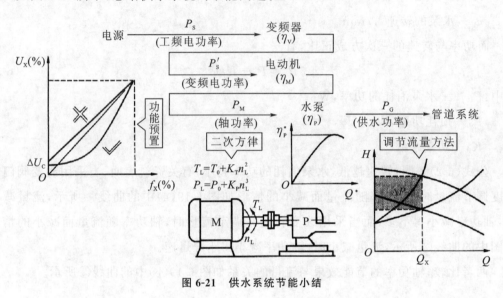

图 6-21 供水系统节能小结

本节要点

1.变频器节能的第一方面,是消除某些拖动系统不必要的浪费。

2.变频器节能的第二方面,是通过适当降低拖动系统的平均转速,减少拖动系统消耗的功率。

3.变频器节能的第三方面,是在"大马拉小车"的情况下,通过适当降低电动机的电压,来提高电动机的效率。

4.变频器节能的第四方面,是把拖动系统在运行过程中释放的能量充分地利用起来。

5.变频供水系统节能有三个环节:第一个环节是通过变频调速来调节流量,与通过调节阀门开度来调节流量相比,在供水功率方面,具有明显的节能效果;第二个环节是可以使水泵始终运行在最佳效率的状态,或者说,提高了水泵的效率;第三个环节是通过预置低励磁 U/f 线,提高电动机的效率。

(三)变频调速系统取代其他调速系统

1.取代直流调速系统

问题描述:厂里有一台橡胶机械,采用直流电动机调速,因故障率较高,需把它改造成变频调速。

直流电动机的铭牌数据是：75 kW、1 500 r/min、220 V、383 A。

额定转矩是：$T_{MND} = \dfrac{9550 P_{MN}}{n_{MN}} = \dfrac{9550 \times 75}{1500} = 477.5(\text{N} \cdot \text{m})$

取代直流电动机的三相异步电动机的铭牌数据是：75 kW、1 480 r/min、139.7 A。

额定转矩是：$T_{MNA} = \dfrac{9550 P_{MN}}{n_{MN}} = \dfrac{9550 \times 75}{1480} = 484(\text{N} \cdot \text{m}) > T_{MND}$

由于橡胶机械需要较大的启动转矩，故采用"有反馈矢量控制"方式。但是，在满载启动时，无法启动，该如何解决呢？

问题解析：

（1）预备知识

如图 6-22 所示，直流电动机特点。直流电动机的定子是磁极，其磁通的大小取决于通过励磁绕组的励磁电流 I_0。一般不调整励磁电流的大小，故直流电动机的主磁通等于常数，即 $\Phi_0 = C$。

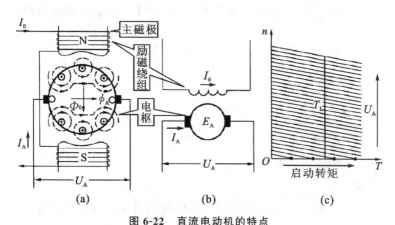

图 6-22　直流电动机的特点

(a)直流机结构；(b)直流机电路；(c)机械特性

直流电动机的转子是电枢，电源通过电刷和换向器通入电枢绕组，形成电枢电流。其结构如图 6-22(a)所示，而电路如图 6-22(b)所示。直流电动机的调速主要通过调节电枢电压 U_A 来实现。电磁转矩取决于电枢电流和磁通的乘积，有

$$T_M = C_T I_A \Phi_0 \tag{6-3}$$

式中：T_M——电动机的电磁转矩，N·m；

　　　C_T——转矩系数；

　　　I_A——电枢电流，A；

　　　Φ_0——主磁通，Wb。

（2）变频调速系统取代电磁调速电动机调速系统

一般情况下,主磁通是不变的。电磁转矩的大小与电枢电流成正比。电枢电流的大小取决于式(6-4),即

$$I_A = \frac{U_A - E_A}{R_A} \qquad (6-4)$$

式中：U_A——电枢电压,V;

E_A——电枢绕组的电动势,V;

R_A——电枢绕组的电阻,Ω。

其中,电动势 E_A 是电枢绕组切割主磁通的结果,电动机的转子只有当转子旋转起来才可能切割磁力线。因此,它的计算公式是

$$E_A = C_E \Phi_0 n_M \qquad (6-5)$$

式中：C_E——电势系数;

n_M——电动机的转速,r/min。

在启动时,因为转速 $n_M = 0$,故电动势 $E_A = 0$。所以,启动时的电流是

$$I_{AS} = \frac{U_A}{R_A} \qquad (6-6)$$

式中：I_{AS}——启动电流,A。

结合式(6-3),则由于 $\Phi_0 = C, R_A = C,$

所以 $\qquad\qquad\qquad T_{MS} = C'_M U_A \qquad (6-7)$

式中：T_{MS}——启动转矩,N·m;

C'_M——系数。

直流电动机在没有任何反馈的情况下,其机械特性如图 6-22(c)所示。由图可以看出,随着电枢电压的上升,启动转矩不断增加,直到启动为止。

所以,直流电动机和异步电动机在启动方面的区别是：异步电动机产生不了大的启动转矩;而直流电动机的启动转矩是能够不断地增大。当然,它会受到制约,制约的根本因素是换向。电流太大,换向器会产生很大的火花,甚至烧坏换向器。一般说来,直流电动机的启动转矩限制在额定转矩的 2.5～3 倍。这比异步电动机的启动转矩大。

在图 6-23 中,曲线①是直流电动机的有效转矩线,启动转矩如按额定转矩的 2.5 倍计,为 $T_{MSD} = 2.5 T_{MN} = 2.5 \times 477.5 = 1193.75 (N·m)$

其启动转矩如曲线②所示。

曲线③是 4 极异步电动机的有效转矩线,启动转矩如按额定转矩的 2.0 倍计,为

$$T_{MS4} = 2.0 T_{MN} = 2.0 \times 484 = 968 (N·m)$$

其启动转矩线如曲线④所示。很明显,4 极异步电动机的启动转矩比直流电动机要小。

若改用 6 极异步电动机,则额定转速为 980 r/min,额定转矩为

$$T_{MN6} = \frac{9550 P_{MN}}{n_{MN}} = \frac{9550 \times 75}{980} = 730.8(N \cdot m)$$

式中:T_{MN6}——6 极异步电动机的额定转矩,N·m。

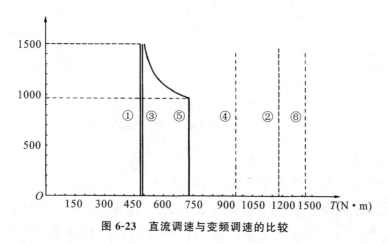

图 6-23　直流调速与变频调速的比较

有效转矩如曲线⑤所示,启动转矩为:

$$T_{MS6} = 2.0 T_{MN} = 2.0 \times 730.8 = 1461.6(N \cdot m)$$

式中:T_{MS6}——6 极异步电动机的启动转矩,N·m。

其启动转矩线如曲线⑥,可以看出,6 极异步电动机的启动转矩比直流电动机大,可以启动。

(3)问题延伸:采用 6 极异步电动机后,启动问题得以解决,但是,在直流电动机的额定转速处,异步电动机的转矩够吗? 当转速超过直流电动机的额定转速,情况又怎样呢?

问题解析:从直流调速系统的工作特点分析,直流电动机的调速手段有两个:

①调节电枢电压。这是在额定转速以下进行调速的基本手段。

②调节励磁电流。这是在额定转速以上进行调速的基本手段。

直流调速系统的框图如图 6-24(a)所示,调速后的机械特性如图(b)所示。

由图 6-24(b)知,直流调速系统在额定转速以下调速时,其机械特性特别"硬",这是因为有两个闭环进行调节的结果:一个是内环,也称为转矩环,其反馈信号与电枢电流成正比;另一个是外环,也称为转速环,其反馈信号与转子的转速成正比。

由于直流电动机的电枢电路和励磁电路互相独立。因此,上述两个调节环节只能作用到电枢电路上,而不能作用到励磁电路上。所以,在额定转速以上调速时,机械特性就不那么"硬"了,如图(b)的上部所示。当机械特性要求较高时,直流电动机的应用只

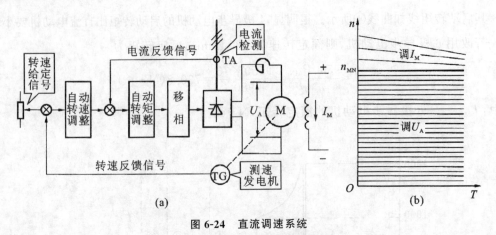

图 6-24　直流调速系统

(a)直流调速系统框图；(b)直流调速系统机械特性

在额定转速以下进行调速。

变频器的矢量控制方式，虽然是仿照直流电动机的特点进行等效变换的，但其磁通信号和转矩信号电路并未分开，如图 6-25(a)所示。故矢量变换既可用额定频率以下，也可用额定频率以上，其机械特性曲线簇如图(b)所示。这是变频调速的矢量控制方式和直流调速系统的一个重要区别。

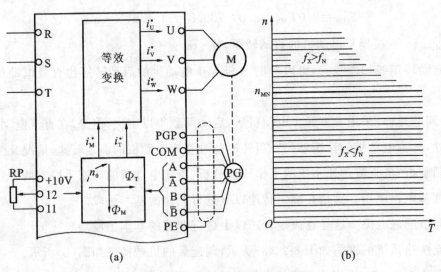

图 6-25　有反馈矢量控制系统

(a)矢量控制图；(b)矢量控制机械特性

当异步电动机的额定转速比直流电动机低一个档次（例如，直流电动机的额定转速为 1 500 r/min，而异步电动机为 980 r/min）时，两者的有效转矩线如图 6-26(a)所示，而功率曲线则如图(b)所示。两者的比较结果如下：

①在异步电动机的额定转速以下，异步电动机的有效转矩比直流电动机大得多。

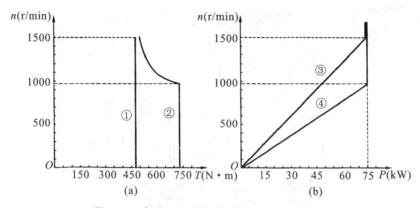

图 6-26　电动机调速的有效转矩线和功率曲线

(a)有效转矩线；(b)功率曲线

②当转速达到异步电动机的额定转速时，异步电动机轴上的有效功率已经达到额定功率，而直流电动机的有效功率则较小。

③异步电动机在额定转速以上，有效转矩线具有恒功率特点，但机械特性仍很硬。

④在达到直流电动机的额定转速时，两者的有效转矩和有效功率都相等。

总结：在大多数情况下，直流调速系统在改造成变频调速时，只需选转速和容量相当的异步电动机即可。但若生产机械要求在低速时有较大转矩或要求较大启动转矩时，则应该选额定转速较低的异步电动机。

2.取代电磁调速电动机调速系统

问题描述：有一台机器，原来采用电磁调速电动机（滑差电动机），拖动系统数据如下：

拖动电动机：15 kW、1 460 r/min、30.3 A；输出轴转速范围：60～1 200 r/min；

传动机构的传动比：$\lambda=30$。

由于电磁调速电动机在一次事故中损坏，而相同规格的电磁调速电动机已经不生产，现改造成变频调速。

(1)预备知识：电磁调速电动机相当于两级异步电动机，其结构原理如图 6-27 所示。拖动电动机 M 是第一级异步电动机，它带动一个旋转磁极旋转，产生第二级异步电动机的磁场。第二级的转子因切割机械旋转磁场而产生感应电动势和电流，并且产生电磁转矩，使之旋转。旋转磁极的励磁电流由转速调节器 SR 提供。调节电位器 R_P，可以调节 SR 的输出电压和电流，从而调节机械旋转磁场的磁通，最终是调节转子的转速。变频改造时，试验了三个方案。

第一个方案，把励磁电流保持在最大位置，然后对拖动电动机实施变频调速，如图 6-37(a)所示。结果，低速时带不动负载。

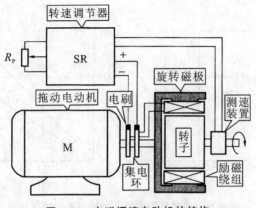

图 6-27 电磁调速电动机的结构

第二个方案,把两个旋转部分固定成一体,如图 6-28(b)所示,功率损耗减小。结果比第一个方案有所进步,但低速时还是带不动负载。

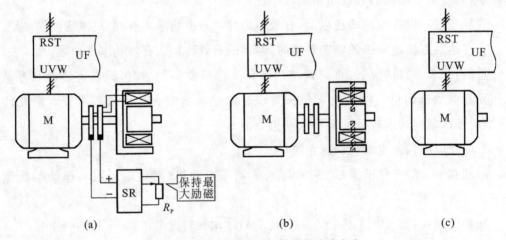

图 6-28 电磁调速电动机的变频改造方案

(a)最大励磁电流;(b)第二级固定;(c)另选电动机

第三个方案,找一台和拖动电动机同容量的电动机来实现变频调速,如图 6-28(c)所示。结果仍然无法带动负载。

(2)深度解析:电磁调速电动机在低速时的带负载能力。

对比齿轮变速箱在调速过程中,整个拖动系统的功率没有改变,输出轴上的有效转矩线恒功率。齿轮变速箱输出轴的有效转矩线如图 6-29(a)所示。

而电磁调速电动机虽然拖动电动机的功率不变,但与齿轮箱刚性连接不同的是,电磁调速电动机是柔性连接,功率损失大。调速后,输出轴上的功率减小很多,所以低速运行时,输出转矩有所增加,其机械特性如图 6-29(b)中的曲线②、③、④、⑤所示,而有效转矩线则如曲线⑥所示。由图知,在低速运行时,有恒功率的倾向,但远远达不到恒功率的程度。即便这样,电磁调速电动机在低速时的转矩还是比较大,而变频调速的转矩则较小。

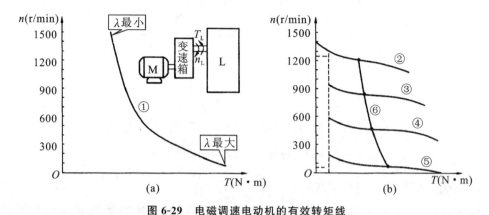

图 6-29　电磁调速电动机的有效转矩线

(a)齿轮箱的有效转矩;(b)滑差电动机的有效转矩

具体分析那台机器,如图 6-30 所示。其机械特性如图中的曲线①所示。低速时负载转矩的折算值是 105 N·m,而拖动电动机的额定转矩是 98 N·m,变频调速后的有效转矩线则如图中的曲线②所示。

很明显,电动机将处于过载状态。而工作要求的电动机的最低转速只有 60 r/min,采用变频调速时,只有 2 Hz。那台电动机的转差频率为:

转差
$$\Delta n = n_0 - n_M = 1500 - 1460 = 40 (\text{Hz})$$

转差频率
$$\Delta f = \frac{p \Delta n}{60} = \frac{2 \times 40}{60} = 1.3 (\text{Hz})$$

采用有反馈矢量控制方式能够解决低速时旋转起来的问题,但并不能解决电动机过载的问题。可以通过增加电动机的磁极对数不增加容量的方法解决。例如,采用 6 极电动机。

在手册上查到,6 极电动机的主要数据是:15 kW、970 r/min、31.5 A。

额定转矩为
$$T_{MN} = \frac{9550 P_{MN}}{n_{MN}} = \frac{9550 \times 15}{970} = 148 (\text{N} \cdot \text{m})$$

采用 6 极电动机后,电磁转矩增大,其有效转矩线如图 6-30 中的曲线③所示。并且,其最低工作频率成 3 Hz,转差频率为 1.5 Hz,低速运行时不再有问题。

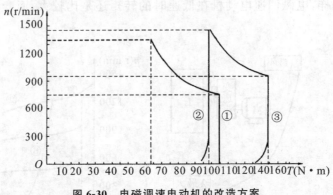

图 6-30 电磁调速电动机的改造方案

3. 取代三相整流子调速系统

问题描述：一台排粉机上的三相整流子电动机损坏，其铭牌数据及运行数据如下：额定功率为 160 kW；额定电流为 285 A；实际工作电流为 234 A；负荷率为 0.82；额定转速为 1 050 r/min；传动比为 2。由于三相整流子电动机为淘汰产品，如何改造为普通异步电动机变频调速？

问题解析：

(1) 原拖动系统的计算数据。

原电动机的额定转矩为

$$T_{MN0} = \frac{9550 P_{MN}}{n_{MN}} = \frac{9550 \times 160}{1050} = 1455 (N \cdot m)$$

负载的折算转矩为

$$T'_L = T_{MN0} \xi_A = 1455 \times 0.82 = 1193 (N \cdot m)$$

负载的实际转矩为

$$T_L = T'_L \lambda = 1193 \times 2 = 2386 (N \cdot m)$$

负载的最高速为

$$n_{Lmax} = \frac{n_{MOmax}}{\lambda} = \frac{1050}{2} = 525 (r/min)$$

负载的最大功率为

$$P_L = \frac{T_L n_{Lmax}}{9550} = \frac{2386 \times 525}{9550} = 131 (kW)$$

(2) 改用 4 极电动机变频调速后的计算数据。

4 极电动机的铭牌数据：160 kW，275 A，1 480 r/min。

最高转速时的工作频率为

$$f_X = \frac{p n_{OX}}{60} = \frac{2 \times 1050}{60} = 35 (Hz)$$

异步电动机工作在 $f_X = 35$ Hz 时的有效功率为

$$P_{ME} = P_{MN}\frac{f_X}{f_N} = 160 \times \frac{35}{50} = 112(\mathrm{kW})$$

电动机的额定转矩为　$T_{MN} = \frac{9550P_{MN}}{n_{MN}} = \frac{9550 \times 160}{1480} = 1032(\mathrm{N \cdot m})$

电动机的过载率为　　　$\beta = \frac{T'_L}{T_{MN}} = \frac{1194}{1032} = 1.15$

当转速为 1 050 r/min 时,明显过载,电流达 316 A,电动机与实际的过载情况完全吻合,有 $\beta_M = \frac{I_M}{I_{MN}} = \frac{316}{275} = 1.15$,利用 4 极电动机改造不成功。

（3）改用 6 极电动机变频调速后的计算数据：

6 极电动机的铭牌数据：160 kW,297 A,980 r/min。

6 极电动机的额定转矩为

$$T_{MN} = \frac{9550P_{MN}}{n_{MN}} = \frac{9550 \times 160}{980} = 1559(\mathrm{N \cdot m})$$

在 1 050 r/min 时的工作频率,为

$$f_X = f_N\frac{n_{MX}}{n_{MN}} = 50 \times \frac{1050}{980} = 53.6(\mathrm{Hz})$$

在 1 050 r/min 时的有效转矩为

$$T_{MX} = T_{MN} \times \frac{f_N}{f_X} = 1559 \times \frac{50}{53.6} = 1454(\mathrm{N \cdot m}) > T'_L(=1194\mathrm{N \cdot m})$$

如图 6-31 所示,曲线①是负载的机械特性;曲线②是 4 极电动机变频调速后的有效转矩线;曲线③是 4 极电动机变频调速后的有效转矩线。

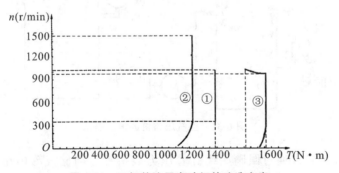

图 6-31　三相整流子电动机的改造方案

实践操作中,三相整流子电动机进行变频改造的事例,几乎所有三相整流子电动机的最高转速均为 1 050 r/min。因此,可以得出规律:凡是把三相整流子电动机改造为变频调速时,都应该选用 6 极电动机。

本节要点

1.直流调速系统只有在额定转速以下调速时,才能得到较硬的机械特性。因此,在许多场合,常常只利用额定转速以下时调速。而变频调速系统则即使在额定转速以上调速时,也能得到很硬的机械特性。所以用变频调速取代直流调速系统时,在大多数情况下,只要异步电动机的转速和容量与直流电动机相当即可。但当需要有大的启动转矩时,应考虑到额定转速降低一档(磁极对数加大一档)。

2.电磁调速电动机由于在调速过程中,拖动电动机的功率始终不变,故低速运行时,有效转矩较大。用变频调速系统取代时,当生产机械在低速运行并要求有较大转矩时,应考虑将电动机的额定转速降低一档(磁极对数加大一档)。

3.三相整流子电动机的最高转速通常都是 1 050 r/min,当用变频调速系统取代时,应选用 6 极异步电动机。

三、变频调速系统的闭环控制

问题描述:如何把空气压缩机改造成变频调速以便节能呢?

预备知识:

1.闭环控制的概念

如图 6-32 所示,以空气压缩机的变频调速系统作为分析对象,当设定储气罐的压力保持在 1.2 MPa(称为目标压力)时,怎样使储气罐的压力始终保持在 1.2 MPa 呢?

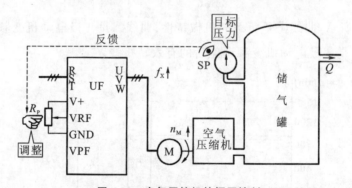

图 6-32   空气压缩机的恒压控制

最原始的方法是人通过眼睛始终盯着压力表指针。当储气罐内压力低于 1.2 MPa 时,用手去转动电位器旋钮,加大变频器的频率给定信号,提高变频器的输出频率,从而提高电动机的转速,加大空气压缩机产生的压缩空气,使储气罐的压力升高。反之一样。

这一操作过程是一种闭环控制,不过是手动的闭环控制。在这里,关键的因素有两个:

(1)用眼睛发现实际压力与目标压力之间的差异;

(2)根据差异的符号和大小,用手来调速频率给定信号的大小。

2.闭环控制的实施

首先,要把目标压力信号和实际压力信号转变为电信号,这才有可能在它们之间进行比较。实际压力信号变成电信号是通过各种压力变送器输出来完成的。但压力变送器不可能输出一个与目标压力成正比的电信号。由于目标压力是固定不变的。所以,可以用一个固定不变的电信号作为与目标压力对应的电信号。通常,用电位器滑动触点上的信号作为目标信号,如图 6-33 所示。此外,目标信号也可以由键盘的升、降键来给定。

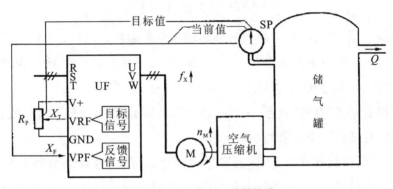

图 6-33　闭环控制系统的构成

具体设定方法是:由于变频器的信号输入端具体功能可以切换,故先把变频器的"闭环控制有效"功能预置为"有效"。当闭环控制"有效"时,从电位器输入的不再是频率给定信号,而是目标信号,如图 6-34 所示。压力变送器的输出信号的电流信号不再是辅助给定信号,而实际的压力信号,通常叫作反馈信号,如图 6-35 所示。

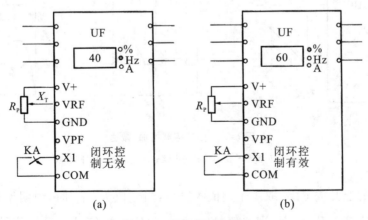

图 6-34　目标信号的通道

(a)闭环控制无效时;(b)闭环控制有效时

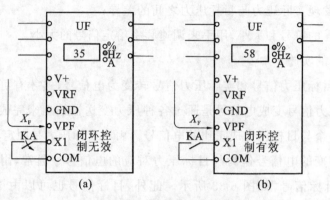

图 6-35　反馈信号的通道

(a)闭环控制无效时;(b)闭环控制有效时

闭环控制的是否有效,还可以通过外部输入端来切换。例如,把 X1 端子预置为"闭环控制失效"端子,则当 KA 闭合时,闭环控制无效;当 KA 断开时,闭环控制有效。为便于观察,图中用 X1 端子的状态来表明闭环控制功能的状态。

当闭环控制处于"有效"状态时,显示屏上不再显示频率,而显示百分数。这样,目标信号和反馈信号可以不受量纲的制约。

总结:当闭环控制有效时,变频器有三个变化,一是信号输入端输入的不再是频率给定信号,而是目标信号或反馈信号;二是显示屏显示的不是频率,而是百分数。三是变频器输出频率的大小,是要受到目标信号和反馈信号之间的差值控制。

如何来控制呢? 如图 6-36 所示,主要有两点:

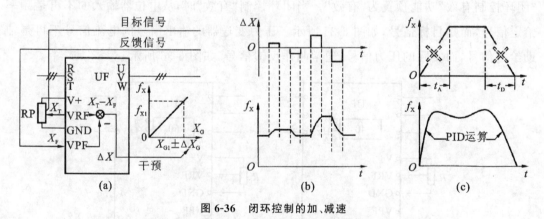

图 6-36　闭环控制的加、减速

(a)差异对频率的控制;(b)输出频率;(c)加、减速时间有效

(1)频率的上升或下降,取决于差值的符号:当差值为"+"时,说明反馈信号比目标信号小,频率应该上升;反之,当差值为"−"时,说明反馈信号比目标信号大,频率应该下降。

（2）频率上升或下降的快慢，取决于差值的大小：差值大，应该调整得快一些；差值小，可以调整得慢一些。

因此，当闭环控制有效时，变频器预置的加速时间和减速时间就会失效。

当购买到的压力变送器的量程不相同时，同样的压力得到的反馈信号不一样，如何确定目标值呢？

确定目标值的基本原则是，当实际压力与目标压力相等时的反馈信号等于目标信号。在本例中，如果压力变送器的量程是 2 MPa，如图 6-37（a）所示。则当实际压力等于目标压力 1.2 MPa 时，因为 1.2 MPa 是满刻度的 60%，所以，反馈信号等于 60% 时目标信号也需要设定为 60%，如图（b）所示。

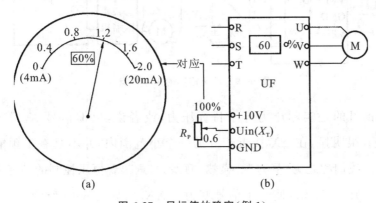

图 6-37　目标值的确定（例 1）

（a）量程为 2 MPa；（b）目标值

若压力变送器的量程是 5 MPa，如图 6-38（a）所示。则 1.2 MPa 是满刻度的 24%。目标信号则需要设定为 24%，如图（b）所示。

所以，相同的目标压力，如果压力变送器的量程不同，目标信号设定值需进行相应的设定。

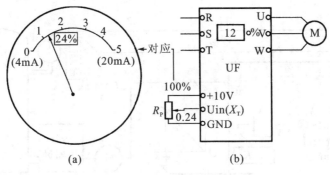

图 6-38　目标值的确定（例 2）

（a）量程为 5 MPa；（b）目标值

3. PID 调节的含义

如上所述,变频器输出频率的大小,要根据目标信号和反馈信号的差值 ΔX 来决定增大或减小。这种只决定输出频率的变化趋势,而不具体决定输出频率大小的信号,称为"干预信号",如图 6-39 所示。

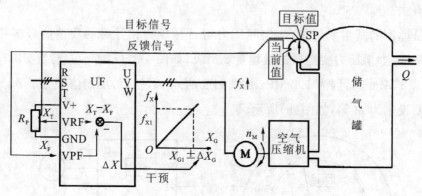

图 6-39　闭环控制的工作特点

闭环控制的目的是实际压力等于目标压力,或者说,反馈信号 X_F 等于目标信号 X_T,即 $\Delta X = 0$。很明显,在 ΔX 接近于 0 的一个小范围内,并不具有干预能力。X_F 和 X_T 之间的差异,我们称之为"静差"。显然,静差大,意味着恒压控制的精度差。

如果将 ΔX 放大 K_P 倍,使干预信号变为"$\Delta X K_P$",如图 6-40 所示。在所需干预量不变的情况下,X_F 和 X_T 之间的静差见表 6-1。

表 6-1　比例增益与静差的关系

干预量	0.5V			
K_P(比例增益)	10	100	1000	10000
ΔX(静差)	0.05	0.005	0.0005	0.00005

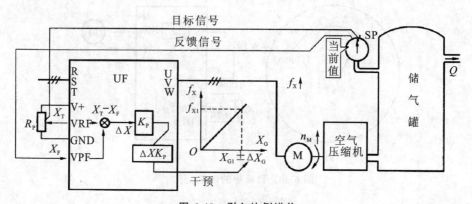

图 6-40　引入比例增益

可见,比例增益越大,静差越小。加入比例增益的调节,称为 P 调节。

比例增益越大,必然导致反应越快,灵敏度越高。在整个控制系统中,存在着许多滞后环节。这些滞后环节的存在,将导致系统的振荡。

滞后环节会导致系统振荡的原因:

如图 6-41,以压力变送器的反应滞后这一环节为例。当实际压力偏低,$X_F < X_T$,$\Delta X = X_T - X_F$ 为"+",变频器的输出频率将上升。因为 K_P 较大,干预信号 $K_P \Delta X$ 较大,使变频器的输出频率和电动机的转速迅速上升,储气罐内的压力 p_x 迅速上升。当上升到目标压力时,压力变送器却没有反应过来,如图中的 A 点所示。当压力变送器的指示值达到目标压力 p_T 时,储气罐内的实际压力已经超过目标压力,称为"超调",如 B 点所示。当压力变送器的指针超过目标压力 p_T 时,$X_F > X_T$,$\Delta X = X_T - X_F$ 为"-",变频器的输出频率将下降。因为 K_P 较大,干预信号 $K_P \Delta X$ 较大,使变频器的输出频率和电动机的转速迅速下降,储气罐内的压力 p_x 也迅速下降。当 p_x 已经下降到目标压力 p_T 时,压力变送器仍未反应过来,如图中的 C 点所示。及至压力变送器的指示值达到目标压力 p_T 时,储气罐内的实际压力已经低于目标压力。如此反复变化过程,就是振荡。

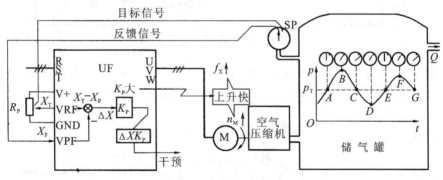

图 6-41　比例增益与振荡

这样,比例增益太小,会增大静差,太大又会引起振荡。解决办法是需要引入积分环节(I)。积分环节像给干预信号并联一个电容器,如图 6-42 所示。这样,不管 $K_P \Delta X$ 有多大,它输出的干预信号只能是逐渐上升,从而可以消除振荡现象。积分环节是通过调整积分时间来进行调节的,积分时间像电容电路的时间常数。积分时间越长,相当于电容器的容量越大,干预信号变化得越缓慢。

新的问题是,加入积分环节后,变频器对于干预信号的反应变得不灵敏。当生产机械要求能够迅速地消除静差时,则需要引入微分环节(D)。微分环节象干预信号串联一个电容器,如图 6-43 所示。这样,只要出现静差,就迅速地产生一个脉冲,使被控量快速接近目标值。微分环节是通过调整微分时间来进行调节。微分时间的长短,是指微分作用时间的长短。

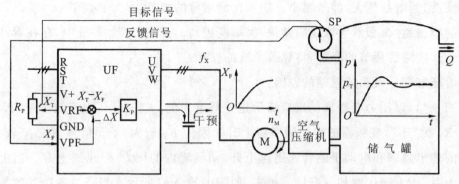

图 6-42　比例积分调节

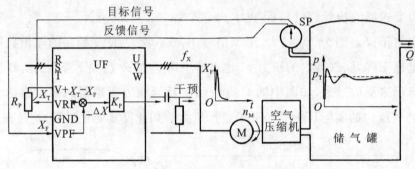

图 6-43　比例微分调节

把上述三个环节综合起来，就是 PID 调节。如图 6-44(a)所示为系统出现静差；图 (b)分别表示三个环节的作用；图(c)则显示 PID 调节的综合效果。

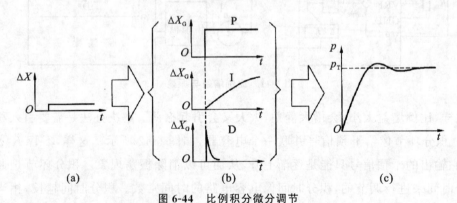

图 6-44　比例积分微分调节

(a)出现偏差；(b)P、I、D 环节；(c)PID 调节的综合效果

对于像空压机、风机和水泵等负载来说，对控制精度要求不高，通常，用 PI 控制就可满足系统需求。所以，有的变频器不设置 D 的功能。

实际工作中，调试时需要注意些两种情况：一是储气罐的压力时高时低，不稳定时表明发生振荡，如图 6-45(a)所示。解决的方法是：减小 P(指比例增益 K_P)，或增加积分时间。

二是用户的用气量改变后,压力偏离目标值的时间较长,反应比较迟缓,如图 6-45(b)所示。解决的方法是:增大 P(指比例增益 K_P),或减小积分时间。

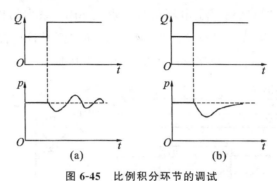

图 6-45　比例积分环节的调试

(a)发生振荡;(b)反应迟缓

4.闭环控制的控制逻辑

以本例中的空压机来说明如何判断正、负反馈。

当实际压力小于目标压力时,即 $X_F < X_T$ 时,要求变频器的输出频率上升,即 $X_F < X_T \to f_X \uparrow$。这种情况称为负反馈。也有的书上根据 $f_X \uparrow \to X_F \uparrow$ 的特点,称为正逻辑,如图 6-46(a)所示。

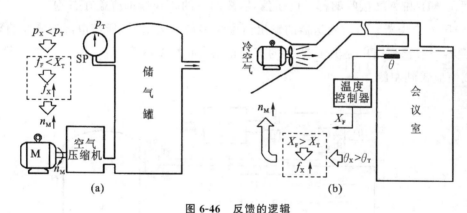

图 6-46　反馈的逻辑

(a)负反馈;(b)正反馈

图(b)所示,是会议室温度控制的例子。该会议室是用风机吹入冷空气来降温,风机采用变频调速。当会议室的实际温度高于目标温度时,即 $X_F > X_T$ 时,要求变频器的输出频率上升,即 $X_F > X_T \to f_X \uparrow$,这种情况称为正反馈,或负逻辑。

5.压力传感器的接线

以森兰 SB70 系列变频器为例来说明压力传感器的接线方法。

目前常见的压力变送器主要有两种:

(1)远传压力表。这种压力表内部有一个电位器,电位器的滑动端与压力表的指针相连，如图 6-47 所示。电位器的阻值大多是 400 Ω，两个固定端可以直接和目标值给定电位器的固定端并联，滑动端输出的就是与实际压力成正比的反馈信号，接到变频器的反馈量输入端。这里的反馈信号是电压信号。森兰 SB70 系列的模拟量输入端 AI1 和 AI2 接受信号的性质由跳线选择决定。当跳线帽盖在左侧时，说明该端子接收的是电流信号；而当跳线帽盖在右侧时，说明该端子接收的是电压信号。

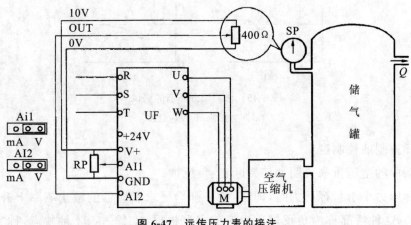

图 6-47　远传压力表的接法

现在 AI1 和 AI2 接收的都是电压信号，故两者的跳线帽都应盖在右侧。

（2）压力变送器。压力变送器的输出信号大多是电流信号，所需电源通常是直流 24 V，变频器一般都为用户提供 +24 V 的直流电源，如图 6-48 所示。这时，反馈信号通道的跳线帽应盖到左侧。

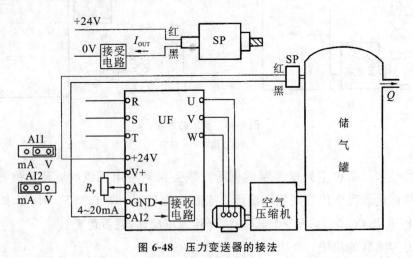

图 6-48　压力变送器的接法

压力变送器只有两根线：红线接到电源的"+24 V"端，黑线与电源的 0 V 之间，串联电流信号的接收电路。具体到变频器，则 GND 端即为 +24 V 电源的 0 V 端。压力变送器的黑线只需接到反馈信号输入端，接收电路在变频器内部的 AI2 和 GND 之间。

6.工程上预置 PI 的方法

工程上预置比例增益 P 和积分时间 I 按照如下步骤进行：

第一步,把比例增益 P 预置到最小,而把积分时间 I 预置到 20～30 s 左右。

第二步,逐渐加大 P,一直到系统发生振荡,然后取其半。

第三步,逐渐减小 I,一直到系统发生振荡,然后增加 50％。

第四步,按照上述步骤调试后,已基本可以达到系统要求。若发现有轻微振荡,则略减小 P,或增大 I;如果希望在用气量改变后压力恢复得快一些,则略增大 P,或减小 I。

问题解决:改造空压机进行变频调速。按照图 6-48 接线。储气罐的目标压力增大为 1.5 MPa。因为采购员购买的压力变送器的量程是 3 MPa 的,所以,目标值预置为 50％。

开机后,储气罐的压力缓慢地上升到将近 1.5 MPa 时,就不再上升。这时开始加大 P,一直加大到 P＝60 时,只见压力忽然超过 1.5 MPa,但很快又降下来,一会儿又上升。此时发生振荡,把 P 减小为 30。I 的出厂设定是 20s,逐渐地减小 I,及至减小到 5s 时,开始振荡,立即把 I 增大到 12 s。空压机运行稳定。

注意:看系统是否稳定,应以储气罐的压力是否稳定为主。当车间的用气量在变化时,储气罐的压力就要发生变化,为了维持压力不变,变频器的输出频率必然会在动态地调整。所以压力稳定,变频器输出频率并不稳定。

7.闭环控制的启动问题

问题描述:会议室冷风系统实施变频调速改造后,第一天调试后运行无问题,但第二天一开机,变频器跳闸显示错误代码表明"加速过电流"。如何解决这类问题呢?

问题解析:如图 6-49 所示,分析后有两方面需要考虑。

第一方面是温度的偏差。会议室在不开会时,没有必要吹入冷空气,故室内温度较高,与目标温度之间的差值(ΔX)较大,PID 运算的结果,必然比较大。

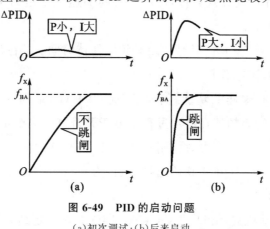

图 6-49　PID 的启动问题

(a)初次调试;(b)后来启动

第二方面是 P 和 I 的设置值。

变频器在出厂时,一般把比例增益 P 设置得最小,而积分时间 I 则设置得较长。故即使 ΔX 较大,PID 运算的结果并不大,如图 6-49(a)的上方所示。因此,变频器输出频率上升得较慢,电动机的加速度不大,所以不会跳闸。

经过调试后,比例增益 P 增大,而积分时间 I 则减小。

所以,第二天再来开机时,PID 运算的结果很大,如图 6-49(b)所示,变频器输出频率上升得较快,电动机的加速度较大,所以有产生跳闸的问题。

此类问题比较普遍。所以各种变频器都为此专门设置"启动功能":在刚开始启动的过程中,令加速时间有效,或者另行设置加速时间,如图 6-50 所示。举例如下:

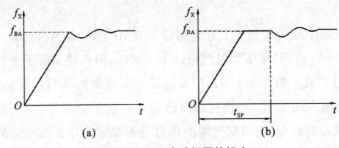

图 6-50　PID 启动问题的解决
(a)预置启动功能;(b)预置频率保持时间

(1)安川 CIMR-G7 系列。功能码 b5-17 用于预置"PID 指令用加减速时间"。当 PID 功能有效时,其启动过程中的加、减速时间将由 b5-17 功能独立决定。

(2)西门子 430 系列。功能码 P2293 为"PID 上升时间",用于启动时防止因加速太快而跳闸。

(3)丹佛士 VLT5000 系列。功能码 439 为"工艺 PID 启动频率",当收到启动信号时,变频器将转入开环控制方式运行,按加速时间加速。在达到 439 功能所预置的启动频率时,才转为闭环控制。

(4)森兰 SB70 系列变频器则设置"预置频率保持时间 t_{SP}"在保持时间 t_{SP} 内,变频器处于开环状态,即 PID 不起作用。

有少数变频器没有这样的功能,例如,康沃 CVF-G3 系列变频器。在这种情况下,可通过外接输入端子使变频器在启动过程中处于开环状态,例如,将功能码 L-66(X4 输入端子功能)预置为"22"(闭环失效控制),则当 X4 与 CM 之间闭合时,PID 功能失效,如图 6-51 所示。功能码 b-15(OC1 功能选择)预置为"2"(频率检测),功能码 L-59(频率一致水平)预置为"50 Hz"。

图中,KA1 是电动机启动继电器,KA2 是 PID 失效控制继电器。

电动机启动时,KA2 处于断开状态,其动断触点闭合,PID 失效。变频器的输出频

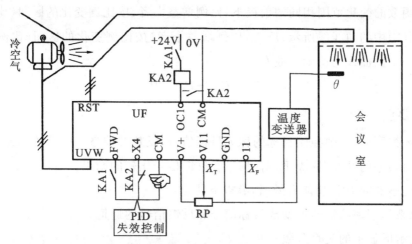

图 6-51　通过外接端子使变频器在启动时处于开环状态

率按预置的加速时间上升。当上升到 50Hz 时,输出端子 OC1 与 CM 之间导通,KA2 得电,其动短触点断开,变频器转为 PID 闭环运行。KA2 的动合触点闭合,KA2 自锁。

目前普遍存在另一个问题是,承接系统控制工程的工程师们大多对变频器不熟悉或不了解,所以遇到 PID 调节,通常不用变频器的 PID 功能。正确的做法是拖动系统采用变频调速时,都应该使用变频器的 PID 调节功能。

对于 P 的含义有不同的理解。变频器中的"P",为比例增益,或称放大倍数,用 K_P 表示;但其他装置中的"P",通常是指比例带,意思是在上、下限相同的情况下,按比例变化的区间,数值上与 K_P 正好互为倒数,即

$$P = \frac{1}{K_P}$$

图 6-52(a)中,当自变量 X 改变增量 ΔX 时,曲线①的函数增量为 ΔY_1,而曲线②的函数增量为 ΔY_2。假设:$\Delta Y_2 > \Delta Y_1$,则曲线②的比例增益比曲线①大,即 $K_{P2} > K_{P1}$。

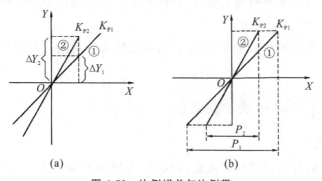

图 6-52　比例增益与比例带

(a)比例增益;(b)比例带

但在函数的变化范围相同的前提下,比例增益大者,按比例变化的区间(比例带 P_2)则小,如图(b)中的曲线②所示;反之,比例增益小者,按比例变化的区间(比例带 P_1)则大,如图(b)中的曲线①所示。故有:

$$K_{P2} > K_{P1} \rightarrow P_2 < P_1$$

本节要点

1.闭环控制中,反映控制目标的称为目标信号,反映被控量实际值的称为反馈信号。变频器输出频率的升降,取决于目标信号和反馈信号比较的结果。

2.当变频器的 PID 功能有效时,有以下特点:

(1)原来的频率给定通道变成目标信号和反馈信号的通道;

(2)显示屏显示的是百分数;

(3)原来预置的加、减速时间无效。

3.目标值的数值与传感器的量程有关。

4.反馈信号偏小,而要求输出频率上升,称为负反馈;反馈信号偏小,而要求输出频率下降,称为正反馈。

5.比例增益 P 是为减小静差而设。P 越大,静差越小,但容易引起振荡。

6.积分环节的作用有两个:

(1)可以消除振荡;

(2)静差不消失,积分不止,故可以消除静差。

7.微分环节的作用是使反馈信号迅速地接近目标信号。

8.若系统发生振荡,则减小 P,或增大 I;如系统反应迟缓,则增大 P,或减小 I。

9.远传压力表可以和目标信号共电源;压力变送器则使用变频器提供的 24 V 电源。

10.在电动机启动过程中,应使 PID 失效,以免因启动电流过大而跳闸。

11.在拖动系统为变频调速系统时,如控制系统需要进行闭环控制,应采用变频器的 PID 调节功能。

12.变频器里的比例环节多指比例增益,而其他装置里的比例环节则常常指比例带,两者互为倒数。

四、变频与工频的切换控制功能

1.切换控制综述

问题描述:厂里有几台风机和水泵,需要在变频与工频之间进行切换。原来的装置在切换过程中,常常会导致空气断路器跳闸。如何解决这些问题呢?

问题解析:如图 6-53 所示,变频—工频切换的主电路要用三个接触器。KM1 用以使变频器接通电源;KM2 用以将电动机接到变频器;KM3 用以将电动机接到工频电源。

切换的关键是,KM2 和 KM3 之间必须可靠互锁。为保证 KM2 和 KM3 不可能同时接通,在 KM2 断开和 KM3 接通之间的延时时间要长一些。

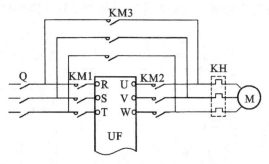

图 6-53　变频-工频切换的主电路

本例中风机的铭牌数据是:90 kW、1 480 r/min、164.3 A,延时时间为 5s。

切换时引起空气断路器跳闸的原因是延时时间过长。

2.对切换延时的要求

如图 6-54 所示,当电动机接到工频电源时,若电动机的转速已经降得很低,它接到工频电源时的冲击电流必然很大。一般说来,电动机接到工频电源时的转速应不低于额定转速的 80% 为宜。

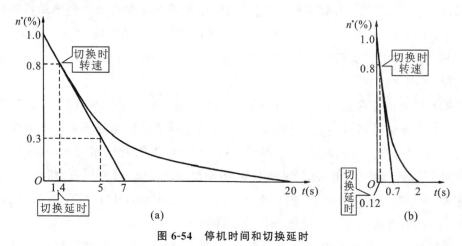

图 6-54　停机时间和切换延时

(a)风机的切换延时;(b)水泵的切换延时

本例中风机工频情况下切断电源后的停机时间大约为 20 s,其停机的时间常数约为 7 s。如果切换时的转速不低于额定转速的 80%,其切换延时时间应该小于 1.4 s。延时 5s 时的转速大约只有额定转速的 40% 左右。所以,电动机接到工频电源时,会产生很大的冲击电流,假设冲击电流是额定电流的 3 倍约 490 A,空气断路器会很容易跳闸。

风机在切换前的转速较低,运行频率低于额定频率时,应先将运行频率上升到基本频率或更高一点然后再切换,如图 6-55(a)所示。

反过来,电动机从工频切换到变频时较简单,如图 6-55(b)所示。原因是变频器具有自动搜索功能,所以在切换延时之后,变频器首先把频率上升到基本频率 f_{BA},然后经过自动搜索,搜索到与当前转速对应的频率 f_C,再调整到所需要的频率 f_G。

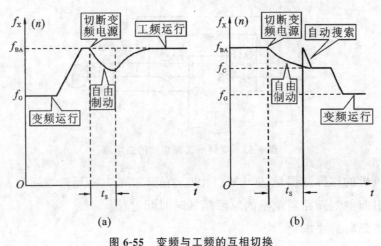

图 6-55 变频与工频的互相切换

(a)变频切换为工频;(b)工频切换为变频

3. 从变频运行切换到工频运行

以东芝 V7 系列的变频器为例,它里面通过设置若干功能可以实现手动切换。如图 6-56 所示,输出端子 OUT1 和 OUT2 的状态受输入端子 S3 的控制。

当 S3 处于"OFF"状态时,OUT1"ON",从而 KA1 得电,并使 KM2 也得电,电动机变频运行。

如果要切换成工频运行,则按 SF3,使 KA3 得电,S3 变成"ON"状态。这时变频器的输出频率上升至基本频率 f_B,并等待 t_1,t_1 是为电动机的转速跟上来。有的变频器不设置 t_1,而是把频率上升到略高于基本频率(如 5Hz),作用大致相同。t_1 延时结束时,OUT1"OFF",从而 KA1 和 KA2 相继失电,电动机脱离变频器,开始自由制动。

这时,变频器开始切换延时,时间是 t_2。t_2 延时结束时,OUT2"ON",从而 KA2 和 KM3 相继得电,电动机接入工频电源,开始工频运行。

上述切换时序,变频器内部已经设置,其中的 t_1 和 t_2,用户可以根据生产机械的具体情况进行调整。例如,如果是容量较大的风机,则 $t_1=0.5\ \text{s}$,$t_2=1\ \text{s}$。而如果是水泵,则 $t_1=10\ \text{ms}$,$t_2=120\ \text{ms}$。

以上是人工切换的过程。如果要求在变频器发生故障时自动切换为工频运行,则首先必须将功能码 F354 预置为"1"(跳闸自动切换)。这样,当变频器跳闸时,故障继电器动作,但逆变器件将不封锁,使变频器的输出频率可以上升到基本频率,完成切换程序。

从电路上说,只需把变频器内部的故障继电器 FL 的动合触点(FLA-FLC)与按钮 SF3 并联即可。故障继电器 FL 动作后,可以起到和按下 SF3 同样的作用。

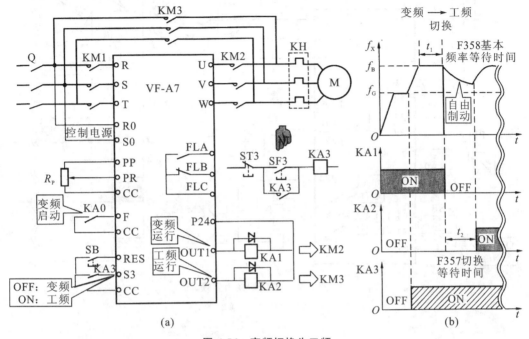

图 6-56　变频切换为工频

(a)基本电路;(b)切换时序

4.从工频运行切换到变频运行

从工频运行切换到变频运行,变频器的频率仍需上升到基本频率,但与变频切换到工频运行有区别。从变频切换到工频时,变频器带着电动机旋转,故在频率上升时,必须按照"加速时间"逐渐上升;而从工频切换到变频时,变频器的输出端并未接电动机,所以,它的输出频率可以直接上升到基本频率。如图 6-57 所示。

工频切换到变频时仍有延时,经过切换延时后电动机的转速下降,变频器有一个"自动搜索功能",能够自动地搜索到与当前电动机的转速吻合的频率。它的搜索过程大致如下:

电动机刚刚切换到变频器时,由于变频器的输出频率是基本频率,而电动机的转速已经下降,转差较大,电动机必然产生较大的冲击电流,如图 6-58 所示。变频器处在自动搜索状态时,将不断地检测输出电流。如输出电流过大,则自动地减小输出频率并再次测量输出电流,如仍过大,则再减小输出频率。如此反复进行,直到输出电流 $\leqslant 1.1 I_{MN}$ 时,变频器就认为已经搜索到,输出频率不再下降。这时,用户如认为转速偏高,则人为地调节到所需要的频率。

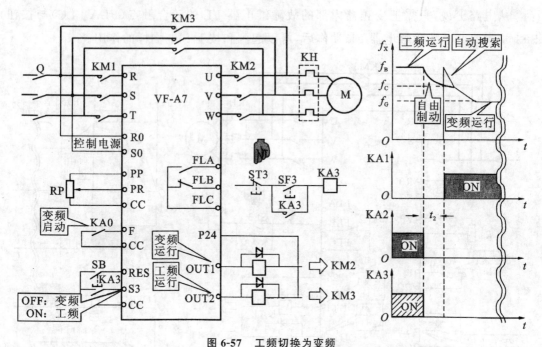

图 6-57 工频切换为变频

(a)基本电路;(b)切换时序

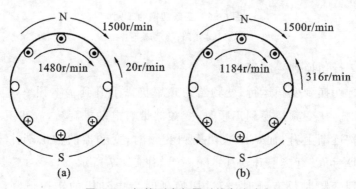

图 6-58 切换到变频器时的电流冲击

(a)工频运行;(b)切换到变频器时

本节要点

1.从变频切换至工频时,应注意的事项有:

(1)电动机的转速应不低于额定转速的 80%,以避免冲击电流;

(2)切换前,应使变频器的逆变电路处于封锁状态。

2.切换前,如运行频率较低,则切换时,应首先将变频器的输出频率上升到基本频率后再进行切换。

3.因变频器发生故障而自动切换时,变频器的逆变电路应仍处于工作状态,以便使输出频率上升。

4.从工频运行切换至变频运行时,因为变频器有自动搜索功能而比较容易。

【任务实施】

步骤一 查阅资料了解变频拖动系统的基本运行规律。

步骤二 分析变频拖动系统的节能效果。

步骤三 实践闭环控制的工程设置方法,在变频拖动系统及取代其他调速系统的实践中,进一步掌握变频拖动系统的应用方法。

【任务检查与评价】

整个任务完成之后,检查完成的效果。具体测评细则见表6-2所示。

表 6-2 任务完成情况的测评细则

一级指标	比例	二级指标	比例	得分
信息收集与自主学习	20%	1.明确任务	5%	
		3.制定合适的学习计划	5%	
		5.使用不同的行动方式学习	5%	
		6.排除学习干扰,自我监督与控制	5%	
变频拖动系统的节能效果分析、实践闭环控制的工程设置方法、应用变频拖动系统取代其他调速系统	70%	1.分析变频拖动系统的节能效果	20%	
		2.实践闭环控制的工程设置方法	20%	
		3.用变频拖动系统取代其他调速系统	30%	
职业素养与职业规范	10%	1.设备操作规范性	2%	
		2.工具、仪器、仪表使用情况,操作规范性	3%	
		3.现场安全、文明情况	2%	
		4.团队分工协作情况	3%	
总计		100%		

【巩固与拓展】

一、巩固自测

1.简述变频拖动系统中齿轮箱的作用?

2.恒转矩负载转速提升后,电动机是否一定无法带动负载?

3.变频调速的节能主要体现在哪些方面？

4.以图 6-14 为例，简述供水系统的节能原理。

5.直流调速改造为变频调速系统时，如何选择异步电动机？

6.变频调速系统设置为闭环控制时，变频器有哪些变化？

7.PID 调节中三个环节分别会对系统产生怎样的作用？

8.工程上预置 PI 的方法是什么？

9.变频切换到工频运行时，为何常引起空气断路器跳闸，切换时应注意哪些事项可以避免跳闸？

10.工频切换到变频时，为何变频器输出频率可以直接上升到基本频率？

二、拓展任务

结合身边的变频调速改造系统，计算改造前后的节能效果。并深入调查系统改造过程中出现的问题，及解决方法。

【项目小结】

本项目主要介绍了变频器电动机额定数据的内涵，变频器选择的方法，变频器常用外围设备的作用及选择的依据，变频器的模拟量、开关量输入端子以及输出控制端子的功能及常用的设计方法，变频器的干扰源、干扰途径以及消弱干扰的方法；变频拖动系统的基本规律，节能效果的分析，取代其他调速系统时的分析设计，变频拖动系统闭环控制的设置方法，工频与变频相互切换时注意事项。

通过本项目的学习，读者能掌握变频调速系统的分析方法，对变频器的应用具有深入的理解，具有系统设计能力。

【知识技能训练】

1.电动机的额定电压和额定电流指的是_____电压和_____电流。

2.电动机根据温升情况的不同，可分为_____负载、_____负载、_____负载和_____负载等。

3.选择变频器容量的根本原则是变频器的_____电流必须大于电动机运行过程中的_____电流。

4.空气短路器因为有_____保护和_____保护功能，在选用时应注意和变频器过载能力的配合。

5.任意频率给定线的预制方法有两种：一种是_____法；另一种是_____法。

6.变频器的模拟量输出端主要用于_____。实际输出的是与被测量成正比的直流_____或_____信号。

7.变频调速系统当频率下降时,电动机的_____将随频率的下降而下降。而齿轮箱的变速则具有_____性质。所以,变频调速不能简单地取代齿轮箱。

8.积分环节的作用有两个,可以消除_____和消除_____。

9.PID 调节中三个环节分别会对系统产生怎样的作用? 简述工程上预置 PI 的方法。

10.简述消弱变频器各类干扰源的方法。

第三篇 项目实战——变频器应用提高

【项目目标】

本项目由六个案例组成,主要内容包括中央空调冷却泵变频调速、排水泵变频调速、车间恒压供水变频调速、小区恒压供水变频调速、提升机变频调速、精密车床变频调速的实现。

知识目标	技能目标
了解中央空调冷却泵变频调速、排水泵变频调速、车间恒压供水变频调速、小区恒压供水变频调速、提升机变频调速、精密车床变频调速的实现方案及具体问题的解决方法。	能够根据不同的工业应用需求,具体分析实际运行中可能存在的问题,设计合理的变频调速系统方案。

案例一　中央空调冷却泵的变频调速

一、任务描述

某公司中央空调有三个冷却泵,主要功能是冷却冷冻主机。两用一备,平时多数时间开两台,有时也开一台,备用泵一般不开。三台泵均为 45 kW,采用 Y-Δ 启动方式。由于 Y-Δ 控制系统接触器裕量小,故障率较高,现要求改造成变频调速,既降低故障率,又有利于节能。

二、变频调速的基本方案

1.控制部分采用 PID 调节的主从控制结构。

本次系统改造,把一台变频器作为主机,进行 PID 调节;另一台作为从机,由主机的频率输出信号作为从机的频率给定信号。如图 7-1 所示,主-从 PID 控制电路。UF1 是控制主泵 P1 的变频器,采用 PID 控制方式,A3 预置为目标信号的通道,A2 预置为反馈信号的通道,并从模拟量输出端子 FM 输出与频率成正比的电压信号。UF2 是控制从动泵 P2 的变频器,从 UF1 的 FM 端输出的模拟量信号连接到 UF2 的 A1 端,作为 UF2 的频率给定信号。这样,UF2 的输出频率就同步于 UF1。

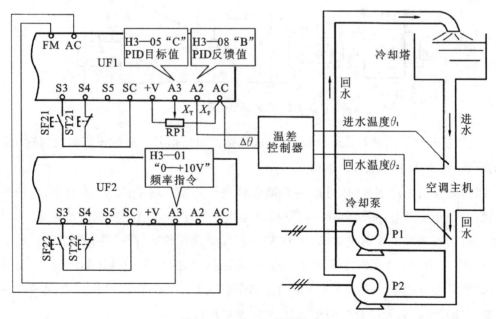

图 7-1　主-从 PID 控制电路

2.温差信号的取出

如图 7-2 所示,通过模/数字电路进行温差信号的比较放大,电路成本较高。

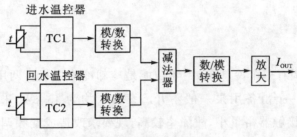

图 7-2　温差信号取出之一

如图 7-3 所示,为成本较低的温差信号提取电路。图中,光耦合管 VP1、VP2 和电阻 R_3、R_4 构成桥路。令 $R_3 = R_4$,则 B 点的电位必等于电源电压之半,即 U_B 为 6V。两台温控器的输出电流分别通过两个光耦合管的二极管部分,由于两者有温度差异 $\Delta 0$,光耦合管三极管部分的等效电阻不相等,A 点的电位与 B 点电压必不相等,即 $U_A \neq U_B$。

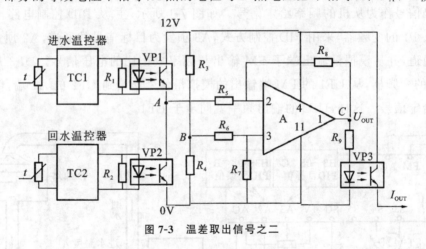

图 7-3　温差取出信号之二

从 A、B 两点取出的 U_{AB} 是与温差 $\Delta\theta$ 成比例的电压信号。通过运算放大器输出端 C 点的电压 U_C 是与温差成比例的电压。

当需要输出电流信号时,可以由光耦合管进行转换。图中的 R_9 的大小,应该校准到当温差等于 6 ℃时,光耦合管三极管的输出电流等于 20 mA。校准温差为 6 ℃,是方便此时启动备用泵。特别注意,VP1 和 VP2 应尽量选用传输特性相同的光耦合管。

如图 7-4 所示,为光耦合管测试。图(a)为测试电路,调节 10 kΩ 的电位器,可调节通入二极管部分的电流 I_D,同时测量出三极管部分的电流 I_T,作出两者之间的关系曲线,如图(b)所示,为光耦合管的传输特性 $I_T = f(I_D)$。

3.三台泵的主电路

由于三台泵需要轮流使用,当有一台变频器故障时,需将其中一台冷却泵接到工频电源。设计主电路如图 7-5 所示。

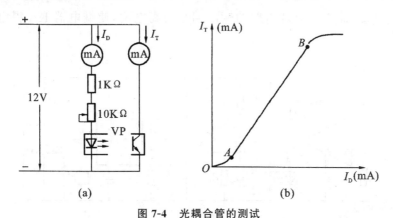

图 7-4 光耦合管的测试

(a)测试电路；(b)光耦合管的传输特性

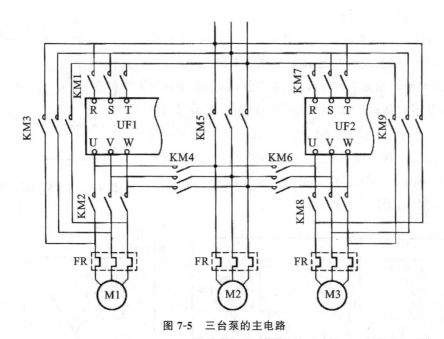

图 7-5 三台泵的主电路

1 号泵 M1 变频运行时，由接触器 KM1、KM2 控制，工频运行时，由 KM3 控制；

3 号泵 M3 变频运行时，由接触器 KM7、KM8 控制，工频运行时，由 KM9 控制；

2 号泵有两种情形：

M2 可以由 UF1 驱动，由 KM1、KM4 控制，工频运行时，由 KM5 控制；

M2 也可以由 UF2 驱动，由 KM6、KM7 控制，工频运行时，由 KM5 控制。

每台泵既可以变频运行，也可以工频运行。当两台泵均工作在 50Hz 而温差仍偏高时，需进行温差偏高报警。

图 7-6 为温差偏高报警设计图，C 点电位与温差大小成正比，D 点的电位则是当温

差等于上限温差时的基准电位。当温差超过上限电位时，$U_C > U_D$，经运算放大器比较后，E 点为低电位，而 555 时基电路的输出端必为高电位，使继电器 KA 得电，进行声光报警。

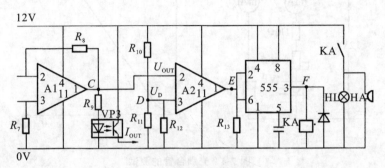

图 7-6　温差偏高报警图

4. 系统运行过程分析

在系统启动前，温差在设定温差（3 ℃）之内，不需要冷却泵运行。当温差信号超过目标温差（3 ℃），系统要求冷却泵加速。如图 7-7 所示，A 点以前，温差小于目标值，冷却泵不启动；在 AB 段，由于 PID 运行，温差保持恒定；在 BC 段，两台冷却泵都已经运行在 50 Hz，温差却还在上升，当上升到上限温差 C 点时，发出报警信号，把两台冷却泵中的一台切换成工频运行，变频器启动备用泵。主要功能预置，如图 7-8 所示。

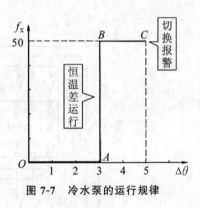

图 7-7　冷水泵的运行规律

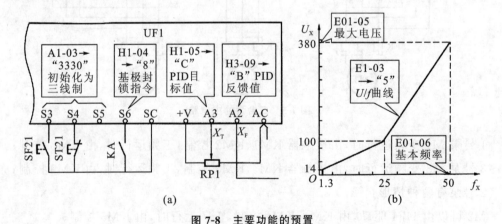

(a)　　　　　　(b)

图 7-8　主要功能的预置

本任务要点：

1. 冷却泵是用来冷却冷冻主机的，在进行变频调速时，应进行恒温差控制。

2. 温差信号可利用两个光耦合管的三极管部分串联，和电阻组成桥路取出。两个光耦合管的传输特性应该尽量相同。

案例二　排水泵的变频调速

一、任务描述

厂里有一个深度 1.5 m 浅水池的废水池,需要日夜向外排水。现需设计变频调速系统,将水位保持在一定范围,这样既可以节能,又节省人力。

变频系统主要电器件参数:

排水泵数据:37 kW,69.8 A,1 480 r/min;

选用变频器:英威腾 CHF100 系列,76 A,37 kW。

二、浅水池变频调速系统设计

1.控制方案

如图 7-9 所示,采用杆式水位检测器,变频器的各端子中,端子 S1 和端子 S2 用于电动机的启动和自锁;端子 S3 用于降速,端子 S4 用于升速;端子 HDI 用于超越极限水位时封锁逆变管并报警。

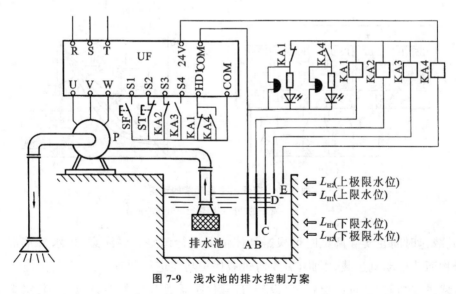

图 7-9　浅水池的排水控制方案

2.系统运行分析

各继电器的作用是:KA1 是下限继电器,正常时处于得电状态;KA2 是下限继电器,正常时也处于得电状态;KA3 是上限继电器,正常时处于断电状态;KA4 是上限继电器,正常时也处于断电状态。

正常水位时,;KA2 处于得电状态,端子 S3 断开;KA3 处于断电状态,端子 S3 断开,KA1 处于得电状态,KA4 端子处于断电状态,故端子 HDI 断开,都处于无信号状态。

当水位低于下限水位时,KA2 失电,其动断触点使变频器的端子 S3 得到信号,变频器的输出频率下降,排水泵减小排水量,使水位上升,当水位高于下限水位时,KA2 又得电,变频器的输出频率不再下降。

当水位高于上限水位时,KA3 得电,其动合触点使变频器的端子 S4 得到信号,变频器的输出频率上升,排水泵增大排水量,使水位下降,当水位低于上限水位时,KA3 失电,变频器的输出频率不再上升。

如果排水池的水位高于上极限水位,或低于下极限水位,则 KA4 的动合触点或 KA1 的动断触点配合,使变频器的端子 HDI 得到信号,变频器将封锁逆变管,电动机停止排水。

3.变频器主要功能预置

如图 7-10 所示,各端子的功能预置如图(a)所示。由于废水池的水通常是不大干净的,因此,排水泵的吸入口常常会被一些杂物堵住,加重水泵的负担。而英威腾变频器其降转矩分三种:1.3 次方幂、1.7 次方幂和 2.0 次方幂,如图(b)所示。所以,转矩提升 U/f 预置,应选 1.7 次方幂或 1.3 次方幂。

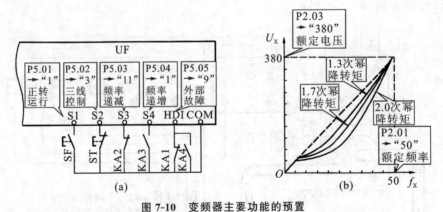

图 7-10 变频器主要功能的预置

(a)变频器各端子的功能;(b)转矩提升线的预置

加、减速时间在实际调试时可根据具体情况进行调整。要注意:排水泵常常会因为吸入异物而使电动机过载,因此,需要对过载保护功能进行预置。

英威腾变频器在"过载保护"里设计"过载保护系数",如图 7-11 所示,其定义是电动机的最大电流与变频额定电流之比,即

$$I_M\% = \frac{I_{Mmax}}{I_N} \times 100\%$$

式中:I_{Mmax}——电动机的最大运行电流,A。

对于水泵,在正常情况下,是不会过载的,所以用电动机的额定电流作为 I_{Mmax} 即可。

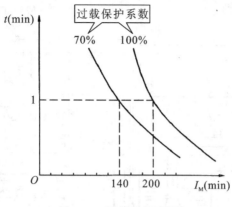

图 7-11　过载保护功能

4. 故障报警

如图 7-12 所示,对于继电器输出端子 RO1A、RO1B 和 RO1C 的功能预置为"故障输出",即继电器 RO1 在变频器因发生故障而跳闸时动作。RO1 的动断触点串联在接触器 KM 线圈电路中,以便变频器跳闸后,使变频器迅速地脱离电源。RO1 的动合触点则接通声光报警电路。继电器 KA 用于当变频器断电后,使声光报警电路断续通电,直到操作工人闻声赶到,按下 ST2,才停止声光报警。

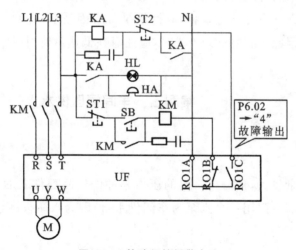

图 7-12　故障保护报警电路

5. 深水池的排水控制

当排水池深度达到 3 m 以上时,杆式水位检测器(每根长度 1 m)不能满足检测要求,换装水位变送器,如图 7-13 所示。其控制方式和浅水池完全一样,仅仅是水位信号的取出方法有区别。通过"点—条转换"集成电路 LM3914,把水位成正比的电流信号,转换成 10 个档次的开关信号。再通过光耦合管取出信号,同时,还可以用不同颜色的发光二极管显示当前水位。

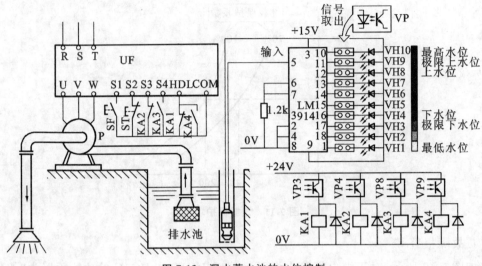

图 7-13 深水蓄水池的水位控制

本任务要点：

1. 水位的检测视水池的深浅而异。水池较浅者可用杆式检测器,非但价廉,而且易于维护,故障率低;但水池较深者则以采用水位变送器为宜,配合点一条转换集成电路,可使其控制方法与采用杆式检测器相同,还能显示当前水位。

2. 因为水池内常常有泥沙等杂物,故排水泵常常因吸水口杂物过多而加大负载,使电动机容易过载。因此,在预置 U/f 线时,应注意在低速运行时,要有足够大的转矩。

案例三 车间恒压供水

一、任务描述

车间里的用水量较大,常需要一定的压力来冲洗产品部件上的泥沙。平时工作时,水压不是很高。以前专门用一台水泵为车间供水,但因为水压很高,造成浪费,需改造为变频调速系统。

二、恒压供水变频调速系统设计

1. 车间恒压供水方案

购置两个电接点压力表,电动机数据:22 kW,42.5 A,1 470 r/min;

变频器选用台湾产台达 VFD-B 系列;34.3 kVA,45 A。

图 7-14 所示,为车间恒压供水系统框图。

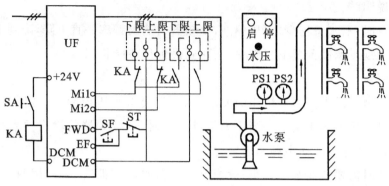

图 7-14　车间恒压供水

2.系统运行分析

两个电接点压力表指针接点与变频器的公共端相接,压力的下限接点接到变频器的"频率递增"(Mi1)端,压力的上限接点接到变频器的"频率递减"(Mi2)端。当水压低于下限压力时,Mi1 端得到信号,变频器的输出频率上升,加大水泵的输出流量,使压力上升。压力上升后,指针极与下限接点脱离,变频器的输出频率不再上升。反之,当水压高于上限压力时,Mi2 端得到信号,变频器的输出频率下降,减小水泵的输出流量,使压力下降。压力下降后,指针极与下限接点脱离,变频器的输出频率不再下降。

两个压力表上、下限接点的位置不同,设定不同的水压。PS1 用于低水压供水,PS2用于高水压供水,用继电器 KA 切换。KA 得电时为高水压,KA 失电时为低水压。

3.变频器功能预置

如图 7-15 所示,为变频器功能预置。

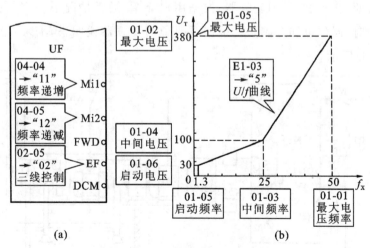

图 7-15　台达变频器的功能预置

(a)输入端子功能;(b)转矩提升功能

4.其他说明

中午休息时,涌水量很少,水压偏高,变频器的输出频率一直下降,降到下限后,就不再降。可通过现场调试预置下限频率,已达到最优化节能状态。

本任务要点:

1.车间的恒压供水因为对恒压的要求不高,只要将水压控制在一定范围内就行,故可以采用电触点压力表来实现。当压力超过上限时,令变频器的输出频率递减;当压力低于下限时,令变频器的输出频率递增。

2.当生产时需要较高水压,而一般情况下所需水压较低时,可以用两个电触点压力表:一个控制高水压,另一个控制低水压。

3.在中午休息时,可使变频器在下限频率下运行。

案例四 小区恒压供水

一、任务描述

某小区的泵站里,有一台 75 kW 的主泵,还有一台 5.5 kW 的小泵。现需改造为恒压供水系统。

二、小区恒压供水系统

1.一主一辅的供水方案

购买一台西门子 430 系列变频器,根据用户介绍,通常情况下,一台主泵已经足够,夏天用水高峰时,偶尔也加开副泵。根据西门子的变频器说明书,辅泵直接与工频电源连接,如图 7-16 所示。

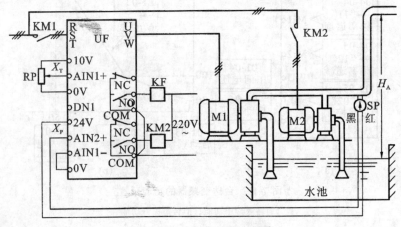

图 7-16 小区恒压供水系统

2.变频器功能预置

如图 7-17 所示,为变频器功能预置。

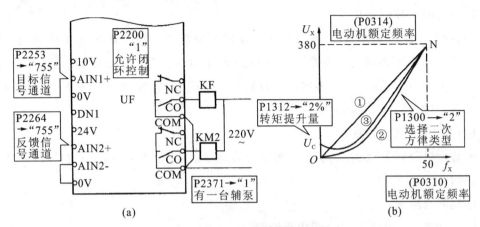

图 7-17　西门子变频器的功能预置

(a)端子功能预置;(b)转矩提升的预置

由于水泵在停止状态,水管里通常有水,启动时有阻力。所以,转矩提升量至少应该在 5% 以上。

3.辅泵的加泵与减泵控制

图 7-18 所示,为辅泵的加泵与减泵控制。西门子变频器以 PID 的偏差作为控制依据。

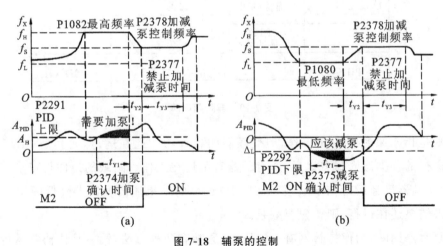

图 7-18　辅泵的控制

(a)加泵控制;(b)减泵控制

需解释的几个功能设置问题:

(1)确认时间

由于辅泵的开和停不可能像信号灯似地闪动。因此,当有的用户短时间地开大水龙头,但很快又关上。尽管在开大水龙头时,管网压力偏低,但对于这段时间的压力偏低,可以不予理睬。所以,只有在较长一段时间内,管网压力始终偏低时,才确认需要加泵。故需对确认时间这个参数进行设置。

（2）加、减泵控制频率

加、减泵控制频率是指在加、减泵过程中的过渡频率。由于辅泵是工频启动,所以,在加泵后管网压力必将突然升高。为缓解这种压力的突变,在加泵前先把变频器的运行频率下降到过渡频率,然后再加泵。减泵时的情况相同,在减泵前先把变频器的运行频率上升到过渡频率,然后再减泵。

（3）禁止加、减泵时间

为防止过分频繁地加、减泵。每次加泵或减泵后,都至少要运行一段时间,才允许再次加、减泵。

4.唤醒与睡眠

图 7-19 所示,为唤醒与睡眠功能设置。

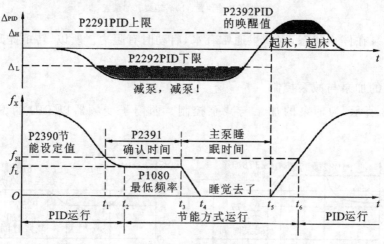

图 7-19　睡眠到唤醒

睡眠是指水泵暂时停止工作,但变频器的各种功能还在运行,尤其是 PID 运算,是始终在进行的。类似人睡着以后,所有的器官都还在工作。睡眠的条件与减泵的条件相同,均为变频器已经运行在下限频率,但 PID 运算的结果还需变频器降低频率的时候发生。如果辅泵还在运行,则首先要减泵。

主泵暂停期间,为保持管网有一定压力,通常有两种方法,第一是让辅泵运行。第二是采用气压罐,如图 7-20 所示,气压罐里有一个气囊。在正常水压下,气囊中的空气被压缩。当管网中的压力偏低时,依靠空气的压力来维持管网的压力。

本任务要点:

1.小区供水系统可以采取由变频器控制一台主泵,实现恒压供水,用水高峰时,可增加一台辅泵。

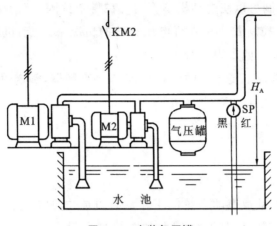

图 7-20　安装气压罐

2. 主泵的恒压供水控制由变频器的 PID 调节功能来完成。

3. 辅泵投入和退出的功能控制,由变频器的加泵和减泵功能来实现。

加泵的依据是:变频器已经运行在最高频率,而 PID 运算的结果要求继续升速,并经一定时间的确认。加泵时,变频器先把输出频率下降至过渡频率,然后再加泵。

减泵的依据是:变频器已经运行在下限频率,而 PID 运算的结果要求继续降速,并经一定的时间确认。减泵时,变频器先把输出频率上升至过渡频率,然后再减泵。

4. 夜深人静,当变频器长时间运行在下限频率,而水压又偏高,并经确认后,变频器可以进入睡眠状态。水压不足时,再唤醒变频器继续工作。

案例五　提升机的变频调速

一、任务描述

厂里有一台提升机,制动器的故障率高,不便维修。现要求在不改变操作盒的前提下改造成变频调速。电动机为绕线转子,额定数据是:11 kW、24.6 A、6 极。

二、变频器选取依据

1. 绕线转子异步电动机的处理

绕线转子异步电动机可以实现变频调速,但要把转子的三根引线短路起来,电刷举起或拿掉。由于起重机械需要绝对的安全,因此采取把变频器容量加大一档的方法,以避免或减少无谓的跳闸。

2. 矢量控制方式

由于重物在上升和下降过程中,电动机的机械特性可能出现在四个象限,即所谓四象限运行。而矢量控制可以使电动机不管运行在哪个象限,都能保持磁通不变,故适合于四象限运行。V/F控制方式在进行电压补偿的情况下,电动机状态和发电机状态的磁通差别很大,故不适合四象限运行。

综合以上信息,选取三菱公司的FR-A500系列变频器,额定数据如下:

23.6 kVA,31 A,配15 kW电动机。

三、系统运行分析

(一)四象限运行

所谓四象限运行,是指拖动系统的工作点有可能出现在坐标系的四个象限中。电动机在不同象限中的工作状态各不相同,如图7-21所示。

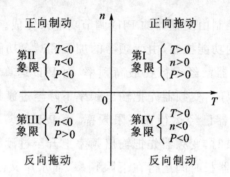

图7-21 四象限工作特点

1. 四象限的工作特点是:

(1)第 I 象限:电动机正向拖动状态。电动机的转矩、转速和功率都是"＋"值,大多数正向运行状态都在第 I 象限。

(2)第 II 象限:电动机的转速为正向"＋",但电磁转矩却是"－"的,说明是制动转矩,电动机处于正向制动状态。由于制动状态时,电动机高转速消耗动能,故功率为"－"值。

(3)第 III 象限:电动机反向拖动状态。电动机的转矩、转速均为"－"值,功率为正,说明是电动机在做功。拖动系统在反转运行时,其工作点在第 III 象限。

(4)第 IV 象限:反向制动状态。电动机反转,转速为"－",但电磁转矩为"＋",故功率为"－"值。

2. 起升过程中电动机的工作状态

(1)重物上升:重物上升时,如图7-22(a)所示,负载的机械特性在第 I 象限,如图7-22(b)中的曲线①所示。

负载上升,是电动机正向转矩作用的结果。此时电动机的旋转方向与转矩方向相同,处于电动机状态。其机械特性也在第 I 象限,如图(b)中的曲线②所示,工作点 Q_1 点,转速为 n_1;当通过降低频率而减速时,在频率刚刚下降的瞬间,机械特性已经切换至

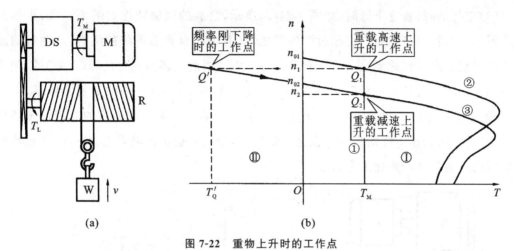

图 7-22 重物上升时的工作点

(a)重物上升;(b)工作点

曲线③,工作点由 Q 点跳变至 Q' 点,进入第Ⅱ象限,电动机处于再生制动状态(发电机状态),其转矩变为反方向的制动转矩,使转速迅速下降,重新进入第Ⅰ象限。至 Q_2 点时处于稳定运行状态,Q_2 点便是频率降低后的新的工作点,此时转速已经降为 n_2。

(2)空钩(包括轻载)下降:空钩(包括轻载)下降时,如图 7-23(a)所示,负载机械特性在第Ⅲ象限,如图 7-23(b)中的曲线①所示。由于受减速机构摩擦转矩的阻碍,重物自身将不能下降,必须由电动机反方向运行来实现。电动机的转矩和转速都是负的,故机械特性曲线也在第Ⅲ象限,如图(b)中的曲线②所示,工作点为 Q_1 点,转速为 n_1;当通过降低频率而减速时,在频率刚刚下降的瞬间,机械特性已经切换至曲线③,工作点由 Q 点跳变至 Q' 点,进入第Ⅳ象限,电动机处于再生制动状态(发电机状态),其转矩变为正方向的制动转矩,使转速迅速下降,并重又进入第Ⅲ象限,至 Q_2 点时,又处于稳定运行状态,Q_2 点便是频率降低后的新的工作点,此时,转速已经降为 n_2。

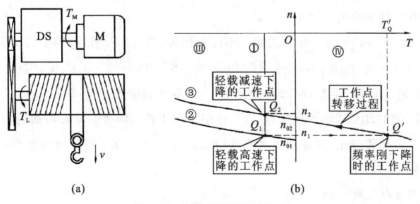

图 7-23 空钩下降时的工作点

(a)空钩下降;(b)工作点

（3）重物下降：重物下降时，如图 7-24(a)所示，负载的机械特性如图 7-24(b)中的曲线①所示。重物自身的重力将超过摩擦转矩，具有依靠自重而下降的能力，电动机的旋转速度将超过同步转速而进入再生制动状态。电动机的旋转方向是反转（下降）的，但其转矩的方向却与旋转方向相反，是正方向的，其机械特性如图(b)中的曲线②所示，工作点为 Q 点，转速为 n_1。这时，电动机的作用是防止重物由于重力加速度的原因而不断加速，达到使重物匀速下降的目的。在这种情况下，摩擦转矩也将阻碍重物下降，故重物在下降时构成的负载转矩比上升时小。

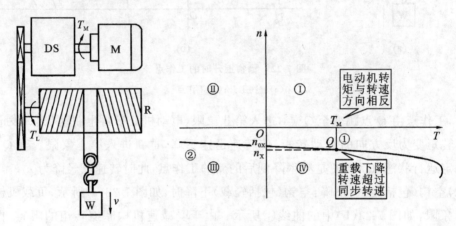

图 7-24　重物下降时的工作点

(a)重载下降；(b)工作点

变频器只有矢量控制方式和直接转矩控制方式才可以进行四象限运行。在这两种控制方式下，磁通保持不变。而在 V/F 控制方式下，磁通大小的变化复杂。

四、提升机的变频控制

1.提升机变频调速的控制方案。

如图 7-25 所示，三菱变频器的端子不需要预置，结合提升机，各端子的功能为：

STF——重物上升；STR——重物下降；STOP——紧急停机；RH——高速；RM——中速；RL——低速；MRS——限位（封锁变频器输出，但不跳闸）。

输出端子中，RUN 端子预置为"20"，该端子用于控制电磁制动器的通电与断电。由于该端子为晶体管输出，只能用于直流低压电路，故 RUN 端子需控制继电器 KB，由 KB 去控制接触器 KMB。

2.提升机的操作电路

如图 7-26(a)所示，除紧急停机按钮直接控制变频器的 STOP 端子外，每个按钮控制一个继电器，每个继电器又同时控制变频器的两个端子，如"上升＋中速、下降＋低速"

等。图(b)所示为操作盒。

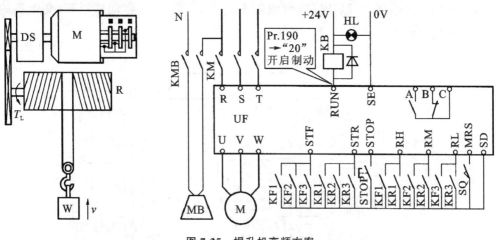

图 7-25　提升机变频方案

(a)提升机示意图；(b)变频电路

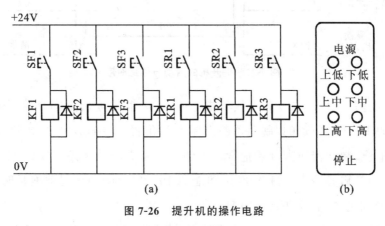

图 7-26　提升机的操作电路

(a)操作电路；(b)操作盒

五、溜沟的处理时序

为使重物能够在空中停住，提升机必须配置电磁离合器。电磁离合器和电动机之间若配合不好，容易发生"溜沟"现象。即，在电磁制动器放松和抱紧的过程中，重物有可能下滑。三菱变频器有相关的程序控制功能。

如图 7-27 所示，为处置溜沟的时序功能预置方案。

1.抱紧到放松的过程。当变频器接到运行指令后，首先把变频器的输出频率上升到"制动开启频率"（由功能码 Pr.278 预置），出厂设定为 3 Hz。此时，电动机的电流将上升，功能码 Pr.279 预置制动开启电流，确认电动机是否具有足够大的电磁转矩，可预置为 25 A。功能码 Pr.280 预置检测时间,可预置为 0.5 s。经过检测后,使电磁制动器通电,由功能码 Pr.281 预置开启时间,可预置为 0.3 s。0.3 s 后制动器松开,变频器的输出频率就升高到操作器决定的工作频率。

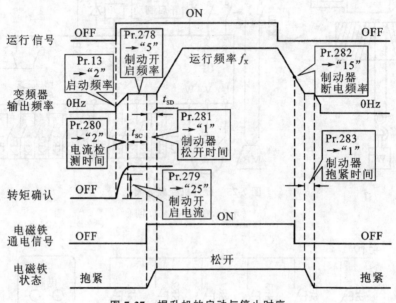

图 7-27　提升机的启动与停止时序

2.放松到抱紧过程。当变频器接到指令后,变频器的输出频率开始下降,当频率下降到由功能码 Pr.282 预置的"制动器断电频率"(预置为 6 Hz)时,电磁制动器断电,但由于还有续电流,制动器还未开始抱紧。等到续流完毕,开始抱紧时,变频器的输出频率也下降到"制动开启频率"(2 Hz),经过功能码 Pr.283 预置的'制动抱紧时间'(预置为 0.3 s)后,制动器抱紧,频率下降为 0 Hz。

三菱变频器的上述时序的实质,是使电磁制动器的动作过程在很低频率下进行,从而既不会产生太大的冲击电流,也避免闸片的磨损。

本任务要点:

1.绕线转子异步电动机只需要把转子的三根引出线短路起来,就可以进行变频调速。

2.所谓四象限运行,实际上是指,电动机在运行过程中,其机械特性可能出现在笛卡尔坐标的四个象限里。具有四象限运行特定的拖动系统,不宜采用 V/F 控制方式。

3.当重物在空中停住时,为克服重物因自身重量而下降,必须由电磁制动器把电动机的轴抱住。电磁制动器在从抱紧到松开,以及从松开到抱紧的过程中,如果出现重物下滑的现象,称为溜沟。三菱变频器防溜沟的思想,是让电磁制动器的上述过程,在很低频率下进行。

案例六　精密车床的变频调速

一、任务描述

厂里有几台精密机床,内有德国进口的电磁离合器,故障率较高,现需改造为变频调速系统。根据车床说明书的信息,了解到:

精密车床 8 档转速,分别是:75、120、200、300、500、800、1 200、2 000 r/min。最大调速范围是

$$\alpha_L = \frac{n_{Lmax}}{n_{Lmin}} = \frac{2000}{75} = 26.67$$

负载的实际功率为 2 kW,配置电动机数据是:2.2 kW、1 420 r/min、50 A。电动机的额定转矩为:$n_{MN} = \dfrac{9550P_{MN}}{n_{MN}} = \dfrac{9550 \times 2.2}{1420} = 14.8(N \cdot m)$

二、车床系统运行分析

(一)车床的机械特性

车床以齿轮进行调速,忽略齿轮箱的损耗功率,根据能量守恒的原理,齿轮箱输出轴功率恒定,齿轮调速属于恒功率调速。

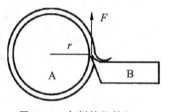

图 7-28　车削的阻转矩

1.低速段的机械特性。车床的机械特性分为恒转矩和恒功率两段。低速段属于恒转矩段,其切削转矩为切削力和工件回转半径的乘积,如图 7-28 所示。

$$T_L = Fr$$

式中:F——切削力,N;

r——工件的半径,m。

车床说明书记载,最大切削力 $F_{max} = 1\,225\,N$,工件的最大直径是 $D_{max} = 10\,cm$。其最大切削转矩为:

$$T_{Lmax} = F_{max}r_{max} = 1225 \times 0.05 = 61.25(N \cdot m)$$

在低速段的最大切削力相同,其负载转矩相同,属于恒转矩调速范围,或称为恒转矩区。

(2)高速段的机械特性

在高速段,刀具的耐用程度、进刀量及切削速度等因素互为关联。在刀具耐用程度一定的情况下,允许的进刀量和切削速度成反比。即进刀量越大,允许的切削速度越小。但进刀量又受到刀具和工件的强度等因素限制。所以,在刀具耐用程度一定的情况下,

转速越高,则允许的进刀量越小。

同时,切削速度受机床床身机械强度等因素的限制,要求允许的进刀量与之成反比。总之,在高速段,转速越高负载转矩越小,切削功率保持不变,属于恒功率区。

所以,车床的机械特性,是恒转矩和恒功率两者组合的特性。恒转矩和恒功率区的分界转速,称为计算转速,用 n_D 表示。在这台机床里:$n_D = 300 \ \text{r/min}$。

综上所述,机床的机械特性曲线如图 7-29 所示。表 7-1 所示为实际负载转矩。

表 7-1　各档转速下的实际负载转矩

档次	1	2	3	4	5	6	7	8
转速(r/min)	75	120	200	300	500	800	1 200	2 000
转矩(N·m)	63.7	63.7	63.7	63.7	38.2	23.9	15.9	9.55

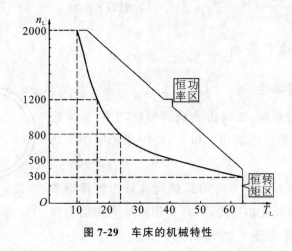

图 7-29　车床的机械特性

(二)两档传动比方案

由于普通电动机是不允许在 100 Hz 以上高速连续运行,而车床需在最高速时进行连续切削,故车床电动机最高运行频率需限制在 100 Hz 以下工作。

车床的每次调速,需进行停机调速,故可用两档传动比。即低速时传动比较大,高速时传动比较小。

在低速档,电动机工作在额定频率 50 Hz 时,理想空载运行转速为 1 500 r/min,与恒转矩区的最高转速 300 r/min 相对应,所以有

$$\lambda_L = \frac{1500}{300} = 5$$

在高速档,最高运行频率为 100 Hz,理想空载运行转速为 3 000 r/min,与负载最高转速 2 000 r/min 相对应,所以有

$$\lambda_H = \frac{3000}{2000} = 1.5$$

折算到负载轴上的电动机转速为　$n'_M = \dfrac{n_M}{\lambda}$

式中：n'_M——折算到负载轴上的电动机转速，r/min。

折算到负载轴上的电动机的转矩是

$$T'_M = T_M \lambda$$

式中：T'_M——折算到负载轴上的电动机转矩，N·m。

各档转速和转矩核算结果如表 7-2 所示。

表 7-2　各档转速和转矩核算结果

档次	1	2	3	4	5	6	7	8
负载转速（r/min）	75	120	200	300	500	800	1200	2000
传动比	5					1.5		
电动机转速（r/min）	375	600	1000	1500	2500	1200	1800	3000
电动机工作频率（Hz）	12.5	20	33.3	50	83.3	40	60	100
电动机有效转矩（N·m）	14.8	14.8	14.8	14.8	8.88	14.8	12.3	7.4
电动机转矩折算值（N·m）	74	74	74	74	44.4	22.2	18.1	10.9
负载转矩（N·m）	63.7	63.7	63.7	63.7	38.2	23.9	15.9	9.55
电动机的负荷率	0.87	0.87	0.87	0.87	0.87	1.07	0.88	0.88

从表 7-2 中可以看出，第 6 档（800 r/min）电动机略有过载。实际工作中，第 6 档由于过载量小，运行并无问题。变频调速系统设计时，需注意两点：

(1)因为车削螺纹时需要反转，车床的反转是通过机械装置来切换的，但工件毕竟是从正转状态转换成反转状态。因此，在切换过程中，电动机必然受到"冲击"。

(2)因为在安装工件时的需要，电动机应该能够制动。

三、变频器调速系统设计方案

1.变频器的选择

(1)变频器的容量。考虑到车床在低速车削毛胚时，常出现较大的过载现象，且过载时间有可能超过 1min。并且工件从正转切换到反转时，电动机存在着冲击电流。因此，变频器的容量应比正常的配用电动机容量加大一档。故选择：$S_N = 7.0$ kVA（配用 $P_{MN} = 3.0$ kW 电动机）的变频器，$I_N = 9$ A。

(2)变频器的型号。因为最低频率并不低，故以选用具有无反馈矢量控制方式的变频器为宜,现选:富士(日)MEGA(G1)系列变频器。

(3)多档转速给定。厂里要求,改造后仍采用旋转手柄来改变转速的方法。所以,采用变频器的多档转速控制。

2.变频器调速系统设计方案

如图 7-30 所示为变频器多档转速控制方案,SA 为旋转手柄转换开关。

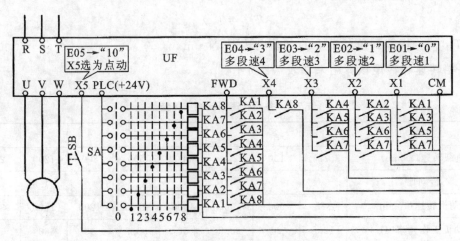

图 7-30 变频器的多档转速控制

3.变频器功能预置,如表 7-3 所示。

表 7-3

功能码	功能码含义	数据码	数据码含义	说明
F42	控制方式选择	5	无反馈矢量控制	
F02	运转,操作	1	输入端子控制	控制通道选择
F07	加速时间	3	根据车工的车削需要预置	单位 s
F08	减速时间	6		单位 s
F03	最高输出频率	100		单位 Hz
F04	基本频率	50		单位 Hz
F05	基本频率电压	380	与基本频率对应的电压	单位 V,AVR 有效
E01	输入端子 X1 功能	0	多档速 1	最低位
E02	输入端子 X2 功能	1	多档速 2	次低位
E03	输入端子 X3 功能	2	多档速 3	次高位
E04	输入端子 X4 功能	3	多档速 4	最高位
E05	输入端子 X5 功能	13	点动控制	

续表

功能码	功能码含义	数据码	数据码含义	说明
C05	多档转速 1 运行频率	12	与 75 r/min 相对应	传动比为 5，单位 Hz
C06	多档转速 2 运行频率	20	与 120 r/min 相对应	
C07	多档转速 3 运行频率	33	与 200 r/min 相对应	
C08	多档转速 4 运行频率	50	与 300 r/min 相对应	
C09	多档转速 5 运行频率	83	与 500 r/min 相对应	
C10	多档转速 6 运行频率	40	与 800 r/min 相对应	传动比为 1.5，单位 Hz
C11	多档转速 7 运行频率	60	与 1 200 r/min 相对应	
C12	多档转速 8 运行频率	100	与 2 000 r/min 相对应	
C20	电动频率	10		单位 Hz
P01	电动机磁极数	4		4 极电动机
P02	电动机功率	2.2		单位 kW
P03	电动机额定电流	5.0		单位 A
P04	矢量控制用自学习	3	旋转自动测量	

旋转自动测量的方法：电动机首先在静止状态下进行自动测量，再以基本频率的 50% 运行，进行旋转自动测量，并进行 2 次。

本任务要点：

1.车床的机械特性分两段：

低速段取决于切削力和工件回转半径，是恒转矩特性；

高速段取决刀具和机床床身的强度，是恒功率特性。

2.根据车床只能在停机的情况下改变转速的特点，可以采用两档传动比的调速方案。

3.变频器容量应该比电动机大一档，这是因为：

(1)低速车削毛胚时，电动机容易过载；

(2)当采用机械方法改变工件的旋转方向时，电动机有冲击电流。

4.车床要求较硬的机械特性，故控制方式以采用无反馈矢量控制方式较好。

【项目小结】

本项目主要介绍了中央空调冷却泵变频调速、排水泵变频调速、车间恒压供水变频调速、小区恒压供水变频调速、提升机变频调速、精密车床变频调速等六种变频调速系统的设计方案。

通过本项目的学习，读者对变频调速系统的应用能力进一步得到提高，具有开发更加复杂的变频调速系统应用能力。

【知识技能训练】

1.小区恒压供水方案中,辅泵投入和退出功能控制,由变频器的_____和_____功能来实现。

2.四象限运行特定的拖动系统,不宜采用_____控制方式,应采用_____控制方式。

3.试比较小区主—辅恒压供水方案与中央空调冷却泵主—从供水方案的异同。

4.试用三菱FR-F740系列变频器取代富士(日)MEGA(G1)系列变频器,构成任务六中精密车床的变频调速系统,并列出变频器功能预置表。

补充材料一 三菱 FR-F740 系列变频器简介

一、三菱 FR-F740 系列变频器变频器的基本结构

目前生产中广泛应用的是通用变频器,根据功率的大小,从外形上看有书本型结构(0.75～37 kW)和装柜型结构(45～1 500 kW)两种。图 8-1 所示为书本型三菱 FR-F740 系列变频器结构的通用变频器的外形结构。卸下表面盖板就可看见接线端子。

图 8-1 书本型结构通用变频器的外形结构

1—外壳;2—底座;3—控制电路接线引出;4—主电路接线引出;5—控制面板

二、变频器接线时注意事项

(1)输入电源必须接到 R、S、T,输出电源必须接到端子 U、V、W 上,若接错,会损坏变频器。

(2)为了防止触电、火灾等灾害和降低噪声,必须连接接地端子。

(3)端子和导线的连接应牢靠,要使用接触性好的压接端子。

(4)配线完后,要再次检查接线是否正确,有无漏接现象,端子和导线间是否短路或接地。

(5)通电后,需要改接线时,即使已经关断电源,也应等充电指示灯熄灭后,用万用表确认直流电压降到安全电压(DC25V 以下)后再操作。若残留有电压就进行操作,会产生火花,这时应该放完电后再进行操作。

三、三菱 FR-F740 系列变频器基本接线图

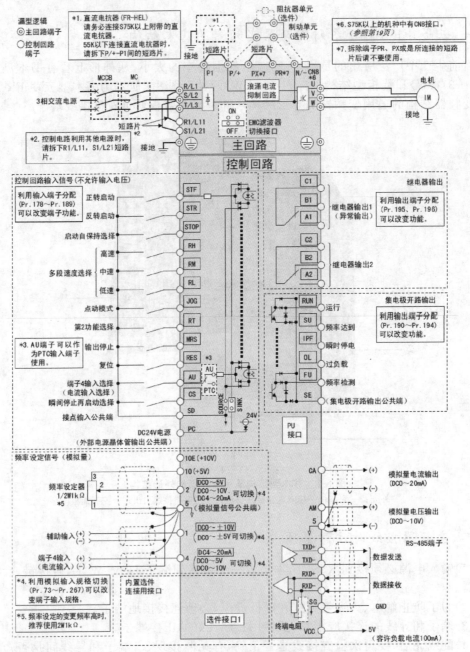

图 8-2　三菱 FR-F740 系列变频器基本接线图

四、三菱 FR-F740 系列变频器主电路端子和连接端子

1. 三菱 FR-F740 系列变频器主电路端子和连接端子的功能表(表 8-1)

表 8-1　主电路端子和连接端子的功能

端子记号	端子名称	端子功能说明
R/L1 S/L2 T/L3	交流电源输入	连接工频电源。 当使用高功率因数变流器(FR—HC,MT—HC)及共直流母线变流器(FR—CV)时不要连接任何东西
U、V、W	变频器输出	接三相鼠笼电机
R1/L11 S1/L21	控制回路电源	与交流电源端子 R1/L1,S/L2 连接。在保持故障显示或故障输出时及使用高功率因数变流器(FR-HC,MT-HC)和共直流母线变流器(FR-CV)时把端子 R1/L1-R1/L11,S/L2-S1/L21 间的短路片拆下,从外部接通端子电源。 请不要在主回路电源(R/L1,S/L2,T/L3)接通的状态下把控制回路用电源(R1/L11,S1/L21)断开。否则有可能损坏变频器。请使回路可以同时断开主回路用电源(R/L1,S/L2,T/L3)。
P/+,N/−	连接制动单元	连接制动单元(FR-BU,BU,MT-BU5),共直流母线变流器(FR-CV)电源再生转换器(MT-RC)及高功率因素变流器(FR-HC,MT-HC)。
P/+,P1	连接改善功率因数直流电抗器	取下端子 P/+-P1 之间的短路片,连接直流电抗器(FR-HEL)。(S75K 以上中则按标准附带直流电抗器。)
PR,PX	拆除端子 PR、PX 或是所连接的短路片后请不要使用	
⏚	接地	变频器外壳接地用。必须接大地。

2,主电路连接注意事项

(1)主电路电源端子 R、S、T,经接触器和空气断路器与电源连接,不用考虑相序。
(2)变频器的保护功能动作时,继电器的常闭触点控制接触器电路,会使接触器断开,从而切断变频器的主电路电源。
(3)不应以主电路的通断来进行变频器的运行、停止操作。需用控制面板上的运行键(RUN)和停止键(STOP)或用控制电路端子 FWD(REV)来操作。
(4)变频器输出端子(U、V、W)最好经热继电器再接至三相电动机上,当旋转方向与设定方向不一致时,要调换 U、V、W 三相中的任意两相。
(5)从安全及降低噪声的需要出发,为防止漏电和干扰侵入或辐射出去,必须接地。根据电气设备技术标准规定,接地电阻应小于或等于国家标准规定值,且用较粗的短线接到变频器的专用接地端子 PE 上。当变频器和其他设备,或有多台变频器一起接地时,每台设备应分别和地相接,而不允许将一台设备的接地端和另一台的接地端相接后再接地,如图 8-3 所示。

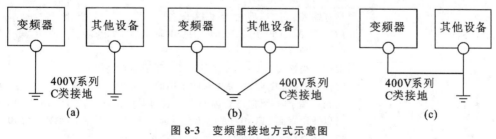

图 8-3　变频器接地方式示意图
(a)专用地线(好);(b)共用地线(正确);(c)共通地线(不正确)

五、三菱 FR-F740 系列变频器控制电路端子

(1)输入信号端子

种类	端子记号	端子名称	端子功能说明		额定规格
接点输入	STF	正转启动	STF 信号处于 ON 便正转,处于 OFF 便停止。	STF,STR 信号同时 ON 时变成停止命令	输入电阻 4.7kΩ,开路电压 DC21~27V,短路时 DC4~6mA
	STR	反转启动	STR 信号处于 ON 便逆转,处于 OFF 便停止。		
	STOP	启动自保持选择	使 STOP 信号处于 ON,可以选择启动信号自保持。		
	RH RM RL	多段速度选择	用 RH,RM 和 RL 信号的组合可以选择多段速度。		
	JOG	点动模式选择	JOG 信号 ON 时选择电动运行(出厂设定),用启动信号 STF 和 STR 可以点动运行		
	RT	第 2 加减速时间选择	RT 信号处于 ON 时选择第二加减速时间。设定了【第二转矩提升】【第 2V/F(基准频率)】时也可以用 RT 信号处于 ON 时选择这些功能。		
	MRS	输出停止	MRS 信号为 ON(20ms 以上)时,变频器输出停止。用电磁制动停止电机时用于断开变频器的输出。		
	RES	复位	在保护电路动作时的报警输出复位时使用。使端子 RES 信号处于 ON 在 0.1 秒以上,然后断开。工厂出厂时,通常设置为复位。根据 Pr.75 的设定,仅在变频器报警时可能复位。复位解除后约 1 秒恢复。		
	AU	端子 4 输入选择	只有把 AU 信号置为 ON 时端子 4 才能用。(频率设定信号在 DC4~20mA 之间可以操作)AU 信号置为 ON 时端子 2(电压输入)的功能将无效。		
		PTC 输入	AU 端子也可以作为 PTC 端子使用(保护电机的温度)。用作 PTC 输入端子时要把 AU/PTC 切换开关切换到 PTC 侧。		
	CS	瞬停再启动选择	CS 信号预先处于 ON,瞬时停电再恢复时变频器便可自动启动。但用这种运行必须设定有关参数,因为出厂设定为不能再启动。		
	SD	公共输入端子(漏型)	接点输入端子(漏型)的公共端子。DC24V,0.1A 电源(PC 端子)的公共输出端子。与端子 5 及 SE 绝缘。		——
	PC	外部晶体管输出公共端,DC24V 电源接点输入公共端(源型)	漏型是当连接晶体管输出(即电极开路输出),例如可编程控制器(PCL)时,将晶体管输出用的外部电源公共端接到该端子时,可以防止因漏电引起的误动作,该端子可以使用直流 24V,0.1A 电源。当选择源型时,该端子作为接点输入端子的公共端。		电源电压范围 DC19.2~28.8V,消耗电流 100 mA

续表

种类	端子记号	端子名称	端子功能说明	额定规格
频率设定	10E	频率设定用电源	按出厂状态连接频率设定电位器时，与端子10连接。当连接到10E时，请改变端子2的输入规格。	DC10V±0.4V,容许负载电流10mA
	10			DC10V±0.4V,容许负载电流10mA
	2	频率设定(电压)	如果输入DC0~5V(或0~10V,0~20mA),当输入5V(10V,20mA)时成最大输出频率,输出频率与输入成正比。DC0~5V(出厂值)与DC0~10V,0~20mA的输入切换用Pr.73进行控制。	电压输入的情况下，输入电阻10kΩ±1kΩ,最大许可电压DC20V。电流输入的情况下输入电阻250Ω±2%,最大许可电流30mA
	4	频率设定(电流)	如果输入DC4~20mA(或0~5V,0~10V),当20mA时成最大输出频率,输出频率与输入成正比。只有AU信号置为ON时此输入信号才会有效(端子2的输入将无效)。4~20mA(出厂值),DC0~5V,DC0~10V的输入切换用Pr.267进行控制。	
	1	辅助频率设定	输入DC0~±5V或DC0~±10V时,端子2或4的频率设定信号与这个信号相加,用参数单元Pr.73进行DC0~±5V或DC0~±10V(出厂设定)的切换。	输入电阻10kΩ±1kΩ,最大许可电压DC±20V
	5	频率设定公共端	频率设定信号(端子2,1或4)和模拟输出端子CA,AM的公共端子,请不要接大地。	——

(2)输出信号端子

种类	端子记号	端子名称	端子功能说明	额定规格
接点	A1 B1 C1	继电器输出1(异常输出)	指示变频器因保护功能动作时输出停止的转换接点。故障时:B—C间不导通(A—C间导通),正常时:B—C间导通(A—C间不导通)	接点容量AC230C,0.3A(功率为0.4)DC30V,0.3A
	A2 B2 C2	继电器输出2	1个继电器输出(常开/常闭)	

种类	端子记号	端子名称	端子功能说明		额定规格
集电极开路	RUN	变频器正在运行	变频器输出频率为启动频率(初始值0.5Hz)以上时为低电平,正在停止或正在直流制动时为高电平。*1	报警代码(4位)输出	容许负载为DC24V,0.1A(打开的时候最大电压降为3.4V)
	SU	频率到达	输出频率达到设定频率±10%(出厂值)时为低电平,正在加/减速或停止时为高电平。*1		
	OL	过负载报警	当失速保护功能动作时为低电平,失速保护解除时为高电平。*1		
	IPF	瞬时停电	瞬时停电,电压不足保护动作时为低电平。*1		
	FU	频率检测	输出频率为任意设定的检测频率以上时为低电平,未达到时为高电平。*1		
	SE	集电极开路输出公共端	端子 RUN,SU,OL,IPF,FU 的公共端子。		——
模拟	CA	模拟电流输出	可以从多种监示项目中选一种作为输出。*2 输出信号与监示项目的大小成比例。	输出项目:输出频率(出厂值设定)	容许负载阻抗200Ω~450Ω 输出信号 DC0~20mA
	AM	模拟电压输出			输出信号 DC0~10V 许可负载电流1mA(负载阻抗10 kΩ 以上)分辨率8位

*1 低电平表示集电极开路输出用的晶体管处于 ON(导通状态),高电平表示处于 OFF(不导通状态)

*2 变频器复位中不被输出

（3）通讯端子

种类	端子记号		端子名称	端子功能说明	额定规格
RS—485	PU 接口		PU 接口	通过 PU 接口，进行 RS—485 通讯。（仅 1 对 1 连接） • 遵守标准：EIA—485（RS—485） • 通讯方式：多站点通信 • 通讯速率：4800—38400bps • 最长距离：500m	
	RS—485端子	TXD+	变频器传输端子	通过 RS—485 端子，进行 RS—485 通讯 • 遵守标准：EIA—485（RS—485） • 通讯方式：多站点通信 • 通讯速率：300～38400bps • 最长距离：500m	
		TXD—			
		RXD+	变频器接收端子		
		RXD—			
		SG	接地		

（4）控制电路端子的排列

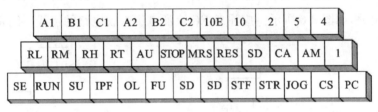

图 8-4　控制电路端子排列

①控制电路的公共端子（SD、5、SE）

端子 SD、5、E 都为输入输出端子的公共端子（0 V），各个公共端子相互绝缘。不要互相连接。

②端子 SD 为接点输入端子（STF、STR、STOP、RH、RM、RL、JOG、RT、MRS、RES、AU、CS）的公共端子。开放式集电极内部控制电路为光耦隔离。

端子 5 是频率设定信号（端子 2、1、4）和模拟量输出信号 CA 和 AM 的公共端子，应采用屏蔽线或双绞线以避免收到外力噪声的影响。

端子 SE 为集电极开路输出端子（RUN、SU、OL、IPF、FU）的公共端子。接点输入电路和内部控制电路为光耦隔离

（5）接线时的注意事项

①接线回路的端子应使用屏蔽线或双绞线，而且必须与主回路、强电回路（含 200 V 继电器控制回路）分开布线。

微小信号用接点

双生接点

②控制回路信号是微弱信号时,为防止接触不良,请使用两个并联节点或双生节点。

③控制回路的输入端子不要接触强电。

④异常输出端子(A、B、C)必须串上继电器线圈或指示灯等。

⑤连接控制电路端子的电线建议采用 0.75 m² 及以下规格的屏蔽线或绞合在一起的聚乙烯线。

⑥接线长度不超过 30 m。

⑦变频调速系统中的接触器、电磁继电器以及其他各类电磁铁线圈,都具有较大的电感,在接通和断开的瞬间会产生很高的感应电动势,在电路内形成峰值很高的浪涌电压时,可在励磁线圈的两端连接吸收电涌的二极管,如图 8-5 所示。也可在线圈两端并接 RC 浪涌电压吸收电路,如图 8-6 所示。应注意 RC 浪涌电压吸收电路的接线不能超过 20 cm。

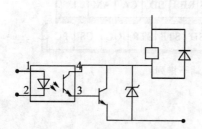
图 8-5 开路集电极输出端子连接示意图

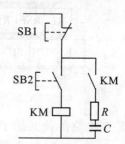
图 8-6 RC 浪涌电压吸收电路

补充材料二　变频器常见故障对策及问题解答

变频器的应用十分灵活,使用环境和条件各不相同,因此,不可避免地会发生一些故障。本章给出一些常见故障的应急对策及问题解答。

一、异常信息及故障排除

变频器一般具有过流、过压、过热、过载、缺相、欠压等多种保护功能。一旦发生故障,变频器立即停止输出,并且显示屏上显示出相应的故障类型。表 8-4 列出了变频器常见故障现象及简单处理措施。

表 8-4　常见故障现象

故障显示	说明	发生原因	处理方法
O. C.	过流	* 加速时间太短 * 输出侧短路 * 电机堵转	* 延长加速时间 * 电机电缆是否破损 * 检查电机是否超载 * 降低 V/F 补偿值
O. L.	过载	* 负载太重	* 降低负载 * 检查传动比值 * 加大变频器容量
O. E.	直流过压	* 电源电压过高 * 负载惯性过大 * 减速时间过短 * 电机惯量回升	* 检查是否输入额定电压 * 加装制动电阻(选用) * 增加减速时间
P. F.	缺相保护	* 输入电源缺相	* 检查电源输入是否正常
P. O.	欠压保护	* 输入电压偏低	* 检查电源电压是否正常
O. H.	散热片过热	* 环境温度过高 * 散热片太脏 * 安装位置不利通风 * 风扇损坏	* 增大通风、降低环境温度 * 清洁进出风口及散热片 * 按要求安装 * 更换风扇
电机不运转		* 接线错误 * 设定错误 * 负载过重	* 检查输入、输出及控制线 * 检查参数设定 * 增加变频器输出容量
电源跳闸	线路电流过大	* 输入侧短路 * 空气开关容量过小 * 电机过载	* 检查输入线 * 检查空气开关容量 * 减小负载

注:▲在使用 IPM 模块的情况下,"O. C."包含过流、短路、欠压和自身过热四种保护功能。在使用 IPM 模块的情况下,某些机型不带 O. L. 、O. H. 保护功能。

二、问题解答

1.变频器对负载电机有什么要求?

答:由于变频器输出为 PWM 波,虽然经过电机定子绕组后,电流为正弦波,但其电压波形实质上是高频脉冲序列。PWM 波的拟合曲线,或者说其面积幅谱的包络线为正弦波,其中不可避免地存在一些高次谐波。因此,要求电机要有较高的绝缘强度。

2.变频调速有什么好处?

答:变频调速首先是其调速范围宽、动态性能好(无级调速);其次是它动冲击小、对电网污染小;第三,也是最重要的一点,就是其节省电能,这也是客户所关心的。

3.使用变频器时为什么会出现三相输入不平衡?

答:出现三相输入不平衡现象主要有以下几个原因:

(1)输入电源线接触电阻大:经试验验证,三相输入电流100 A时,若有0.04 Ω接触电阻,即可造成不平衡度达25 A。

(2)输入电源线线径不一致。

(3)变频器整流桥参数不一致。

输入不平衡对变频器有一定的影响,但对负载电机无不良影响。一般地,输入不平衡度应控制在10%以内。

4.使用变频器时电机外壳为什么会出现静电压?

答:变频器输出为PWM波,其频率很高,使电机绕组与外壳之间产生较强的电容效应,因此感应出较高幅值的电压(变频器外壳也有一定幅值的静电压)。使用变频器要求确保接地可靠,就是这个原因。

5.为什么变频器不能与电机串联接地?

答:使用变频器时要求变频器与电机分别独立接地。这是因为电机外壳有较高的感应电压,其中包含许多高频谐波成分,如果直接与变频器外壳短接,会将这些干扰引入变频器,从而产生干扰。

6.为什么对变频器通风条件要求很高?

答:变频器工作过程会产生较多热量,如果不能及时散热,会使逆变模块温度升高,降低变频器的实际容量,严重时甚至损坏变频器。

7.为什么变频器会频繁"OC"保护?

答:有时,变频器工作过程中会频繁发生"OC"保护。一旦发生这种现象,首先要检查变频器输出线、电机输入端子等有无短路现象;断开电机,测量变频器输出电压是否平衡、幅值是否正常?若一切正常,可更换电机试运行。一般的,除了变频器本身故障外,还有以下几方面原因,可能导致频繁的"OC"保护:

(1)电机接线不可靠,造成电机输入缺相;

(2)电机绕组匝间短路;

(3)电机绕组绝缘击穿;

(4)电机入端端子绝缘变低;

(5)变频器通风冷却条件变差,温升加大。

8.为什么有时使用工频电源电机能"正常"工作,但使用变频器时频繁"OC"保护?

答:电机发生匝间短路或其绝缘处于半击穿状态时,铁损和铜损加大,电机温升变高,输出力矩减小。虽然在标准正弦电压(工频电源)下可以运行(负载能力会降低),但由于变频器输出波形并非标准的正弦波,其高频PWM会加剧匝间短路和绝缘弱化,使瞬态电流幅值超过"OC"允许值,因而频繁"OC"保护。

9.变频器运行中为什么不能直接断开负载?

答:变频器正常运行过程中突然断开负载,会造成直流端的瞬间高压,引起过电压保护,严重者可能损坏逆变器,甚至损坏滤波电容。因此,需要切换负载时,应先使变频器停机或者降低运行频率。

10.变频器的"地"为什么不能接零线?

答:"三相四线制"中的零线一般具有几十伏甚至上百伏的电压,而且由于接入回路多,所含谐波和杂波较多,一旦将变频器"地"接入零线,可能引入更多干扰,影响变频器正常工作。

11.多台变频器共用一个电源时应怎样接线?

答:多台变频器共用一个电源时,应该给每台变频器配备一个空气开关、一个熔断器,否则,一旦一台变频器出现故障,可能影响其他变频器的正常工作。

12.变频器控制端子接线应注意什么?

答:一般的,采用端子控制时,需要从控制端子外引导线进行电位器或段速调速。由于引线过长,其寄生电感量较大,容易吸纳电磁干扰,从而影响变频器的工作稳定性;多线并行时还容易引发共模干扰,致使控制信号波形失真,产生误动作。因此,对模拟信号线应采用带屏蔽层导线,对其他控制线应使用屏蔽绞线。

参 考 答 案

第一篇　项目开篇——变频器应用入门

1. 变频器按控制方式可分为：压频比控制变频器(V/f)、转差频率控制变频器(SF)、矢量控制(VC)、直接转矩控制。

2. 交-直-交变频器主电路由三部分组成，分别是整流电路、中间电路和逆变电路。

3. 生产机械的三种典型负载类型分别是：恒转矩负载、恒功率负载、二次方率负载。

4. 电动机的启动方式分别是：工频启动、软启动和变频启动。

5. 简述逆变电路的工作原理。(答案略)

6. 简述矢量控制的基本思想。(答案略)

7~9.(答案略)

第二篇　项目拓展——变频器应用

1. 电动机的额定电压和额定电流指的是线电压和线电流。

2. 电动机根据温升情况的不同，可分为连续不变负载、连续变动负载、断续负载和短时负载等。

3. 选择变频器容量的最根本原则，是变频器的额定电流必须大于电动机在运行过程中的最大电流。

4. 空气短路器因为有过载保护和短路保护功能，在选用时应注意和变频器过载能力的配合。

5. 任意频率给定线的预制方法有两种：一种是偏置频率与频率增益法；另一种是直接坐标法。

6. 变频器的模拟量输出端主要用于外接测量仪表。实际输出的是与被测量成正比的直流电压或电流信号。

7. 变频调速系统当频率下降时，电动机的有效功率将随频率的下降而下降。而齿轮箱的变速则具有恒功率性质。所以，变频调速不能简单地取代齿轮箱。

8. 积分环节的作用有两个，可以消除振荡和消除静差。(答案略)

9~10.(答案略)

第三篇　项目实战——变频器应用提高

1. 小区恒压供水方案中，辅泵投入和退出功能控制，由变频器的加泵和减泵功能来实现。

2. 四象限运行特定的拖动系统，不宜采用 V/F 控制方式，应采用矢量控制方式。

3~4.(答案略)

参 考 文 献

[1] 张燕宾.小孙学变频[M].北京:中国电力出版社,2011

[2] 杨公源.常用变频器应用实例[M].北京:电子工业出版社,2006

[3] 李方圆.变频器自动化工程实践[M].北京:电子工业出版社,2007

[4] 周志敏等.变频器使用与维修[M].北京:中国电力出版社,2008

[5] 王廷才.变频器原理及应用[M].北京:机械工业出版社,2012

[6] 王兆义.变频器应用:专业技能入门与精通[M].北京:机械工业出版社,2010

[7] 吕汀,石红梅.变频器原理及应用[M].北京:机械工业出版社,2007

[8] 蒋保涛.PWM 逆变器共模电磁干扰源及抑制技术探究[J].电力电子技术,2011

[9] 三菱通用变频器 F700 使用手册